CHINA ARCHITECTURAL HERITAGE
中国建筑文化遗产 24
中国建筑设计研究历程（一）

指导单位
国家文物局
Instructor
State Administration of Cultural Heritage

主编单位
中国文物学会传统建筑园林委员会
中国文物学会20世纪建筑遗产委员会
中兴文物建筑装饰工程有限公司
建筑文化考察组
Sponsor
Committee of Traditional Architecture and Gardens of Chinese Society of Cultural Relics
Chinese Society of Cultural Relics, Committee on Twentieth-Century Architectural Heritage
Zhong Xing Cultural Relic Construction and Decoration Engineering Co.Ltd
Architectural Culture Investigation Team

承编单位
《中国建筑文化遗产》编辑部
Co-Sponsor
China Architectural Heritage

名誉主编
单霁翔
Honorary Editor-in-Chief
Shan Jixiang

总策划人
金磊 / 刘志华
Planning Director
Jin Lei / Liu Zhihua

主编
金磊
Editor-in-Chief
Jin Lei

编委会主任
Director of the Editorial Board

单霁翔
Shan Jixiang

编委会副主任
Deputy Director of the Editorial Board

马国馨
Ma Guoxin

付清远
Fu Qingyuan

孟建民
Meng Jianmin

刘志华
Liu Zhihua

路红
Lu Hong

张宇
Zhang Yu

刘若梅
Liu Ruomei

金磊
Jin Lei

学术顾问
吴良镛 / 冯骥才 / 傅熹年 / 张锦秋 / 何镜堂 / 程泰宁 / 彭一刚 / 郑时龄 / 邹德慈 / 王小东 / 修龙 / 徐全胜 / 刘叙杰 / 黄星元 / 楼庆西 / 阮仪三 / 路秉杰 / 刘景樑 / 费麟 / 邹德侬 / 何玉如 / 柴裴义 / 孙大章 / 唐玉恩 / 王其亨 / 王贵祥
Academic Advisor
Wu Liangyong / Feng Jicai / Fu Xinian / Zhang Jinqiu / He Jingtang / Cheng Taining / Peng Yigang / Zheng Shiling / Zou Deci / Wang Xiaodong / Xiu Long / Xu Quansheng / Liu Xujie / Huang Xingyuan / Lou Qingxi / Ruan Yisan / Lu Bingjie / Liu Jingliang / Fei Lin / Zou Denong / He Yuru / Chai Peiyi / Sun Dazhang / Tang Yuen / Wang Qiheng / Wang Guixiang

编委会委员（按姓氏笔划排序）
丁垚 / 马晓 / 马震聪 / 王时伟 / 王宝林 / 王建国 / 方海 / 尹冰 / 叶依谦 / 田林 / 史津 / 吕舟 / 朱小地 / 朱文一 / 伍江 / 庄惟敏 / 刘丛红 / 刘克成 / 刘伯英 / 刘临安 / 刘家平 / 刘谞 / 刘燕辉 / 安军 / 孙兆杰 / 孙宗列 / 李华东 / 李沉 / 李秉奇 / 李琦 / 杨瑛 / 吴志强 / 余啸峰 / 汪孝安 / 宋昆 / 宋雪峰 / 张玉坤 / 张伶伶 / 张松 / 张杰 / 张树俊 / 张颀 / 陈雳 / 邵韦平 / 青木信夫 / 罗隽 / 金卫钧 / 周学鹰 / 周恺 / 周高亮 / 郑曙旸 / 屈培青 / 赵元超 / 胡越 / 柳肃 / 侯卫东 / 俞孔坚 / 洪铁城 / 耿威 / 桂学文 / 贾珺 / 夏青 / 钱方 / 倪阳 / 殷力欣 / 徐千里 / 徐苏斌 / 徐维平 / 徐锋 / 奚江琳 / 郭卫兵 / 郭玲 / 郭颀 / 梅洪元 / 曹兵武 / 龚良 / 常青 / 崔彤 / 崔勇 / 崔愷 / 寇勤 / 韩冬青 / 韩振平 / 傅绍辉 / 舒平 / 舒莺 / 赖德霖 / 谭玉峰 / 熊中元 / 薛明 / 薄宏涛 / 戴璐
Editorial Board
Ding Yao / Ma Xiao / Ma Zhencong / Wang Shiwei / Wang Baolin / Wang Jianguo / Fang Hai / Yin Bing / Ye Yiqian / Tian Lin / Shi Jin / Lv Zhou / Zhu Xiaodi / Zhu Wenyi / Wu Jiang / Zhuang Weimin / Liu Conghong / Liu Kecheng / Liu Boying / Liu Linan / Liu Jiaping / Liu Xu / Liu Yanhui / An Jun / Sun Zhaojie / Sun Zonglie / Li Huadong / Li Chen / Li Bingqi / Li Qi / Yang Ying / Wu Zhiqiang / Yu Xiaofeng / Wang Xiaoan /Song Kun /Song Xuefeng / Zhang Yukun / Zhang Lingling / Zhang Song /Zhang Jie /Zhang Shujun / Zhang Qi / Chen Li / Chen Wei / Shao Weiping / Aoki Nobuo /Luo Jun / Jin Weijun / Zhou Xueying / Zhou Kai / Zhou Gaoliang / Zheng Shuyang / Qu Peiqing / Zhao Yuanchao / Hu Yue / Liu Su / Hou Weidong / Yu Kongjian / Hong Tiecheng / Geng Wei / Gui Xuewen / Jia Jun / Xia Qing / Qian Fang / Ni Yang / Yin Lixin / Xu Qianli / Xu Subin / Xu Weiping / Xu Feng / Xi Jianglin / Guo Weibing / Guo Ling / Guo Zhan / Mei Hongyuan / Cao Bingwu / Gong Liang / Chang Qing / Cui Tong / Cui Yong / Cui Kai / Kou Qin / Han Dongqing / Han Zhenping / Fu Shaohui / Shu Ping / Shu Ying / Lai Delin / Tan Yufeng / Xiong Zhongyuan / Xue Ming / Bo Hongtao / Dai Lu

副主编
殷力欣（本期执行） / 李沉 / 苗淼 / 韩振平 / 崔勇 / 赖德霖（海外）
Associate Editor
Yin Lixin (Current Affairs) / Li Chen / Miao Miao / Han Zhenping / Cui Yong / Lai Delin (Overseas)

主编助理
苗淼
Editor-in-chief Assistant
Miao Miao

编辑部主任
朱有恒
Director of Editorial Department
Zhu Youheng

编辑部副主任
董晨曦 / 郭颖 / 金维忻（海外）
Vice Director of Editorial Department
Dong Chenxi / Guo Ying / Jin Weixin(Overseas)

文字编辑
苗淼 / 朱有恒 / 董晨曦 / 季也清 / 金维忻（海外） / 林娜 / 刘安琪（特约） / 王展（特约）
Text Editor
Miao Miao / Wang Lidan / Zhu Youheng / Dong Chenxi / Ji Yeqing / Jin Weixin (Overseas) / Lin Na / Liu Anqi (Contributing) / Wang Zhan (Contributing)

设计总监
朱有恒
Design Director
Zhu Youheng

美术编辑
董晨曦 / 董秋岑 / 谷英卉
Art Editor
Dong Chenxi / Dong Qiucen / Gu Yinghui

英文编辑
苗淼
English Editor
Miao Miao

翻译合作
中译语通科技股份有限公司
Translation Cooperation
Global Tone Communication Technology Co., Ltd. (GTCOM)

新媒体主管
董晨曦
New Media Executive
Dong Chenxi

法律顾问
北京中今律师事务所
Legal Counsel
Beijing Zhongjin Law Firm

稿约

《中国建筑文化遗产》丛书是在国家文物局指导下，于2011年7月创办的。本丛书立足于建筑文化传承与城市建筑文博设计创意的结合，从当代建筑遗产或称20世纪建筑遗产入手，以科学的态度分析、评价中国传统建筑及当代20世纪建筑遗产所取得的辉煌成就及对后世的启示，以历史的眼光及时将当代优秀建筑作品甄选为新的文化遗产，以文化启蒙者的社会职责向公众展示建筑文化遗产的艺术魅力与社会文化价值，并将中国建筑文化传播到世界各地。本丛书期待着各界朋友惠赐大作，并将支付稿酬，现特向各界郑重约稿。具体要求如下。

1.注重学术与技术、思想性与文化启蒙性的建筑文化创意类内容，欢迎治学严谨、立意新颖、文风兼顾学术性与可读性，涉及建筑文化遗产学科各领域的研究考察报告、作品赏析、问题讨论等各类文章，且来稿须未曾在任何报章、刊物、书籍或其他正式出版物以及新媒体发表。

2.来稿请提供电子文本（Word版），以6000~12000字为限，要求著录完整、规范文章配图，以30幅为限，图片分辨率不低于300dpi，单独打包，不要插在文档中，每幅图均须配图注说明。部分前辈专家手稿，编辑部可安排专人录入。

3.论文须体例规范，并提供标题、摘要、关键词的英文翻译。

4.来稿请附作者真实姓名、学术简历及本人照片、通信地址、电话、电子邮箱，以便联络，发表署名听便。

5.投稿人对来稿的真实性及著作权归属负责，来稿文章不得侵犯任何第三方的知识产权，否则由投稿人承担全部责任。依照《中华人民共和国著作权法》的有关规定，本丛书可对来稿做文字修改、删节、转载、使用等。

6.来稿一经采用，本编辑部与作者享有同等的著作权。来稿的专有使用权归《中国建筑文化遗产》编辑部所有；编辑部有权以纸质期刊及书籍、电子期刊、光盘版、APP终端、微信等其他方式出版刊登来稿，未经《中国建筑文化遗产》编辑部同意，该论文的任何部分不得转载他处。

7.投稿邮箱：cah-mm@foxmail.com（邮件名称请注明"投稿"）。

《中国建筑文化遗产》编辑部 2018年8月

目 录

中国建筑文化遗产

中国建筑设计研究历程（一）

单霁翔　名誉主编

金磊　主编

24

天津大学出版社

图书在版编目（CIP）数据

中国建筑设计研究历程．一 / 金磊主编．－－ 天津：
天津大学出版社，2019.10
　　（中国建筑文化遗产；24）
　　ISBN 978-7-5618-6575-0

　　Ⅰ．①中…　Ⅱ．①金…　Ⅲ．①建筑设计－建筑史－中
国　Ⅳ．①TU2-092

　　中国版本图书馆CIP数据核字(2019)第232328号

　　ZHONGGUO JIANZHU SHE JI YANJIU LICHENG (I)

策划编辑　韩振平
责任编辑　郭　颖
装帧设计　董秋岑　谷英卉

出版发行　天津大学出版社
地　　址　天津市卫津路92号天津大学内（邮编：300072）
电　　话　022-27403647
网　　址　www.tjupress.com
印　　刷　北京雅昌艺术印刷有限公司
经　　销　全国各地新华书店
开　　本　235mm×305mm
印　　张　12.5
字　　数　568千
版　　次　2019年10月第1版
印　　次　2019年10月第1次
定　　价　96.00元

CONTENTS

在中国文物学会大力支持下，2019年9月19日在北京市建筑设计研究院有限公司A座，中国文物学会20世纪建筑遗产委员会、马国馨院士学术研究室、BIAD建筑与文化遗产设计研究中心三机构举行了揭牌仪式。在北京市建筑设计研究院有限公司总经理、全国工程勘察设计大师张宇主持下，中国文物学会会长单霁翔、中国建筑学会理事长修龙、中国工程院院士马国馨共同为三个机构揭牌。单霁翔会长表示，今天三个机构在北京市建筑设计研究院有限公司的揭牌，表明了与新中国同龄的北京建院对行业的责任与贡献，表明了北京建院将在原有的建筑设计主业基础上，向以文化遗产保护为标志的城市更新与城市文化建设事业拓展。数十位专家、领导参加了揭牌仪式。

（文图/C20C）

揭牌嘉宾为机构揭牌

揭牌仪式嘉宾合影

致敬建筑遗产保护70年的专业自信

金 磊

2019年6月14日，在"盐都"四川自贡举办了新时代 新征程：中国建筑遗产保护70年学术论坛——中国文物学会传统建筑园林委员会、20世纪建筑遗产委员会2019年年会。中国文物学会会长、原故宫博物院院长单霁翔所作的题为《坚定文化自信，做中华传统文化的忠实守望者》的报告很打动听众，这是因为他践行故宫活态遗产保护的成功，不仅传播着文化遗产新理念，而且彰显了其作为一介文博人士所具备的能力。中国文物学会传统建筑园林委员会付清远会长用大量事例与分析解读了建筑文博人士如何以算是建构起文化自信、专业自信与责任自信。笔者除主持了三个专业委员会主旨发言及学术沙龙外，还代表20世纪建筑遗产委员会作了《中国20世纪建筑遗产的认定与发展思考》报告。在介绍20世纪建筑遗产的同时，呼吁国家建筑与文物保护主管部门要跟上世界建筑遗产保护类型新变化的潮流，关心并扶植20世纪建筑遗产保护事业，这是中国迈入世界遗产强国的关键。

早在自贡学术研讨会策划期间，我们便认为此次论坛所讨论的从传统建筑到20世纪遗产，从建筑遗产到盐业遗产，从盐产业到文化城市转型等课题都具有跨界意义。所以明确研讨会有三个定位，即以总结建筑遗产保护成果的名义所讨论的展现新中国70年建筑界的贡献；以体现建筑文博专家的睿智与文化自觉传播建筑文化责任；以品评文博个案的视野发现华夏传统文明的创新与创意之径。现在看来这些要点都得到了充分体现。由此我联想到，就在一个月前，20世纪建筑遗产委员会成功举办新西兰、澳大利亚建筑遗产行活动，十多天的时间里，大洋洲多城市近20余个优秀遗产项目和数十位建筑遗产专家及ICOMOS 20世纪委员会官员的交流，不仅开阔了眼界，而且使我们特别系统地了解到国外遗产保护思想是如何贯穿到建筑保护全过程的，如丹麦建筑师约翰·伍重（1918—2008）于1973年设计建成的悉尼歌剧院，在2007年入选世遗，在该项目的保护历程中有已逝建筑师James Semple Kerr（1932—2014）和正在接续传承理念的建筑师Alan Croker的贡献，他们的守护实践令人感慨。今年系"北京十大建筑"建成60周年，对比发现，除某些重点项目外，对"北京十大建筑"的后续评估尚未展开，更难说对其进行遗产保护的周密对接了。事实上针对中国20世纪建筑遗产项目认定后的保护与发展问题，我们是有思考的，已向单霁翔会长报告开展《20世纪建筑遗产蓝皮书》（简称《蓝皮书》）研究的思路。在《中国建筑文化遗产》总第22辑笔者已撰文《〈中国20世纪建筑遗产发展报告〉纲要研究与问题分析》，它属蓝皮书性质，是通过盘点中外20世纪建筑遗产年度资讯及成果、预测紧跟时代变化的当代建筑文化的前景来引导中国城市客观省思20世纪建筑遗产保护的"问题集"。《蓝皮书》框架主要有：共计三批20世纪建筑遗产，改革开放后作品占比加大；固本开新的遗产类型是中国20世纪建筑遗产存在的理由；蓝皮书或称《中国20世纪建筑遗产发展报告》（第一卷），要有特别的内容设计等。

2019年6月，借中国文化与自然遗产日之机我们定稿了《"文化池州"创意建设五年行动计划报告（2019—2023年）》，这是开展文化城市建设实践的"智库"行动，其价值表现在：它讲明了城市文化如何链接城市记忆；它揭示了如何用文化与艺术魅力打造有池州个性及历史地位和时代特色的文化地标；它更表明"文化池州"的腾飞，虽有祁红茶"引爆点"，但启动到位的业态十分必要，用文化传承的创意之思营造众创空间、孵化基地，构建艺术互联网平台等，旨在使池州文化得到活力再造。我认为，从20世纪建筑遗产认定到文化城市传承与创新，是在新中国70年建筑遗产保护历程中，应品味并嫁接到的关键点，也是成功的文化城市建设的重要路径。

2019年6月25日池州归途

In Honor of Professional Confidence in 70 Years of Architectural Heritage Conservation

Jin Lei

The "New Age, New Journey: Academic Forum on Chinese Architectural Heritage Conservation over 70 Years—2019 Annual Conference of Chinese Society of Cultural Relics for Traditional Architecture & Gardens Committee and 20th-century Architectural Heritage Committee" was held Being Determired to Caltural Confidence to in Zigong, Sichuan, on June 14th, 2019. Shan Jixiang, the President of the Chinese Society of Cultural Relics and former Director of the Palace Museum, gave an inspiring speech entitled *Being Determined to Cultural Confidence to Be a Devoted Guardian of Traditional Chinese Culture*, talking about new ideas on cultural heritage and abilities a heritage academic is supposed to have. Fu Qingyuan, the Chairman of Chinese Society of Cultural Relics, Traditional Architecture & Gardens Committee, interpreted, with a lot of examples and analyses, what the mark is that shows that an architectural heritage academic has built his or her cultural, professional and responsibility confidence. During the forum, I presided over three committee speech sessions and academic salons and also, on behalf of the 20th-century Architectural Heritage Cormnittese, gave a speech entitled *Thoughts on the Recognition and Development of 20th-century Chinese Architectural Heritage*.

In June 2019, taking the advantage of the Chinese Cultural and Natural Heritage Data, we completed, from the perspective of architectural heritage conservation and development, the final version of the *Report on the Five-year Action Plan for Building a Cultural Chizhou (2019-2023)*, which represents a "think tank" action towards cultural city development. I think that the steps from the recognition of 20th-century architectural heritage to cultural city preservation and innovation have play a crucial role in the conservation of architectural heritage in 70 years since the founding of PRC and will be the key to achieving success in cultural city development.

Written on the way back from Chizhou, on June 25, 2019.

纽约飞鸟地铁站，西班牙建筑师圣地亚哥·卡拉特拉瓦（Santiago Calatrava）2016年设计完成（图片摄影/金磊，摄于2019年6月）

On the Innovative Development of Forbidden City Cultural Heritage （I, II, III）

单霁翔谈故宫文化遗产创新发展（三则）

单霁翔*（Shan Jixiang）

图1 单霁翔院长（右二）考察故宫老字号年会展台（摄于2019年1月28日）　　图2 单霁翔院长（右五）在润思祁红展台与专家合影（摄于2019年1月28日）

一、来紫禁城品年味儿

　　春节是中华民族最隆重的传统节日，寄托着人民群众"回家过年"的美好期盼。为迎接己亥年春节，让传统节庆文化活起来，故宫博物院"贺岁迎祥——紫禁城里过大年"展览隆重开幕。这是故宫博物院"过大年"系列展览活动的核心部分，大展以祈福迎祥、祭祖行孝、敦亲睦族、勤政亲贤、游艺行乐、欢天喜地六大主题，全面展现清代宫廷过年习俗。整个紫禁城开放区域都被布置为春节文化展场，包括文物展览、实景体验、数字沉浸、文化创意展示等部分，让公众在紫禁城中感受浓郁年味儿，体验博物馆文化气息、精彩创意和人文关怀。

　　在文化创意研发方面，以节庆为主题，我院研发"过大年"相关文化创意产品百余种，有福禄寿系列、门神系列、岁朝系列等等。希望通过提取故宫经典年节文化元素并为其注入情感内涵，使文化创意产品成为带有温度、传递故宫风貌的媒介。

　　此次展览策划历时一年，是全体故宫人倾力推出的一次年度大展，创造了多个院史之"最"。比如，最大展厅——午门—雁翅楼展厅及破纪录的近千件文物；最大展场——紫禁城整个开放区域使用超1000件门神、春联等装饰；首次复原——壮丽的天灯、万寿灯；集中呈现——乾清宫的数十盏华美宫灯与天灯、万寿灯相映生辉，让整个紫禁城充满浓浓年味儿，成为大型沉浸式体验场。

　　这次展览的特殊性还体现在它不仅是文物展，更是文化展、礼俗展；不仅有学术性，更有通俗性、实用性；展厅不仅布置得更立体生动，还用动画、音乐、熏香等手段丰富感官体验；不仅可以看、闻、听、玩、逛，更可互动，在展厅里盖印章、在数字体验中沉浸、在老字号方阵中流连，再通过文化创意把紫禁城的年味儿"带回家"……这是一个立体展览，也将成为"永不落幕"的展览，未来的网上展览及巡回展

*中国文物学会会长故宫博物院原院长。

览，将为更多观众带去节日的欢乐，为中华儿女留住民族文化记忆。

不论古代抑或今天，辞旧迎新都是中国人过年永恒的主题。故宫博物院举办"过大年"系列展览活动，目的是满足社会公众的文化需求、心理需求、情感需求，更好地阐释"过大年"这一充满团圆味、幸福感的话题，让春节的故宫博物院在深沉壮美的厚重文化之外，以更接地气的方式令公众沉浸其中，感受博物馆里独特的年味儿、人情味。（此文发表于《人民日报》第8版，2019年2月3日）

二、让优秀传统文化走入寻常百姓家

今年春节，"博物馆里过大年"成为新年俗。据报道，在文化部门组织下，全国数千家博物馆推出上万场精彩活动。据中国旅游研究院统计，游客

图3 中华老字号故宫过大年展启动仪式（左二：单霁翔）（摄于2019年1月28日）

在春节期间参观博物馆的比例高达40.5%。这既反映了广大人民群众节日休闲理念和方式的转变，也体现出博物馆日益走入百姓日常生活，成为公众文化生活必需品的新形态。

"让故宫成为一种生活方式"是故宫博物院近年来让文物"活起来"、弘扬中华传统文化的新理念。今年春节，故宫博物院推出"紫禁城里过大年"系列活动。同时，推出覆盖整个春节假期及寒假的配套教育活动，研发"过大年"文化创意产品近百种。"贺岁迎祥——紫禁城里过大年"展是故宫博物院建院以来提用文物最多、展场面积最大的一次展览。"紫禁城上元之夜"文化活动，让紫禁城古建筑群首次在晚间被较大规模点亮，也是故宫博物院首次在晚间免费对预约公众开放。

这些新面貌得益于故宫博物院多年来诸多基础工作的扎实开展。

一是得益于从2002年开始的长达18年的故宫古建筑整体维修保护工程，其确保了目前紫禁城绝大多数古建筑处于健康稳定的状态。

二是得益于先后进行7年的文物清理及3年的藏品普查以及持续不断的文物藏品修复保养工作，这确保"贺岁迎祥——紫禁城里过大年"展览能够破纪录地展出近千件精美文物。

三是得益于故宫博物院近年来倾心服务所获得的社会影响力，吸引了150家中华老字号企业参展以及诸多社会企业提供技术支持或赞助。

四是得益于故宫博物院推进"学术故宫"建设。故宫研究院充分发挥研究人员的积极性，使研究成果不断转化为弘扬中华优秀传统文化、服务广大公众的丰富内容，使各项活动充满文化内涵。

五是得益于"数字故宫社区"建设的不断深入，"数字故宫社区"使得故宫博物院丰富的文物藏品资源能通过数字技术，以广大观众喜闻乐见的多种方式传播。

六是得益于故宫开放区域日益扩大。目前开放面积已经超过80%，使得观众拥有更丰富多元的体验内容和参观视角。

我相信，今年的两会，也必将对弘扬优秀传统文化形成更多共识，引导文博工作者为满足人民群众对文化生活的需求做出更多努力。

习近平总书记在看望参加全国政协十三届二次会议文化艺术界、社会科学界联组委员时指出，要坚定文化自信、把握时代脉搏、聆听时代声音。

文博工作者应继续在开展好世界文化遗产保护和管理，深化历史、文物及博物馆发展研究，优化观众服务供给，拓展传统文化传播渠道等基础上，持续倾听社会各界的声音，虚心吸取社会各界不同意见和国

图4 单霁翔院长（右一）在故宫建福宫花园"感悟润思祁红·体验文化池州：《悠远的祁红——文化池州的"茶"故事》首发式"上与专家、领导交流（摄于2019年4月3日）

内外有益经验，不断推陈出新，传达出更具感染力和影响力的文化内涵，为国内外观众奉献更为丰富的文化盛宴。

（此文发表于《光明日报》第6版，2019年3月5日）

三、文旅融合的故宫实践

我在故宫博物院（以下简称"故宫"）工作。过去，故宫有两个主管部门，一个是原文化部，一个是原国家旅游局，因为故宫不但是5A级旅游景区，也是文化机构。现在诗和远方在一起了，文旅融合以后，故宫的事业发展得更加顺畅了。

党的十九大以来，习近平总书记就传承优秀传统文化做了一系列重要指示。习近平总书记说，让收藏在禁宫里的文物、陈列在广阔大地上的遗产、书写在古籍里的文字都活起来。"活起来"三个字给我们指明了方向。

过去我们把故宫里的这些文物看作已经远离今天社会的东西，看作已经没有生命的东西，只是被观赏、被研究的对象，但是总书记的"活起来"告诉我们，这些文化遗产资源能够活在当下、活在人们生活中。它们有灿烂的过去，还应该拥有有尊严的现在，并且应该健康地走向未来，所以故宫在改变。我认为，文旅融合，也应该做出改变，我们有责任、有能力把文化和旅游巧妙结合起来，推动我国文化旅游业发展迈上新台阶。

1. 做出改变，方便每一名观众

5年前，故宫的广场是一个商业化的广场，售卖与故宫文化没有关系的小商品。观众在这个面积不大的广场里买票、验票、排队，还天天在这里广播找孩子等，还没进故宫，孩子先丢了，心情能好吗？现在，我们进行了整治，把广场搞得干干净净，观众8~10分钟就能走进故宫。

以前，观众买票进故宫是个很困难的过程，特别是旺季，排队半个小时、一个小时，甚至一个半小时，买完票还不能顺利进入故宫，还有很多诸如验票、安检、存包等手续，很麻烦，进去的时候已筋疲力尽了；现在，故宫同时开了32个售票窗口，观众3分钟之内就能完成购票，在买票环节省下的这些时间可以再多看一个展览，多欣赏故宫的文化之美。这些改变不仅方便了观众，也让故宫的工作人员欢欣鼓舞。

以前，故宫的验票安检是这样的：验票员站在栏杆里面，观众要通过闸机的3个缝挤进去，然后再安检、验票等。单单安检机就堵了半个门洞，观众每天都挤得很难受。后来，我们把安检机拆掉了，这样，即使在暑假高峰期，观众也能有秩序地鱼贯而入。

这就是一场管理的变革。我们要重新审视旅游发展的逻辑，究竟是要以管理方便为中心，还是以观众方便为中心。如果以管理方便为中心，就会设置很多不方便观众的措施；如果以观众方便为中心，过去几十年的规定可能都要重新审视、重新改变。

为方便观众，我们在三大路口、十字路口、有展览的地方，设置了512块标识牌，这两年随着开放区的扩大，标识牌的数量已经到了800多块，观众走到任何地点都可以知道自己身在何处。

有一次，我看到人们在厕所门口排起了长长的队，一看全是女士，男士一个都没有。男士上哪儿去了？我一找，男士也很惨，在旁边拎包、看孩子，也参观不成。为解决这一难题，我们通过大数据分析，经过两个月的实践，开始按照男女1：2.6的比例设置男女卫生间，并且还设置女士专用卫生间。要开展厕所革命，5A级旅游景区要带头，我们要把厕所改造成最有文化的厕所。

　　曾经，人们抱怨，这么大的一个故宫，总让观众坐在台阶上、铁栏杆上，有些铁栏杆都被坐弯了，不能设一些座椅吗？我也问为什么不能设一些座椅呢？老员工说设座椅太麻烦了，维修不及时，螺丝钉出来了，给孩子腿划伤了，还得带他们看病；把观众裤子划破了，还要赔裤子，经常有纠纷。有些专家还提到，故宫绿颜色的座椅跟环境不协调。我们虚心听了观众和专家的意见，开始慢慢改变。经过认真研究，我们选择了这样的座椅：第一，结实，3年多了没有发生任何划伤、夹伤观众的事件；第二，椅子变成实木的，便于每天早上8点到8点半清洗；第三，椅子底下是通透的，便于每天清扫；第四，坐在上面很舒服，但是躺不下来，一定程度上防止了不文明行为；第五，色彩跟环境协调，观众很喜欢。现在，故宫一共有1850个这样的座椅，还有大量的树凳，同时能容纳1万余名观众在故宫有尊严地休闲。我认为，要满足观众的需要，就要研究适合各个景区、各个博物馆的座椅等细节。

图5 紫禁城上元之夜现场：太和门（摄于2019年2月19日）

　　观众还提到，故宫的大殿都是黑黑的，为什么不能照亮？我们无数次跟观众解释，这是木结构的建筑，消防部门不允许通电……道理很硬，但观众却很痛苦，每天都挤着往大殿里看，老人往里面挤，孩子也往里面挤。真的不能改变吗？我们和消防部门共同研究，选择了LED的冷光源，不发热；我们的灯具不挂在古建筑上，而是与古建筑保持合理的距离，用基座固定，便于工作人员两边值守；用测光表反复测温，光线不能超标。不同的室内采用什么样的光线最好，都设置了严格的标准。经过反复实验，我们成功了，我们开始"点亮了"紫禁城。

2.扩大开放，让观众获得尊严

　　我是7年前到故宫博物院工作的，我来工作的第一天，办公室就给我准备了一些材料，介绍故宫

图6 紫禁城上元之夜现场：宫墙（摄于2019年2月19日）

博物院的情况，比如说这里是世界上最大规模、最完整的古代宫殿建筑群，这里是世界上收藏中国文物藏品最丰富、价值最高的宝库，这里还是全世界观众来访量最多的一座博物馆。看了以后，激动人心。但是第二天，当我走到岗位上、走到观众中间后，却感受不到这些"世界之最"。材料上说故宫的馆舍宏大，但是我看到70%的范围都立了一个牌子，上面写着"非开放区，游客止步"，观众根本进不去；材料上说故宫的藏品多，但是99%的藏品都沉睡在库房里面，拿出来展示的不到1%；材料上说故宫的观众多，观众确实多，但是我看到的观众都是跟着旅游小旗往里面走，到故宫只是看看皇帝睡在什么地方、皇帝坐在什么地方、皇帝在哪里大婚，然后就跟着旅游小旗走出去了，没有深度感受故宫文化的魅力。

　　这些现象让我反思，这些"世界之最"真的是最重要的吗？很重要，但不是最重要的。什么才

是最重要的呢？我认为，这些文化遗产资源究竟在多大程度上为人们的现实生活做出贡献可能才是最重要的。换言之，从文化之旅中究竟能够获得什么，对于每一个人来说才是最重要的。

我的前一任院长叫郑欣淼，他在故宫做了10年的院长，那是故宫发展最好的10年。他刚当院长的时候就下决心把故宫1200栋古建筑开放。延续郑欣淼院长的思路，我到故宫后，继续完成这项使命。

我们用了3年时间对故宫的环境进行整治，室内10项内容，室外12项内容。我们对社会宣布，要把一个壮美的紫禁城完整地交给下一个600年。紫禁城是1420年明代建成的，2020年是它600岁生日。我们希望大家再到故宫时，看到的是原汁原味的古代建筑，不允许看到任何一栋影响安全、影响环境的现代建筑。

环境整治不像我说得这么简单，要做大量细致的工作。5年前，故宫所有道路上铺的全都是沥青，广场包括太和殿广场都是水泥做的砖，水泥坑坑洼洼，绿地都用绿篱或者铁栏杆围住，那些高高低低的井盖、灯柱等跟环境都不协调，都需要改变。我们用了两年半的时间把它改变了。今天，故宫内部所有的路面都变成了传统建材砖的地面、石材的地面，上千米的铁栏杆全都被拆掉了，里面的绿地反倒养护得很好了。

地上干净，屋顶上也要干净。过去故宫屋顶上有很多草，生态环境很好。但是它们很顽强地生存着，根就扎在故宫的古建筑里面，瓦骨松动了，雨水灌进去了，文物会遭破坏。所以我们向杂草宣战，我们对社会宣布，故宫1200栋古建筑上面没有一根杂草。如今，故宫的城墙也开放了，人们都可以监督了，这样我们才可以把工作做到日常、做到极致，我们才是一个良好的5A级旅游景区，我们才是一个世界级的博物馆。

我们把300根灯杆换成了300盏宫灯，白天是景观，晚上可以照明。总之，我们希望观众再到故宫时，

图7 紫禁城上元之夜现场：雁翅楼（摄于2019年2月19日）

看到的是绿地、蓝天、红墙、黄瓦的美景，希望来这里的每一名观众都能享受到和谐的环境。

故宫有200多只野猫，它们很有身份，可能是明清御猫的后代。今天，每个猫都有名字，一叫它们就来了，每天都有人给它们送猫粮，尤其这两年，很多全国各地的观众亲自来送猫粮，还指明给慈宁宫的猫，给延禧宫的猫，观众与故宫里的猫非常和谐相处着。为什么观众尊重它们？因为这些猫劳苦功高，每天晚上五点半，故宫里的工作人员下班，跟猫打一声招呼，走了以后，猫就开始站岗了，它们还放哨、巡逻。在这些猫的守护下，整个故宫没有一只老鼠，如果有鼠害的话，我们的文物可能会受到损坏。

我们希望观众到故宫可以欣赏到花园般的美景，春天可以看到牡丹，夏天可以看到荷花，秋天可以看到银杏，冬天可以看到蜡梅。为此，我们研发了一款手机寻花软件，手机上可以告诉观众游览当天什么花在什么地方开放。

3. 文物修复，让更多人了解故宫

故宫有很多历史遗憾，1923年6月，一把大火把建福宫花园烧掉了，如今国务院批准把它修复。这把大火还烧了中正殿。如今，修复后的中正殿成为故宫研究院藏传佛教展示的展厅。文物建筑的修缮是一项科学的工作，要最大限度保留历史信息，不改变文物原状，还要进行传统工艺技术非物质遗产的传承，要极其细致，尤其是现在在修的一些建筑密集的区域。

紫禁城建筑最密集的区域莫过于乾隆花园，它是乾隆皇帝85岁退位之前给自己建的太上皇的宫殿。倦勤斋屋顶上的一幅通景画是郎世宁的学生王幼学画的。漫天的藤萝绘在精美的丝织品上，透过藤萝，可以看到蓝天。修缮这幅画的时候，我们发现它的背纸的纸浆是用植物做的，这种植物出自安徽的山里，于是我们的专家到当地寻找原料以及工艺传承人。经过上百次的研发后，我们做出了和原来的品质一样的纸浆，把成品抬到故宫，把画裱上，焕然一新。两三百年以后，我们的后人如果再修缮，就会知道乾隆时期使用的材料、工艺，这就是"为未来保护今天"的工匠精神。

修古建筑要有工匠精神，修文物藏品同样要有工匠精神。《我在故宫修文物》这部纪录片的"演员"，都是我们的专家学者，他们数年如一日地开展陶瓷修复、木器修复、漆器修复、乐器修复，从家具、挂屏、唐卡到西洋钟表……默默无闻修缮文物的匠人，一夜间成了年轻人眼中的"男神""女神"。没想到这部片子引起了那么多的年轻人强势围观，2018年就有1.5万人报名，希望来故宫修文物。

其实，我们距离科学修复还有很长的路要走。人病了，去医院，一定要先进行体检。但是对待文物呢？过去，我们的程序是一件文物要修，把它送到文物保护部门，交给修这类文物最权威的专家，凭经验把它修好再送回来。这样的程序科学吗？不科学。为此，我们拿出361平方米的院舍，集中了200名文物医生，建立了人类第一个为文物建立的医院——故宫文物医院。我们为这所医院建立了23个科研实验室，每一件古建筑的构件，每一件藏品必须得到科学的分析检测才能够动手治疗。

比如，河南上蔡郭庄楚墓出土的升鼎，这个青铜器出土的时候已经碎成200多片了。它进入故宫文物医院，我们要知道它的金属成分是什么，合金比例是多少，经过仪器测量，我们在它最大的铜片的铜锈下面发现了20多字的铭文，了解到它是2500年前先秦时期非常重要的鼎。

故宫的工作环境得到了改善，文物得到了诊断。在修复之前，我们要知道它从什么地方出土，叠加了什么信息，今天得了什么病，有害素是什么，这样才可以制定诊断方案。我们为这所医院配备了强大的设备，比如分子结构分解设计、三维打印设备、文物专用的断层扫描机、高精度可移动的实体显微镜等。

2020年之前，我们决心在全院共同努力下让收藏的1862690件珍贵文物件件光彩照人，这是我们的责任，也是我们应该为社会做出的贡献。

整治环境、修缮文物，只是做了单方面的工作。文物清理好、修复好了，就可以举办更多的展览了。开放故宫，才能让更多人了解故宫，传统文化的深层价值，才能传播得更远。

我们今后两年努力的目标，就是一句话，要把一个壮美的紫禁城完整地交给下一个600年。

（此文发表于《中国旅游报》第4版，2019年2月11日）

20 years of the *Beijing Declaration* Spanning the Twenty-first Century

—Research and Reference of the 20th-century Architectural Heritage

Project of the *World Heritage List*

跨越21世纪的《北京宣言》20年

——《世界遗产名录》20世纪建筑遗产项目研究与借鉴

金 磊*（Jin Lei）

* 中国建筑学会建筑评论学术委员会副
理事长、中国文物学会20世纪建筑遗
产委员会副会长、秘书长。

每座城市都有属于自己的故事,每个设计研究机构都有自己的历程,每个时代都有与之相应的风格建筑,无论如何 20 世纪都是无法淹没于记忆中的历史。寻迹 1900—2019 年的社会发展、城市变迁,在城市建筑上确有建设性创新,但在 1999 年的世界建筑师大会上两院院士吴良镛代表国际建协（UIA）深刻地提出了城市建筑的"世纪说"——"20 世纪的大发展与大破坏"。他的断言实际上是在说,20 世纪既是伟大而进步的时代,又是患难与迷惘的时代,沧海桑田,史无前例。建筑师在以独特的方式丰富建筑历史时,也使许多建筑环境出现了不尽人意之处,如在发达地区或欠发达地区出现的"建设性破坏"始料未及。在回溯成就面前,20 年前的《建筑报（城市周刊）》,曾在 1999 年 12 月 28 日出版了"世纪特刊",展示了 100 年100 项经典建筑的世界（其中中国建筑师的设计有 14 项）。正如辜来锡所言,这 100 年变化之大,发展之快,是先前任何一个世纪都无法比拟的,这是因为在世界建筑历史上出现了最重大的建筑转轨与转型,建筑现代化发端于 19 世纪,成熟和扩展在 20 世纪,它们的确形成了百家争鸣的局面。要看到,中国建筑在 20 世纪出现有历史意义的重大转轨与转型,现代意义上建筑师的诞生已使中国建筑师与在华的洋人建筑师一争高下。事实已经一再证明,中国不仅有古代建筑遗产,也有堪属 20 世纪建筑经典的新建筑。在纪念世界建筑师北京会议 20 周年之际,再读《北京宣言》并联想中国 20 世纪建筑遗产的诸问题,深感意义非同一般。

一、吴良镛院士《北京宣言》揭示20世纪建筑的特点与新世纪方向

建筑作为一种文化形态,在不同历史阶段反映各不相同的内容,如西方建筑在文艺复兴前主要反映宗教文化；古典主义期间则以宫廷文化为主；而现代建筑运动时期反映的是技术性文化,在当今世界,各种"流派"更替,但建筑师努力表现的则是可持续发展的时代潮流的文化内涵。如果说,1933年的《雅典宪章》过分强调技术,忽略了城市文化的多元与复杂性,有某种局限；那么1977年发表的《马丘比丘宪章》,通过省思过分依赖技术的设计观,探讨了对"建筑与文化"哲学命题的思考的价值。吴良镛院士在1999年《北京宪章》中说:建筑师有自己的专业领域,但如果置奔腾汹涌的社会文化潮流于不顾,显然无法完成其历史使命。《北京宪章》还特别指出:强调综合并在综合的前提下予以创造,一向是建筑学的核心观念,建筑的发展要靠分析,更要靠结合,在许多传统社会的建设中,建筑师扮演了不同行业总协调人的角色。建筑师作为社会的一分子,在实现人类"住者有其屋"的理想中,有义不容辞的社会职责。建筑是地区的产

图1 《建筑报（城市周刊）》1999年12月28日第9版

物，其形式的意义来自地方文脉并使文脉发扬光大。不同地域的建设条件千差万别，技术发展参差不齐，文化背景更是丰富多彩。如果说百年中国建筑是一部从孱弱走向壮大的建筑创作发展史，那么有中国特色的20世纪建筑就是长风破浪会有时的创举，无论从百年还是新中国建筑70年的"学术史"去考察，20世纪现代主义设计潮流对中国的影响必须关注，无论是学派还是精神，包豪斯在中国的作用十分明显。

　　《北京宪章》（以下称《宪章》）倡导在21世纪创新时，要总结好20世纪的城市建筑记忆，因为它是城市发展的重要文化资源。如果说城市历史记忆在市民心中深深根植，如果说城市文化重要的是将每个时代的历史特征表现出来，那么建筑无疑是最重要的载体。在欧美诸国有多个与城市相关的博物馆，如纽约的移民公寓博物馆，讲的是100多年前欧洲移民进入纽约的血泪史；巴黎的下水道博物馆是现今还在使用的能反映巴黎市政建设历史与规模的城市内脏；悉尼的动力博物馆更是这座城市从人力到机械、电力发展的写照；英国利兹工业博物馆完整呈现了当年世界最大毛纺织厂的盛况，而约克的国家铁路博物馆记录的是以其作为铁路重镇的英国铁路的发展史。可见一座城市如果没有与之相应的城市博物馆，它会很苍白，同样，一个城市如缺少历史建筑，如缺少20世纪遗产，难说它是何以走向21世纪和未来的。从城市文化地标看，《北京宣言》指出21世纪发展新径需要城市复兴新地标。以北京20世纪建筑遗产项目首钢公司（1919年创立）来讲。新首钢地区规划的整体空间结构为"一轴、两带、五区"。"一轴"为长安街西延长线，"两带"为永定河生态带、后工业景观休闲带，"五区"为冬奥会广场区、国际交流展示区、科技创新区、综合服务配套区和战略留白区。仅以其文化复兴看，首钢保护整体特色风貌，修补工业建筑如延续文化脉络，活化线性遗存，规划保留40千米的现状铁路专用线并将其改造为铁轨绿道；保留9千米线状气体传送管廊并将其改造为空中步道等。在产业复兴上也有创意，抓住冬奥会契机，通过工业建筑改造，承接"体育+"产业、科技创新、文化创新和高端金融产业，如将三炼钢、线材厂、型材厂等大尺度工业厂房建筑改造为国际交流展示区等。"文化地标"是城市灵魂的外化物和可视符号，如上海凭借历史禀赋、独特资源和区位优势，持续推进重大文化设施建设。以历史建筑保护为例，自1989年以来，已分5批公布了1058处优秀历史建筑，其中2017年完成了外环内50年以上历史建筑全面普查，增加了131处风貌保护街坊，2018年又重点完成了新增风貌保护街坊内的历史建筑价值甄别，使延续城市文脉理念以建筑保护的方式落到实处。

　　《北京宣言》指出新世纪建筑学百川归海，就必须把现有的闪光片片、千头万绪的思想与成就去粗存精、去伪存真地加以整合，建筑师的创作要追求"人本""质量""能力"……在有限的地球资源条件下去创造，这是中外建筑界应遵循的百年逻辑，是时间、空间与感知时代的必要关注。21世纪初的十几年，不仅20世纪建筑遗产，新建筑也越来越被定格为一个城市的文化符号，成为鲜活的地域文化载体和见证城市时代气息的传感器。如从钢结构建筑的艺术价值看，2008年北京奥运会立意标新的国家体育场"鸟巢"，其建筑外形在延伸设计理念内涵时，让这座具有丰富的艺术想象力的建筑实现了超越，改变了人们对奥运会乃至城市的评价。第16届亚运会，"广州塔"使充满期待的21世纪翻开新一页，创造出世界经典钢结构建筑中最新标志性作品，拥有高达454米的主塔体和高100多米的天线檐杆的600米的"广州塔"再现了城市智慧下建筑的新风姿。钢结构是广州新铁路南站的组成部分，建筑外形将最具岭南文化特色的"芭蕉叶"作为设计意境，体现了钢结构设计艺术美学的特点。上海中心大厦是赋予地标性钢结构建筑传递特有精神风貌和目标追求的作品，外观上，上海中心大厦建筑呈螺旋式上升，建筑表面的开口由底部旋转贯穿至顶部，墙钢结构支撑体系复杂，是世上首次在超高层安装14万平方米柔性幕墙的工程，在业界被称作"世界顶级幕墙工程"。在采用高技术手段上，它摆脱了高层建筑传统的外部结构框架，以螺旋、不对称的外部立面使风载降低24%，减少大楼结构的风负荷，大大节约造价。对于建筑设计的创新，正如英国建筑史学家所言："建筑并非材料和功能的产物，而是变革时代的变革精神的产物。"所以，无论是20世纪还是新世纪的建筑，它们都不是一个单纯的建筑空间，重在要反映出一个特定时期的历史风格与城市精神。

二、入选《世界遗产名录》的20世纪建筑遗产项目的社会价值

　　继第四十三届世界遗产大会，中国"世遗"总数达55处超过意大利成为世界第一后，从巴库再传捷报，美国20世纪最著名建筑师弗兰克·劳埃德·赖特（1867—1959）的八项20世纪上半叶建筑入选《世界遗产名录》，这是缔约国历经数年"申遗"耕耘的结果，是全球建筑界、遗产界的又一20世纪丰碑级文化盛事。入选的八个项目为：团结教堂（伊利诺伊州，1906—1909年）、罗比之家（伊利诺伊州，1910年）、塔立耶森设计工作室（威斯康星州，1911—1959年）、霍利霍克别墅（加利福尼亚州，1918—1921年）、赫伯特与凯瑟琳·雅各布第一住宅（1936—1937年）、流水别墅（宾夕法尼亚州，1936—1939年）、西塔立耶森住宅（亚利桑那州，1938年）、纽约古根海姆美术馆（纽约，1956—1959年）。2019年，也正逢这位建筑大师辞世60载，或许这也是来自世界遗产大会的敬意。

美国建筑大师赖特在其72载多产生涯中共设计了数百座建筑，尤其是他的纽约古根海姆博物馆和位于宾夕法尼亚州的被称为"流水别墅"的河畔避暑住宅等都获得全世界建筑界的赞誉。已故清华大学建筑学院汪坦教授1947年游学于赖特门下，他在评介赖特大师的作品时曾说："建筑竟能把人领到如此感人的境界，风格鲜明，内涵深湛，而且和生活息息相关，非其他艺术可拟。"赖特是20世纪举世公认的建筑师、艺术家和思想家，作为现代建筑的创始人，他与勒·柯布西耶、密斯·凡·德罗、格罗皮乌斯并列为世界四大著名建筑师。可喜的是今天这四位20世纪大师，均已有作品入选《世界遗产名录》：勒·柯布西耶

图2 团结教堂（unity temple），伊利诺伊州（1906—1909年）　　图3 罗比之家，伊利诺伊州（1910年）

图4 塔立耶森设计工作室（Taliesin），威斯康星州（1911—1959年）

图5 霍利霍克别墅（辉煌蜀葵之家），洛杉矶，加利福尼亚州（1918—1921年）

图6 赫伯特与凯瑟琳·雅各布第一住宅，麦迪逊，威斯康星州（1936—1937年）

图7 流水别墅，宾夕法尼亚州（1918—1921年）

图8 西塔立耶森住宅（Taliesin west），亚利桑那州（1938年）

图9 古根海姆博物馆，纽约（1956—1959年）

2016年有跨越7国的17个项目入选；密斯·凡·德罗2001年有布尔诺图根德哈特别墅入选；德国包豪斯学校创始者格罗皮乌斯2011年的法古斯工厂项目入选。这足以说明《世界遗产名录》已瞩目当代建筑。据此我们有必要将目光放在20世纪建筑经典项目上，因为它们不仅让建筑光鲜，更为城市社会生活带来难忘记忆与美好时光。

世界遗产如同一面镜子，它映出人类对遗产（文化、自然及全遗产）的价值观与关注点。自1972年联合国教科文组织通过了《保护世界文化和自然遗产公约》（中国1985年加入"公约"，1987年长城、故宫、敦煌莫高窟等6项入选），经过47年发展，全球"世遗"数目已从1978年的12处发展为在2014年（第38届）世界遗产大会时过千达到1007处。仅以文化遗产类为例，国际认同的"热点"，从初期关注反映人类文明发展过程中那些伟大的历史纪念性建筑或重要遗址，发展到特别关注20世纪以后人类文化多样性所创造的文化艺术物质瑰宝。现行2013年版的《实施世界文化和自然遗产保护公约操作指南》发展并修订了1977年的标准，将文化和自然遗产标准合并，其中对认知20世纪建筑遗产有价值的条目是，"ⅳ展现人类历史上一个或者若干个阶段的建筑物形式实例"，"ⅵ与具有突出的世界性重要性的事件或活的传统、观念、信仰、艺术或文学作品有直接或物质性的关联"。如2019年赖特大师的入选项目就体现了他的建筑理念。如他无比崇尚中国老子，他的作品以此效法"人、地、天、道"，遵从"自然"与"无为"的关键语，强调建筑设计不可占有万物，而应随自然发展，"无为"更非无所事事，而是提醒不要妄自作为。如享誉世界的"流水别墅"设计，正是"上善若水，水善利万物而不争"之佳作。世界级建筑大师作品的"申遗"之路并不平坦，如2016年第40届世遗大会上，赖特的10个建筑作品的申报，被ICOMOS认为"申报该项目缔约国的价值阐释不清楚，应推迟列入，并发回待议"。同样，2016年入选"世遗"的勒·柯布西耶的作品也从2009年就坚持不懈申报7年才有结果。今年，联合国教科文组织在对赖特的评价中说："1959年过世的赖特对20世纪建筑影响深远，他入选的这些项目反映出赖特开发有机建筑理念的成功，他对钢材和混凝土等材料的运用做出前所未有的贡献……"这种贡献无疑是对20世纪全球社会进步的推动。

位于美国纽约"博物馆英里"（Museum Mile）沿线第五大道的古根海姆美术馆，沿其独特的螺旋环绕的墙面和从地面缓缓向上的斜面走道，可缓步到达建筑物顶部，可贵的是沿途可领略建筑之美，领略展品之美，领略城市背景下的芳华时尚之境。该项目于1959年竣工，1990年被认定为纽约市地标，2008年升级为美国国家历史地标，2005年还被列入"美国国家史迹名录"（National Register of Historic Places）。2016年的第40届世界遗产大会上，共有10项赖特建筑作品申报，ICOMOS委员会认为缔约国对项目价值阐述不清，赖特作品"申遗"被推迟的原因与柯布西耶系列建筑在2009年首次申报相同。尽管2016年赖特申报缔约国迅速将10个建筑改为仅4项，但ICOMOS仍认为赖特项目作为整体的关联性不足，同时认为他作为世界级大师，按"杰作"标准只报4项，太过草率，这样的申报有损于赖特毕生的建筑贡献，最终以支持票不足而发回待议。同样柯布西耶建筑系列作品历经三次"申遗"才成功入选，也是ICOMOS委员会对其最终按"世遗"价值标准（ⅰ）（ⅱ）（ⅵ）衡量后的结果，在肯定柯布西耶作品对全球传播了独特的建筑观的同时，还特别举出其作品设计的标志性，如：法国普瓦西萨伏伊别墅是现代建筑运动的象征；法国马赛的居住单位是平衡个人与集体居住的新型住宅原型；法国圣母高地的朗香教堂体现了革命性宗教建筑设计；法国罗克布吕讷·卡谱马丹的柯布西耶自宅是基于人体工程学和功能主义的最小单元原型；德国斯图加特的威森霍夫住宅区两栋住宅则因工艺联盟展览的成功而闻名于世；日本东京的国立西洋美术馆主楼体现了"无限增长博物馆"的原型；印度旁遮普的昌迪加尔不仅成为印度现代建筑的象征，也影响了南亚次大陆的文化等。其他两位设计大师的作品早期"申遗"成功也都反映出一定的特点。

在介绍密斯·凡·德罗和格罗皮乌斯时，不能不提及100年前创立的德国包豪斯学校，这不仅因为它曾在1996年及2017年两度入选《世界遗产名录》，更因为格罗皮乌斯、密斯·凡·德罗先后担任包豪斯学校第一任及第三任校长，所以品味岁月长河中沉淀下来的20世纪建筑遗产才格外有价值。德国现代建筑师、建筑教育家格罗皮乌斯于1911年设计的德国法古斯工厂项目于2011年"申遗"成功，该设计遵循工业建筑设计师Werner的平面工艺图，着力点在项目的外部与室内设计的提升上。他一直认为工业建筑不该模仿过去数十年的同类建筑，要演变并适应变革的社会文化之发展，他坚信自己采用震撼的体量及大面积的玻璃立面，会成为未来现代主义建筑的走向。100年后格罗皮乌斯项目入选《世界遗产名录》，恰说明在有文脉支撑的环境下，营造艺术性的设计之道是成功的。法古斯工厂是座建筑综合体，有制造车间、存储库及办公用房，设计美学是他设计结构上的突破，如不采用传统的外墙承重，大胆将钢筋混凝土立柱置于建筑物内部来解脱外墙，最富创新性的是转角处精细的玻璃节点，体现了他的作品不仅遵循当代构造的技术原则，也在拓新社会文化进步之径。

2001年入选《世界遗产名录》的德国布尔诺的图根德哈特别墅是建筑大师密斯·凡·德罗1928—1938年设计建造的。这位世界级功能主义建筑师表示，该建筑"无法计算出理解的空间维度"，由于设计与建造无预算限制，设计上大量采用了进口石材与木材，空间艺术的处理上布局富于革命性，最耀眼的是主起居空间内一面整墙大小的巨型可延伸窗与花园相连，三层建筑自主搭配，实现了人与自然的空间自由。特别应记忆的是在这座精致别墅中发生了一系列随时代变迁的"事件"：身为犹太人的图根哈特夫妇1930年搬入别墅，1938年为躲避纳粹只能逃亡瑞士，该别墅被盖世太保没收，1945年布尔诺解放，这里又成为苏联士兵马厩，瑰宝般的家具变成燃料。后来它又成为当地舞蹈学校及儿童护理院，直到20世纪80年代才恢复原有样貌。有文献称这栋内外风格反映时代审美的别墅，不仅是布尔诺老城的美丽景观，也是世界上最具价值的重要别墅之一，更重要的是它映射出"二战"大背景下的问题集。

三、国际20世纪建筑遗产进展给中国的启示

1.国际对20世纪建筑遗产的广泛关注

2009年勒·柯布西耶系列作品首次以"勒·柯布西耶建筑与城市作品"（The Architectural and Urban Work of Le Corbusier）的名义由法国提交"申遗"，共申报了他曾经设计过的8种类型中的7种（未申报公共建筑）。这22处提名遗产作品分布在三大洲的6个国度。文件共从8个方面归纳了柯布西耶的成就：①作品改变了全世界建筑和城市的形态；②从理论和实践上都给予20世纪建筑与城镇规划全新且根本的回答；③作品分布在多国，使他在全球具有影响力；④他被20世纪史认为是四位现代建筑奠基人之一；⑤其作品以独特的方式为更多的人提供了宜人的住宅；⑥他的设计反映了其对材料和新系统应用的推动作用；⑦他的著述与作品，带动着简单而纯粹建筑原则的形式；⑧他是第一个将时间作为第四维度引入空间设计的建筑师。尽管柯布西耶的22个作品符合部分世界遗产标准，但其价值阐述却遭到咨询机构ICOMOS全然否定，指责其真实性、完整性不足而未获通过。《关于20世纪建筑遗产保护办法的马德里文件2011》强调："由于缺乏欣赏和关心，这个世纪的建筑遗产比以往任何时期都处境甚危。其中一些已消失，另一些尚处在危险之中。20世纪遗产是活的遗产，对它的理解、定义、阐释与管理对下一代至关重要。"该文件表示，为了做出适合的20世纪遗产的保护决策以及为了保护它的真实性与完整性，我们必须了解20世纪建筑遗产的文化价值如何体现，其最初的设计师及建造者对遗产的影响也应被考虑。作为历史的见证，一个遗产地的文化价值主要基于它原真的或重要的材料特征，所以判断一个20世纪遗产地其真实性与完整性格外重要。2017年7月8日，中国鼓浪屿以"国际历史社区"入选《世界遗产名录》，它见证了清王朝晚期的中国在全球化早期浪潮冲击下步入近现代化的曲折历程，体现了全球化早期阶段社会多元文化交流、碰撞与互鉴的成果。

从城镇层面看，2018年第42届世界遗产大会将意大利皮埃蒙特地区20世纪工业城市伊夫雷亚入选《世界遗产名录》。这里曾是"苹果"品牌之前的世界最伟大的工业设计地，Olivetti乃世界上第一款台式电脑制造者。伦敦当代艺术学院（ICA）在一次诞生展览上称"Olivetti是一套跨界哲学体系，像包豪斯那样，影响已经渗透到方方面面"。MoMA建筑与设计部高级策展人Paola Antonelli评介"这座城市如此美好，是人工伊甸园"。IBM那句著名箴言"好设计就是好生意"的灵感也来自Olivetti打字机，可见工业城市的遗产价值不仅仅在于创造生产力之工具，还塑造着20世纪遗产的新形态。虽该遗产的建筑群，大多为20世纪30—60年代间意大利著名建筑师的作品，但它们表达了现代视野下工业生产与城市社会生活之关联。

于2016年第40届世界遗产大会入选的潘普利亚现代建筑群由巴西著名建筑师奥斯卡·尼迈耶设计，他作为拉丁美洲现代主义建筑的倡导者，有"建筑界的毕加索"之称，他曾在1946—1949年作为巴西建筑师代表，与中国著名建筑师梁思成等国际大师共同参加纽约联合国总部设计小组。20世纪50年代末他为巴西新首都巴西利亚所作的设计不仅被载入城市规划史，也成为设计教科书，并于1987年入选《世界遗产名录》，成为建成历史最短的世界文化遗

产，他也为此于1988年获普利兹克建筑奖。1942年所建的潘普利亚现代建筑群位于巴西东南部的米纳斯吉拉斯州，它由人工湖、俱乐部、文化设施、教堂等组成，该规划合理宜人，单体建筑与自然环境协调，被业界誉为尽善尽美的融合体。这也是建筑师尼迈耶辞世后获得的世界遗产荣誉，由此我们也能体味到建筑师对城市、对社会的独到价值与贡献力。

2015年第39届世界遗产大会同样也有20世纪建筑作品入选，如建于德国的仓库区、旧商务办公区及智利大厦是典型项目。仓库区和康托尔豪斯区是相邻的汉堡中心城区，1885—1927在一组狭窄的海岛上建成。ICOMOS认为它代表了当时欧洲最大的港口仓库区，是国际化贸易的标志。而毗邻的康托尔豪斯区完善于20世纪20—40年代，拥有6栋办公楼，服务于港口的一切商务，属欧洲最早的办公建筑区。最引人注目的当属1924年建成的康托尔豪斯区的智利大厦，该大厦共10层，由500万块深色的奥尔登堡砖砌成，大厦采用"船形"造型，无论在用砖上还是在建筑形式上都是20世纪初的代表作。此外它还有一个颇有意义的故事：早年贫苦的Henry B. Sloman受朋友启发，离开汉堡到智利谋求发展，不想22年后他于1889年重返汉堡时已是富商巨贾，为报答智利并纪念自己在智利的成功历程，Henry先生聘任建筑师弗里茨·霍格设计该大厦，并将它命名为智利大厦。

围绕越来越丰富的20世纪遗产入选《世界遗产名录》，2012年在阿联酋艾因举办的文化遗产完整性专家会议很有意义，会议讨论遗产可持续发展时强调了服务社会与完整性的关联。还针对与20世纪遗产密切相关的文化景观、历史城镇、纪念物、建筑与建筑群等解读了社会——功能完整性、历史——结构完整性、视觉——美学完整性等保护与发展要则。世界遗产保护制度40多年的历史说明，无论在20世纪建筑遗产方面还是在工业遗产方面，中国的保护与项目认定都起步较晚，引进先进的遗产保护与管理理念很迫切。本文对《世界遗产名录》20世纪建筑遗产项目的捡拾虽不完备，但它无疑让我国看到了国际上的新发展与遗产保护的重要类型。赢得国家话语权并非口号，它需要建立在一个国度的社会文化影响力是否具有引领国际社会发展的作用上。严格意义上讲，迄今我们并没有20世纪建筑遗产项目入选《世界遗产名录》，这表明中国在世界遗产的国际舞台上有"空白"和再发展的契机，要特别提醒注重在城市化进程中应加强对文化遗产的完整性保护，对建筑的随意"拆除"不行，对未经严格论证与社会认证的历史建筑"搬家"移动也是不允许的。

2.四点启示

其一，中国要从遗产大国步入遗产强国，首先要更新理念。如必须要从文博观念上融入世界各国文明交流互鉴的大势中，在研究人类文明多样化特征时，找准其动力释放点，并勾勒出交流与融合的画卷，其中最重要的是先扭转文化遗产类型上单一的现状。在瞩目《世界遗产名录》20世纪遗产项目时，要对照自身，要敢于丰富中国"申遗"预备名录的遗产类型，要在中国有效、有力地推进20世纪建筑遗产项目的认定与保护工作的基础上总结经验。

其二，中国要成为遗产强国，必须审视自身在保护发展"全链条"上的新视野。以20世纪建筑遗产为例，至今，面对国际趋势及三大代表性国际组织——国际古迹遗址理事会（ICOMOS）的20世纪遗产科学委员会（ISC20C）、国际古迹遗址理事会（ICOMOS）的共享遗产委员会、现代运动记录与保护组织（DOCOMOMO），我们无论从法规、政策还是计划上都关注不够，从而在执行与推动上限制了学界与业界对中国20世纪建筑遗产保护的发展进程，更影响了与国际的对话交流。

其三，中国要成为"遗产强国"任重道远。至少我们要走出仅仅重视项目荣获遗产某某等级的传统模式，要步入法规及政策指导下的维护修缮常规计划中，尤其要用立法遏制住"历史建筑"因所谓文保等级低的理由而遭拆毁的事件再发生。要有计划地教育各级管理者及建设方，城市是有记忆的生命体空间，绝不可随意"被"消失。20世纪遗产中有百年经典建筑，有新中国70年"国庆十大工程"等项目，也有与改革开放同龄的纪念碑建筑，没有为建新建筑非要拆除不可的理由。中国在环境保护推进上有有效的"问责制"，何不借鉴到建筑"乱拆乱建"上，何不在遗产保护上也来个"约谈"的模式。

其四，中国要步入"遗产强国"，贵在全民族遗产意识的增强。阅读中国就要读懂历史。特别应该扪心自问，我们所在的"城市家园史"读懂了吗？读建筑就是读书、读建筑就是读城、读建筑就是在回眸记忆与时光。那么就一定要倡导提升全民族的建筑文化觉悟，敬畏古建筑，更敬畏与当代人同时存在并正成为人们左邻右舍的20世纪建筑遗产"家园"，因为它们真正是城市的一部分，我们要倍加爱护。

One Needs Passion and Dedication of Crafesmen for the Conservation & Restoration of Ancient Architectural Heritage

修缮古建筑要有传承守望的匠人心

刘志华[*]（Liu Zhihua）

图1 刘志华董事长

编者按： 2019年7月24日，本编辑部对长期从事古建筑修缮工作的中兴文物建筑装饰工程集团有限公司董事长刘志华先生做了一次专题访谈。刘先生对古代建筑遗产保护的执着与痴情自是感人，而他所述之事业历程，更令人深切感受到：对古代文化遗产的保护与研究，也是新中国70年历程所取得的丰硕成果之一。

Editor's note: We interviewed Mr. Liu Zhihua, Chairman of Zhongxing Heritage Architecture Decoration Engineering Group Co., Ltd, a company that specializes in the restoration of ancient buildings. While Mr. Liu's passion and persistence with respect to the conservation of ancient architectural heritage are inspiring, his account of the course of his cause makes one feel all the more that the conservation of and research on ancient cultural heritage is also one of the main achievements that China has made in 70 years.

今年是新中国成立70周年，也是我自己从1984年至今从事古建设计修缮与营建的第35年，非常感慨。作为一位土生土长的"老北京"，自小在千年古都丰富而瑰丽的文化遗产所营造的氛围中成长，而如今又在为这些中华民族"文化瑰宝"服务，为它们在新时代重新焕发生机出一份力，心中感到无比光荣。多年从事建筑领域工作的我，特别愿意以积极主动的精神投身于古建筑的队伍当中，为祖国的繁荣发展及文物保护贡献自己的绵薄之力。恰逢《中国建筑文化遗产》编辑部约我为"中国建筑遗产70年专栏"撰文，我就在这里与朋友们分享一些心得感悟。

从事了三十多年古建筑修缮工作，我愈来愈离不开它，这不仅仅是因为我能够从古建筑中体会到它的意境，更在于我从内心对它产生的敬畏，我时常在一些项目启动前、开展中翻阅建筑大师梁思成在1944年于四川李庄编撰的《中国建筑史》一书，该书对中国建筑学科的贡献很大，它在某些方面还直接指导着古建修缮的方法与理念，确是一部应常读常品的经典之作。梁思成在《中国建筑史》中说："我国各代素无客观鉴赏前人建筑的习惯，在隋唐建设之际，没有对秦汉旧物加以重视或保护。北宋之对唐建，明清之对宋元遗构，亦并未知爱惜。重修古建，均以本时代手法，擅易其形式内容，不为古物原来面目着想……"梁先生这个分析断言给我许多启示，不仅要从使用功能的需求上去修缮，也要体味如何不改变建筑物的原状，将其视为文化遗产进行保护性修缮，特别要用创新之思去感受古人模仿前代建筑的修缮手法与技艺。三十多年的话题太多，我将它们分成一段段回忆，慢慢道来，其中都是我的真经历、实感悟。

一、记忆中的老城墙砖

生活在"皇城根"下，记忆中老城墙的印迹深刻而隽永。儿时德胜门、安定门老城墙还没有被拆除，我和小伙伴们经常去城墙上玩耍，那时年少的我虽还不明白古城墙对北京城市文脉的重大意义，但一块块

* 中兴文物建筑装饰工程集团有限公司董事长。

斑剥城砖筑成的宏伟城墙仍深深印刻在我的脑海中，在我心里埋下了对古建筑的深厚情谊的种子。

在那个经济落后的年代，文化遗产保护理念远没有现在深入人心，各级政府为了各种原因拆除城墙后，周边老百姓便将城砖拉回家盖厨房、弄院墙。印象里的城墙特别地厚，老百姓拉城砖的情况持续了很久。可以说，现在仍在使用的四合院中，绝大多数都有老城墙砖的影子。由这些孩童时的记忆，我想到现在修缮或新建工程所关注的砖、瓦、灰、砂、石、木材、玻璃与钢材，尽管我们终日所做的只是将这些建筑材料做成"建筑"，但我们信心满满，因为它们不仅是砖、木，而且是有生命力的城市精神之品。

二、在一线工作中发现传统智慧

我从事古建修复工作，不得不提到"家风"的影响。我的父亲就在北京东城区安定门向西的房管所工作，全家住在安定门外的蒋宅口，从小就听父亲讲他为四合院居民修复老房子的故事。在耳濡目染之下，不仅了解了一些房屋修缮的基本概念，更重要的是对于中国传统文化产生了喜爱之情。除北京个别的四合院外，大多数四合院为外、内两院形式。外院横长，宅门不设在中轴线上而开在前左角，进入大门往往迎面有个砖影壁。我对北京四合院的理解也在不断深化，如今完整的四合院落已不多了，但它显现的向心凝聚的气氛，是中国大多数民居性格的表现，庭院方阔中有亲切宁静，也有天、地、树木之自然灵气。

受父亲的影响，我之后也进入安定门房管所工作，从事的是极为贴近老百姓居住生活的工作，很多做法现在看来都很有借鉴意义。如当时每年雨季来临之前，房管所都会对四合院开展"查补漏"的工作。印象比较深的是会提前准备好大帆布，怕大雨把房顶冲塌了，因为那时的瓦容易出问题，雨水顺着瓦缝流，时间一长房顶可能就塌了，这时候临时用帆布将房顶盖上遮雨。不得不说那时的服务是非常实在和贴心的，它虽简单但十分有效。

过去东城十个房管所，房管所底下又分若干个小组，每个小组负责一个小片区，每个片区包括若干间房子。此外每个片区还设有供应站，为各个区片供应施工材料。如东城区房管局的供应站就在甘水桥，也就是青年沟，生的石头被运到这里，通过浸泡，制成灰膏，用于公房的日常维修。一旦发现哪个位置漏了，先上屋顶勘察，发现哪块瓦坏了就换瓦。若查了半天，仍查不出毛病，怎么办？就要请裱糊匠。师父要带出一个好徒弟来，纸拿过来以后，用小笤帚蘸一点，拿小笤帚抹在上面，这块纸说粘哪就粘哪儿。维修时，师傅拿着手电，如果发现一根柁断了，就要大修了；如果发现一根檩断了，这就得挑顶子。一遇到这种情况，各个段、各个班组就要往房管所里报，房管所再往局里报，报完审批以后，把资金分配下来，便可开始大修。

图2 刘志华与单霁翔院长（左）　　　图3 前排为谢辰生，后排左起依次为刘志华、刘　　　图4 刘志华参与慈善活动
　　　　　　　　　　　　　　　　若梅、付清远

事实上，我在成为正式的房管所员工前，于高中毕业后便去农村插队，这也使我较早接触到修缮技术。之所以讲这段，是为了告诉年轻人，做任何事都要留下记忆，要用心去发现其中的奥秘。1977年，我成为插队大军的一员，来到顺义农村务农劳动。此间，我更深刻感悟到北京农村民居中蕴藏的智慧。出于兴趣，我对农村的住房十分留意，发现那会儿农村的房子都没有瓦，可是也不会漏雨，为什么？后来发现，每年一到5月初，农民就把黄土泥、花秸和在一起，用脚踩实、搅匀。然后拿一个小布兜，把踩实的花秸泥装进去，抹到屋顶上。后来我分析，花秸泥能起到连接拉力的作用，而且它又不易裂口，下雨的时候，雨水会顺着流下来。所以，农家传统的办法和工艺真的有效。此外，还有一项工艺让我印象极深，就是"打墙"。两边支上板子，用木辊子支上，中间用铁丝拉上，之后往里搁土，土要非干不干、非湿不湿，接下来拿锤往下锤。靠这样的"打墙"工艺堆砌的院墙，有的挺立了五六百年，在现在京郊农村仍可找到很多遗址，它们绝非官式建筑，但如此结实却很说明问题。

在房管所工作以及插队中，我始终在第一线和工人师傅们学习，熟悉各个环节的工艺流程和做法，这无疑为之后我从事古建修缮工作打下了扎实的基础。此外，我们要努力锤炼好的工艺"绝活"。仅清代砖墙砌法就有多种，如糙砌、墙白撕缝、干摆等。糙砌即砖料不砍磨，灰缝较墙白墙的灰缝大；墙白撕缝即砖块只磨外露一面，墙砌完后仍需磨平，使砖与灰缝成一平面，达到灰色与砖色一致；干摆即做磨砖对缝时，砖块摆好后再落灰浆。这些手工做法是古建修缮必须使用的方法，更是遗产保护要传承下去的技艺，对此我要求员工们坚持练就"绝活"。

三、永定塔项目的经验之谈

2013年4月8日，是我的职业生涯中难以释怀却也意味深长的一天，当天由我们承建的北京园博园永定塔发生大火，社会舆论一片哗然，社会公众、业内专家纷纷惊愕。我作为该项目的总负责人，亲历了永定塔从意外失火到艰苦重建再到2013年5月18日顺利开园的全过程。这里我也想说一说对这件事情的感受和经验，与业界同人共勉。

当时永定塔正在做防水工程。起火点是连廊，按照设计方要求，我们要铺木板，木板上要做SPS防水，防水后再上泥背，泥背上面再挂瓦。而按照中国传统营建法则，防水其实只用花秸泥精细涂抹，厚度足够就完全没问题。可这次使用的SPS防水工艺，是需要用喷灯炙烤的，将涂料烤化了再黏贴在建材上。施工那天刚好在刮七八级的大风，木板在炙烤过程中不幸起火，借着风势连片燃烧了。

火灾发生后，即将完工的永定塔几乎尽毁，有人劝我赶紧想办法为自己开脱责任，但这绝不是我及团队的工作作风，重建永定塔，确保北京园博园按时开园才是重中之重。在当时相关领导的支持下，借助社会各方力量，我们投入了充足的人力、物力，调动北京市数十家木材厂全力赶制加工。我当时的想法很简单，金钱上亏不亏我已经不在乎了，就算倾家荡产，也要确保园博园如期开园。在拼搏了40天后，永定塔在园博园开园之日以崭新姿态迎接公众的到来。虽是圆满完成了任务，但对于我来说，经验教训是必须总结的，其中最重要的是在与设计方的沟通中，该坚持的原则一定要坚持，尤其是涉及传统工艺安全方面的做法，更要充分尊重传统工艺的智慧，且不可有任何盲目之举。

在总结这个教训时，我想到对中国传统千年建造技艺的自信与传承的问题。当时我曾说，木板上了泥背，泥背上是油毡，然后再上瓦，就没问题，明明用低技术、低成本就可以实现的效果，何必一定要用现代的防水材料增加施工的风险呢？无论是做新建筑，还是做建筑修复；无论是在材料、设计方法上，还是在修复技术上，能不能继续沿用一些老的做法？业界现在有这样的趋势，特别愿意崇尚所谓"先进技术"，认为越现代的技术越好，这实际上是非常荒唐的。现在一直在强调的"文化自信"，当然就包括对中国传统古建筑营造技艺的尊重、继承和发展，因为古建筑营造技艺是中国古代传承下来的文化精髓之一。

四、两个难忘的项目

其一，中国社会科学院考古研究所办公楼。这座办公楼位于东城区王府井大街，在中间有一个"勾连搭"的房子，一共三个勾连搭，盖在楼里了，盖上楼板。这栋建筑曾是民国临时大总统黎元洪的书房，为了更好地保护原状，我们围着书房打了一圈的桩，下部又用钢丝将桩之间拉上。在设计和修复施工中，我们遵循了"原材料、原形制、原工艺、原做法"，坚持保存现状原则、恢复原状原则、可识别原则和最小干预原则。这项工程也荣获"长城杯"工程奖。所以，抱着对文物建筑的情感，我们依照政府的指示，按照北京市文物局的要求，无论多难也要尽可能做好保护设计与修缮。因为这个项目坐落在中国社会科学院考古研究所这个中国考古界权威机构里，它的场所意义更非比寻常。修缮至今，建设方反应良好，我也感到为遗产保护与传承做了件大事。

其二，东四妇幼保健院。这是一项我们做了八年的项目。从规划报批到施工，历经波折，一共八年。医院的南边是麒麟碑胡同，很有文化内涵。相传在清朝的时候，一名公主为追求一个王爷，擅自出宫，后来皇帝不让她回宫，就把这个宅子赐给她了，王爷就在东边院里。皇帝让王爷去前线打仗，王爷战死疆场。从此以后公主就在这住下来了。那时的麒麟碑胡同还不叫这个名字，后来因为西面住着许多给老百姓服务的接生婆，而靠东面住着的都是给富人接生的接生婆，而公主府有一个偏门，正对着麒麟碑胡同。只要听见有婴儿啼哭声，公主就出门，给孩子摸摸头，孩子就会聪明，好似一种"洗礼"仪式。久而久之，这条胡同就叫麒麟碑胡同，正所谓麒麟送子，现

图5 北京市东城区妇幼保健院入口处

在那块麒麟碑还在鼓楼。到民国时，东四妇产医院一位大夫发明了最新接生法，过去小孩脐带要等它自己慢慢烂掉，而他是一剪子系一个扣，这是世界首创。民国以后这个医院就作为培训学校，一直到新中国成立初期东四妇幼保健院正式成立。

这个修缮项目从1994年、1995年开始，历经八年，堪称"跨世纪"的设计项目，它也是北京市第一家带有文物性质的医院。它与北京市文物局只隔一道墙，规划不要提多难了，层高有严格限制，但又要实现医院的完整功能，于是我们就向地下要空间，挖出地下四层。这个院里的锅炉房、多功能厅，设备难以进去，我们硬是靠一锹一锹地挖出来空间，装入设备的。

当然，我们做过的项目还有很多，除了北京，还遍及全国各地，也获得过一系列如全国文物保护修缮工程优秀奖等荣誉。在我国文物保护法规中，提到了文物保护的两个基本原则：一是保存现状，二是恢复原状。对于古建筑而言，恢复原状在我国很受重视，在日本、韩国也很普遍，在一定程度上可以认为，这是东亚地区对于修复的共识。我们在设计施工中融入科技手段，将新技术和传统方法相结合，针对文物的不同地域和气候特点进行研究，倡导文物保护和古建筑研究性保护。对此，我认为随着新中国成立70年及进一步的改革开放，社会经济发展日新月异，都市里摩天大楼的生冷气息充斥着社会的各个角落，建筑的人文精神开始被大家所淡忘，而中国古建筑是中华文明的活化石，凝聚着中国人文思想的精髓。继承和发展中国古建筑文化的，关键在于吸收其精华，去除其糟粕，古建修缮要努力做到重在"神似"，而非"形似"。刻意地模仿只会弄出邯郸学步的笑话，吸收与学习的关键是要将古建筑文化的物质特征和精神特征有机结合，真正做到对其继承与发扬。

五、尽己所能服务业界与社会

作为企业，服务社会是我们一直恪守的准则。2017年，我们新建了中兴文物建筑集团培训基地，有幸的是，故宫博物院和中国文物学会及中国文物保护技术协会等也把此基地作为他们的培训基地。我们的宗旨是："服务于社会，做好文物传承与保护的接力棒。"基地成立以来，我们陆续承接了故宫养心殿油漆彩画的培训任务，同时基地又是"大国工匠出少年"文物修复夏令营及冬令营的营地，这不仅有利于工匠们在古香古色的环境中静心学习技艺，更能让青少年们去做好文化的传承，开阔眼界。对于这件事，我抱着绝不以营利为目的的想法，就是要为中国文物传承做贡献。我经常教育年轻人，财富生不带来，死不带去，我们能做古建修复这个行业，为中国文物事业做些贡献，是我们的荣幸。目前基地各项配套设施齐全，现在"后院"又开始动工了，将来能够接待四五百人，学员日常生活及授课都没问题。此外，我们准备再做一个加工厂用于木作培训的实操教学，相当于体验中心，也有沉浸式文博内涵。当然，基地所在区镇的领导也非常支持我们的工作，从土地提供到各方面工作的配合都给予最大便利。

图6 北京市东城区妇幼保健院南侧院墙及侧门

图7 北京市东城区妇幼保健院住院部1

上面说的是在文物保护行业做的"善举"，而多年来我们对于社会公益，尤其是对儿童教育事业的支持也做了一些工作。如2014年，东城区委区政府发起了对点扶贫项目，我就跟着东城区区委区政府领导一同去了丰宁县，见到了当地数十位贫困学生。五年来，从学生一年级开始，我一对一地帮助，每年都会去学生家里，亲手把资助款交给他们，同时带去一些生活必需品。看着孩子家中满墙的奖状，我也十分欣慰。我希望自己的绵薄之力能改变这些孩子的命运。对一个企业来讲，这是最实在的社会责任之体现。

2002年，时任福建省省长的习近平同志为《福州古厝》一书作序。他在序中这样写："现在许多城市在开发建设中，毁掉许多古建筑，搬来许多洋建筑，城市逐渐失去个性。在城市建设开发时，应注意吸收传统建筑的语言，这有利于保持城市的个性。"近几年，习总书记在北京考察时再次指出："历史文化是城市的灵魂，要像爱惜自己的生命一样保护好城市历史文化遗产。"在多年的从业经历中，我愈发深刻领悟到文化遗产是不可再生的珍贵资源，属于我们，也属于子孙后代。中国传统建筑，无论在京城还是在乡村，我们古建修缮的建筑学人，不只是尽意其一个院落、一座殿堂乃至一栋一楹、一花一石的理解与感怀，而要有俯瞰中华文化万物、品察群生之思的眼界与格局，精心于设计、精巧于营建，使中国建筑文化融入自然与宜人环境之中，留下记忆、留下属于中国文化的建筑"乡愁"。

《中国建筑文化遗产》编辑部苗淼根据访谈录音整理

附：中兴文物建筑装饰工程集团有限公司古建修复项目举要

项目一：东城区妇幼保健院门诊楼主楼

工程位于北京市东城区交道口南大街136号，东临明清王府古建筑群落旧址和北京市文物局，南面为管乐厂和麒麟碑胡同，西侧的门诊楼前院与交道口南大街连通，北靠府学胡同、文天祥丞相纪念祠堂和明清两代府学旧址。

东城区妇幼保健院为二级甲等专科医疗机构。

图8 北京市东城区妇幼保健院住院部2

图9 北京市东城区妇幼保健院住院部3

（一）台基

（1）台基石活：台基石活（包括土衬石、阶条石、埋头、垂带石、燕窝石、踏跺石、如意石）一律采用青白石料制作，均为三遍剁斧做法。第三遍剁斧应在石活安装好以后于工程收尾阶段进行。

（2）台明包砌：台明的台帮为大停泥干摆做法。

（3）石活安装时应采用片石找平垫稳将石活之间的缝隙用麻刀灰勾严，然后灌M10的水泥砂浆，分三次灌注。

（二）钢筋混凝土结构

所有钢筋混凝土梁枋类构件应有滚楞抱肩，棱角应裹圆慢，楞裹宽度为楞宽高度的1/10。

图10 北京市东城区妇幼保健院住院部5

（三）瓦面

（1）瓦面品种规格按图纸采购，定货颜色必须均匀一致。

（2）窝瓦时瓦的下部灰浆要严，底瓦平整，无"喝风"，檐头底瓦无"倒喝水"现象。夹垄要严，应夹两遍。

（3）瓦面的分层做法详见工程做法表，瓦面的质量应符合《古建筑修建工程质量检验评定标准了（北方地区）》（CJJ39—1991）的有关规定。

图11 北京市东城区妇幼保健院手术室

（四）木装修

（1）各种木装修一律采用红白松木制作，其材质应符合有关规范的规定，含水率不得大于12%，木制椽子含水率不大于10%。

（2）内檐木装修使用的木材应采用烘干木材，外檐木装修可采用风干木材。

（3）槛框、槛窗必须按设计尺寸制作，下槛安装要求在地面铺墁完成以后进行，榻板安装应在槛墙砌好以后进行。

（4）隔扇、槛窗、大边与上下抹头交角必须做大割角双榫实肩，大边与中抹头交角为人字双榫。门窗边抹肩角必须严密，使胶加榫严密，榫眼饱满，不得劈裂。

图12 北京市东城区妇幼保健院门诊大厅1

（五）地面

（1）地面做法详见工程做法表。

（2）廊步地面散水不小于2%，院子地面散水不小于1%。

（六）天花

因结构所致，天花采用与新型材料结合的方法，沿面宽方向做通支条和单支条，沿进深方向做连二支条。采用条和单支条，沿进深方向做连二支条。采用轻钢龙骨做帽梁，两井一根，支条与轻钢龙骨之间应采用Φ6螺栓拧牢。

（七）油漆彩画

（1）地仗。柱、梁、檩、榻板、槛框、博缝板、山花板均做一麻五灰。檐椽、飞

图13 北京市东城区妇幼保健院门诊大厅2

图14 北京市东城区妇幼保健院后庭院

图15 北京市东城区妇幼保健院工程细部1

图16 北京市东城区妇幼保健院工程细部2

椽、连檐、瓦口做单皮灰。装修边抹、裙板、绦环板、走马板做一布四灰。檩子、花板、花牙子、雀替、开启扇做细灰。钢筋混凝土构件进行地仗以前，应对混凝土基层用云石机进行处理。

（2）油饰。圆柱、门窗、槛框、博缝板、榻板、山花板、开启扇均饰铁锈红，方柱饰墨绿。檐椽、飞椽饰红帮绿底。

（3）彩绘。重要部分如大门、正房等采用墨线大点金旋子彩画，其余为墨线小点金旋子彩画。

项目二：陶然亭公园瑞像亭修缮工程

一、项目概况

项目名称：陶然亭公园瑞像亭修缮工程

项目地点：北京市西城区陶然亭公园内

管理使用单位：陶然亭公园管理处

建成年代：20世纪90年代

上级主管部门：北京市公园管理中心

瑞像亭位于陶然亭公园东门内西北方的小山之上，登山可俯视公园全景。该亭建于20世纪90年代，亭周围绿树成荫，是园中的重要景观建筑。瑞像亭建成至今已有20多年的历史，在这期间，未进行过任何修缮。现建筑整体木构架发生严重倾斜(达8厘米以上)，并且由于位于小山之上(山高25米)，这里的风荷载也比地面大出许多，如不及时修缮，建筑有倾覆危险，并且屋面也有漏雨现象发生，已经达到不得不进行维修的程度。

本次修缮目的是排除险情，保证建筑安全，延续其原有风貌。

本次工程内容包括：

1. 全面修缮瑞像亭木体，排除险情；

2. 修缮亭周边宇墙和地面；

3. 重做避雷等安全措施。

图17 陶然亭公园瑞像亭全景

图18 陶然亭公园瑞像亭匾额

二、历史沿革

北京陶然亭公园位于北京市西城区，建于1952年，是一座融古典建筑和现代造园艺术为一体的、以突出中华民族"亭文化"为主要内容的历史文化名园。全园占地面积56.56公顷，其中水域面积16.15公顷，它是新中国成立后，首都北京最早兴建的一座现代园林，素有"都门胜地"之誉。

名闻遐迩的陶然亭、慈悲庵就坐落在这里。秀丽的园林风光，丰富的文化内涵，光辉的革命史迹，使它成为旅游观光胜地和市民休闲、健身场所。同时，它也是著名的爱国主义教育基地。

陶然亭是清代的名亭，也是中国四大名亭之一。清康熙三十四年（公元1695年），当时任窑厂监督的工部郎中江藻在慈悲庵内创建此亭，并取唐代诗人白居易"更待菊黄家酿熟，共君一醉一陶然"之诗意，为亭题额曰"陶然"。这便是公园名称的由来。

园内的慈悲庵始建于元代，为北京市重点文物保护单位。著名的林则徐、龚自珍、秋瑾等爱国志士常来此吟诗抒怀。五四运动前后，李大钊、毛泽东、周恩来等革命先驱也曾在此从事过革命活动。中央岛上有我党早期著名活动家高君宇和他女友石评梅的墓碑。园内林木葱葱，花草繁茂，楼阁参差，亭台掩映，景色宜人。湖心岛上，有锦秋墩、燕头山，与陶然亭成鼎足之势。锦

图19 陶然亭公园瑞像亭局部1

图20 陶然亭公园瑞像亭局部2

图21 陶然亭公园瑞像亭梁架细部1

秋墩顶有锦秋亭，其地为花仙祠遗址。亭南山麓有"玫瑰山"，其地为原香冢、鹦鹉冢、赛金花墓遗址。燕头山顶有览翠亭，与锦秋亭对景，亭西南山下建澄光亭，于此望湖观山，最为相宜。亭北山下为常青轩。

1985年起修建的华夏名亭园是陶然亭公园的"园中之园"，采用集中旅游资源的方法，精选国内名亭进行仿建。有"醉翁亭""兰亭""鹅池碑亭""少陵草堂碑亭""沧浪亭""独醒亭""二泉亭""吹台""浸月亭""百坡亭"等十余座。这些名亭都是以1∶1的比例仿建而成的，亭景结合，相得益彰。流连园内，有历巴山楚水之间或游吴越锦绣之乡的感觉，历史文化内涵更加深邃，广大游客不劳远途跋涉即可领略中华民族建筑艺术和人文景观。

陶然亭公园现共有迁建、仿建和自行设计建造的亭36座，争妍竞秀，异彩纷呈，2002年获国家旅游局评定的第一批4A级旅游景区及首都文明旅游景区称号。

本工程涉及的瑞像亭是20世纪90年代重新修建的，建筑完全按照传统古建形制进行修建，只是彩画部分为了节约工程造价，采用了彩画纸进行粘贴。瑞像亭平面呈六边形，内外两重柱，重檐二层结构形式，灰瓦形式建筑周边设置方形广场，周边设置宇墙，是园中的重要景观建筑。

三、价值评估

（1）社会价值。瑞像亭建成至今已有20多年，社会反响良好，作为重要的景观建筑，发挥了巨大的社会作用，是公园内重要的景观节点。

（2）园林艺术及景观价值。瑞像亭建于高山之上，周围绿树成荫，依盘山小路登高，建筑时隐时现。空间有收有放，形成丰富的景观画面。

（3）科学价值。瑞像亭完全按照传统古建形制修建，体现了严谨、科学的工作态度，可以作为研究传统木结构建筑的范本，弘扬传统文化。

图22 陶然亭公园瑞像亭梁架细部2

图23 陶然亭公园瑞像亭梁架藻井1

项目三：伪满皇宫缉熙楼同德殿文物保护修缮工程

伪满皇宫缉熙楼同德殿文物保护修缮工程位于吉林省长春市光复路北侧伪满皇宫博物院内，是由清朝末代皇帝爱新觉罗·溥仪居住的伪满洲国傀儡皇宫改建而成的博物馆。

设计内容：主要对文物本体的外立面、屋面进行修缮。对基础、地下室、墙体、屋架等进行结构加固；修复部分破损台基和室内地面；增加屋面及平台防水层；按原样式修复和添配部分破损门窗；重做室外散水等。

一、缉熙楼

缉熙楼位于伪满皇宫内廷西院，建于1938年，面阔27.22米，进深16.81米，建筑高度10.83米，建筑面积1036平方米，为一座两层西式楼房。坐北朝南，平面呈长方形，地下一层，地上二层，地下室顶板为钢

图24 陶然亭公园瑞像亭藻井2

图25 伪满皇宫缉熙楼同德殿全景

图26 伪满皇宫缉熙楼同德殿全景侧视

图27 伪满皇宫缉熙楼同德殿正立面局部

表1 伪满皇宫缉熙楼同德殿文物保护修缮工程

序号	项目	内容
1	工程名称	伪满皇宫缉熙楼同德殿文物保护修缮工程
2	建设地点	长春市光复北路5号伪满皇宫博物院院内
3	招标人	伪满皇宫博物院
4	工程范围	缉熙楼、同德殿加固及修缮等工程
5	计划工期	计划开工日期：2015年12月15日 计划竣工日期：2017年8月31日 计划总工期：626天
6	质量要求	符合国家《建筑工程施工质量验收统一标准》及相关标准的合格要求

筋混凝土板，一、二层顶板及阁楼屋面板采用木檩条上铺木板结构，屋面采用彩钢板防水。三角形木屋架，四面坡绿色铁皮瓦屋面。建筑为砖木结构，青砖清水墙。主入口门廊由6根罗马塔司干柱支撑，其上为二层正中房间的阳台，阳台做石材宝瓶栏杆。

二、同德殿

同德殿位于皇宫内廷东院，主体建筑坐北朝南，建筑面积3707平方米，地上两层，同德殿东西长约89米，南北长约46米，建筑高度18.01米，屋面使用三角形木桁架，黄色琉璃瓦坡屋面，采用四坡带正脊及鸱吻的形式，檐口及以下部位采用新古典主义的设计手法，外立面采用水刷石做装饰基座和门窗入口等重点部位。

表2 缉熙楼修缮措施及材料做法

建筑部位		主要修缮措施
台基	墙体下部水泥抹面	对开裂处进行灌浆修补，确保裂隙不再加剧，保证灌浆材料颜色和质感，确保立面效果和谐统一
	大门入口处台基	修补掉落的灰缝，对缺棱掉角的石构件按原材料进行粘补；对位移的石构件进行清理、归安、扶正、修补破损石材
地面	一层楼地面阁楼地面	对阁楼残损严重的木地板进行更换，重刷红色油漆。一楼卫生间的混凝土地面及板下梁需进行结构加固
	地下室地面	清除地下室堆积的杂物、垃圾，做水泥地面
墙体	建筑外墙面	对开裂处进行灌浆修补，确保裂隙不再加剧，确保立面效果和谐统一；对于酥碱严重的青砖进行剔补
	地下室墙体	受潮酥碱严重，结合基础加固方案考虑修缮
屋面	屋顶铁皮屋面	拆卸铁皮屋面及铁皮排水沟前，应详细记录拆卸构件的规格、位置；修补锈蚀严重的铁皮，统一刷防锈蚀防水油漆两至三道，全面更换防水层。增加排水沟电伴热带
外檐装修	室外门窗	对室外变形、残损的门、窗进行归位和维修；对榫卯松脱、框边变形的门窗，采取整扇拆卸，重新拆安；对被更换与封堵的窗户按原样式做法工艺复原。木门窗及五金件的修缮以按原样的修复原则进行修缮。砖过梁及窗间砖垛采用附加窗钢框进行加固
其他	南立面山花	移除现兰花御纹徽章，按历史照片样式恢复原有窗户。对酥碱严重的墙体青砖进行挖补，按原砖的规格重新砍制
	南立面入口门廊	重做。吊顶抹灰为白灰麻刀灰，重量比（白灰：麻刀100：3）麻刀灰厚度为5~8mm，赶压坚实
	北立面雨棚	检修雨棚吊顶，加固吊顶木骨架，更换槽朽木板条，重新抹刷白灰；顶面更换防水层
	各立面雨落管	更换锈蚀变形严重的排水管件；统一刷防锈蚀防水油漆三道
	北立面采光井	恢复地下室封堵的采光天井，清理封堵砖块、石材，按原样补配窗户，在天井周围加装铁艺栏杆

表3 同德殿修缮措施及材料做法

建筑部位		主要修缮措施
台阶坡道	建筑各个出入口处及坡道路面	清理粉化面层。松动、走闪石构件拆安归位。（M5混合砂浆稳垫）断裂石构件黏接。碎裂严重，无法施工的按原制更换补配
地面	西侧门廊入口处地面	地面面层打点清理
	东侧入口处地面	拆除现有破损地面，恢复150mm×150mm地砖墁铺
	两侧门廊入口上方盝顶地面	拆除现有地面，增加防水层（高分子涂膜加SBS改性沥青防水卷材）。尽量使用原地砖，碎裂的应黏接后使用，地面泛水应使雨水迅速排出，砖缝处用耐候胶封堵
	暖廊上空盝顶地面。	需剔除后期改造的地砖，重做防水层，并按照露台地面的原材料及做法重新墁铺
	散水	按原样恢复散水，做排水沟。如原散水无存，按设计图纸补做散水
墙面	水刷石饰面外墙	清除污渍。对开裂处灌浆修补。补配缺失的水刷石面层，颜色质感应与原状尽量相同。日本间过梁钢筋除锈，水泥砂浆找补过梁，水刷石饰面按原制补配
	瓷砖贴面外墙	污渍洗刷。剔除补抹水泥砂浆，补配瓷砖
	刷黄色涂料外墙	清理外墙涂料至基层。聚合物水泥砂浆找补基层裂缝至平整光滑，刷黄色外墙涂料
屋面	建筑平顶屋面	拆除现有屋面防水层，重做屋面防水（SBS改性沥青防水卷材，并做水泥砂浆保护层）
	建筑坡顶屋面	屋面挑顶，更换瓦件，勾头滴水按原制定烧。更换糟朽严重的望板、楞木、木桁架等木构件。锈蚀雨水管清理除锈，刷防锈漆两道。更换檐沟和锈蚀严重的雨水管，加电伴热。檐口钢筋除锈，碎裂、剥落严重的水刷石构件采用原工艺补配。检修补配铁链。屋面具体修缮措施：屋面挑顶至望板—重做护板灰—铺卷材防水—钉防滑条—苫灰背—苫泥背—铺设钢网—窀瓦
	锅炉房及通廊的坡屋面	查补瓦面
	建筑各入口处盝顶	屋面揭瓦，更换瓦件。构造结合处重做防水层或增加防水层。合角处宝顶及女儿墙披水砖定烧（按现存实物）。檐口清理，粘补碎裂水刷石构件，并打耐候胶封护。盝顶平屋面处做法见相应处露台地面
	东立面、北立面及次入口门头	屋面揭瓦，更换瓦件。构造结合处应做防水加强层。檐口清理，粘补碎裂水刷石构件，并打耐候胶封护
门	西侧入口处大门	污渍清理
	东侧、北侧入口	清理打磨，重做绿色油饰，边梃除锈
	各出入口的木门	油皮清理，找补地仗，按原样式重做油饰
	放映室入口门	待施工单位进场后进一步勘察
窗	所有房间的外窗	按原样修复钢窗，补配缺失构件。电影厅放映室后期人为开凿窗洞，暂按现状修缮
顶面	暖廊上空	择砌空鼓顶面，重做基层拉毛处理
	所有雨篷底面	檐口清理，粘补碎裂水刷石构件，并打耐候胶封护
通风口	地下室和檐口处	恢复后期封堵的地下室通风口，补配缺失铁箅子。檐口通风口铸铁箅子清理除锈，刷防锈漆封护，补配缺失铁箅子
十字落膛	平屋面檐口下方	清理除尘，查补残损
兰花御纹章	西侧入口山花处	从缉熙楼移回归位
水磨石饰面	西侧大厅	补配残损、缺失水磨石。按现存实物预制，保证外观效果协调统一

图28 伪满皇宫缉熙楼同德殿瓦面细部

图29 工人在对缉熙楼同德殿进行修缮

文/中兴文物建筑装饰工程集团有限公司

图/除伪满皇宫缉熙楼同德殿修缮工程外，均为《中国建筑文化遗产》编辑部李沉、万玉藻拍摄

Chen Clan Academy in Guangzhou and Its Architectural Art

广州陈氏书院及其建筑艺术

罗雨林*（Luo Yulin）

提要： 陈氏书院是岭南地区保留得最完整、装饰艺术最精美、规模最宏大的祠堂建筑，有极为丰富的历史文化内涵，现为全国重点文物保护单位。作者用多学科还原历史的求证求真方法，力图对其历史及艺术，作较为深入的研究和论述。

关键词： 广州陈氏，书院祠堂艺术，装饰工艺

Abstract: The Chen Clan Academy is the most complete and beautifully decorated ancestral building complex in the southern China region of Lingnan. There is a very rich historical and cultural connotation. It is now a Historical Sites Designated for National Protection. The author uses multi-disciplinary to restore the history of the verification and truth-seeking method, trying to make a more in-depth study and discussion of its history and art.

Keywords: Chen Clan in Guangzhou, Academy ancestral art, Decoration process

在中国建筑发展史上，曾经出现过多少巧夺天工的辉煌杰作！虽经岁月风雨的冲刷，有些建筑已不复存在，有些却依然绽放着夺目的光芒。现在人们不仅可以看到像北京紫禁城一样彪炳史册的宫廷建筑，而且还可以欣赏到遍布各地，独具特色的民间建筑。坐落在广州市中山七路的陈氏书院就是这类建筑的杰出代表。

陈氏书院是岭南地区迄今保存得最完整的一座特点鲜明、具有较高艺术和科学价值的宗祠建筑。它具有中国古代建筑的传统风格，又有南方建筑的鲜明特色，集岭南地区的民间建筑装饰艺术之大成，规模宏大，气势雄伟。凡到过那里参观的人，无不为它的建筑艺术所叹服。早在 20 世纪 20 至 30 年代，它就引起世界各国建筑专家的注意，德国柏林大学建筑系主任陂士敏（Boerschmann）教授的《世界建筑艺术》，日本森清太郎的《岭南纪胜》和英国的《中国古代建筑》等专著都赞美它是中国南方典型建筑杰作。60 年代初，罗马尼亚一个专家代表团赞叹陈氏书院与欧洲文艺复兴时期的建筑杰作相比有过之而无不及。1959 年郭沫若以考古学家和文物鉴赏家的慧眼，写诗赞曰："天工人可代，人工天不如；果然造世界，胜读十年书。"

* 广州市人民政府文史研究馆馆员、文博专业研究员。

一、筹建经过与历史沿革

陈氏书院，俗称陈家祠，是广东全省72县（非实数）陈姓合族宗祠，是集书院教化功能与祠堂祭祀功能于一身的独特建筑。它从光绪十四年（1888年）发起筹建，始建于光绪十六年(1890年)，历时4年，于1894年竣工。

其筹建经过是这样的：据陈杰卿对我的口述（见参考资

图1 1922年陈氏书院正门原貌

图2 1922年陈氏家祠祭祖牌位

图3 1959年正门前广场原貌：两对石刻旗杆夹上分别留有壬辰进士兼翰林院编修陈伯陶、甲午进士陈昭常的镌刻字迹

料[1]），清光绪年间归国华侨、香港瑞记洋行买办陈瑞南、怡南号建造行东主陈照南（又名陈灿、陈棨熙，字耀堂）和广州慈善界著名人士陈香邻、陈兰彬、陈伯陶、陈昌潮等48位名人、绅者，为了更好地培养陈姓子弟，便于广东陈氏本族各县读书人来省城应考科举，以发扬祖先遗教遗德，特倡议在广州筹建全省性的陈氏合族祠堂，以供全省陈氏子弟考前的备读和考后的等榜之用。由于当时的社会风气受孔孟遗教影响深刻，敦孝悌以重人伦，有着祖宗虽远，而祭祀不可不诚的追远思想。加上陈氏为广东望族，人口众多，宗族根基非常深厚。自中原南迁到广东各地后，陈氏子孙大多发家致富，财雄势大，并且在历史上曾出现过位至王侯将相的名人：虞舜后代、胡公陈满，田敬仲陈完，曲逆侯陈平，大将军陈寔（颍川人）等。因而一经知名人士倡议，全省陈姓各房便纷纷响应，海外各埠陈姓华侨也热烈援助，于是形成了一股兴建祠堂以光宗耀祖的热潮。他们以营造祠堂来强化宗族的凝聚力，作为自己宗族的象征和精神支柱。因而投入了大量的财力、物力和人力，选用当时最好的建筑材料，聘请当时最好的工匠，以严密的施工组织管理，来进行着意的营造。经过几年的筹划，建祠的基本款项等筹备工作就绪，便在光绪十四年间用21691元3毫8仙银元在当时羊城八景之一的浮丘丹井之侧购得土名"石龙塘"水月台、冠箱五株松、荔枝塘、枸杞涌等田塘大小14段，面积约3224井27方尺进行规划，清理场地，定好格局，于光绪十六年正式破土动工。整个工程是承包给广州寺前街（今惠福东路）的瑞昌店建行的，由瑞昌老板（当时广州最著名的建筑工程师黎巨川，名字叫黎济）负责整体建筑设计和现场施工总管，并集中了全省名工巧匠和营造商号进行施工。由刘德昌（店址在广州源昌街，即今广州文化公园范围内）、许三友（店址在广州联兴街，即今广州文化公园范围内）以及西山居士等店号艺人负责木雕和部分砖雕的装饰工程。陶塑瓦脊装饰工程则由石湾著名陶塑瓦脊店号文如壁、吴宝玉荣记、美玉成、吴奇玉等负责施工。灰塑装饰工程则由番禺"灰批状元"靳耀生，南海布镜泉、布锦庭、布根泉、关勇、关桓、关均和、佛山黄耀生、董耀生、张容（又名张锋生），高要邓子舟、伍泉锡、程静山、杨锦川等名工负责。砖雕装饰工程则由颇负盛名的番禺艺人黄南山、杨鉴廷、黎壁竹和南海名工陈兆南、梁澄、梁进等人负责。石雕装饰工程由南海名工邹福等人负责，铁铸装饰工程由佛山名工负责。壁画装饰工程由以善画著称的"灰批"艺人杨瑞石负责。并从东南亚、海南岛一带搜集不少直径80厘

图4 正门侧面装饰景观

图5 陈氏书院正门

图6 正门西侧昌妫侧门："昌妫"寓意周武王时期陈氏得姓于山西永济之妫汭河畔

图7 正门东侧蔚颍廊门："蔚颍"寓意始祖陈寔在颍川发祥

图8 正门东侧蔚颍德表廊门

图9 正门西侧蔚颍庆基廊门正门西侧蔚颍庆基廊门

米、高达10余米的坤甸木等良材，到东莞、南海等地精选订造绿豆青砖、油麻石等，在瑞昌店和黎巨川的统一筹划、指挥下，各店号艺人各司其职，各显其能，竞相把工作做好。经过约两年的施工，即光绪十八年，当中轴线上的建筑即将完工时，陈氏家族中的一位儒生东莞陈伯陶，在殿试中高中探花，并授翰林院编修，族人以为建祠风水有灵，而发动更广泛的筹款捐资。至光绪十九年八月二十日，陈氏书院进行了上梁升祖牌收口落成崇升典礼。当时有瑞昌店贺书院落成崇升志喜的楹联云：

"祖德厚流光，帝王将相道学神仙，垂于后昆，丕焕堂基隆享祀；工师何有力，**構梲侏儒根阑店楔**，成兹寝庙，惟勤涂暨壮观瞻。"

到了光绪二十年，陈氏书院最后工程完成，正式交付使用。这座凝聚着劳动人民无穷智慧的宏伟、精美的建筑，就这样诞生了！

陈氏书院落成后，因地方宽大，根据当时创办书院的宗旨，最适宜于办学之用。因此自清末废科举后，就开始改办"陈氏实业学堂"。民国期间则先后办"广东公学""广东体育专科学校""文范学校""聚贤中学"，但每年春秋两季全省陈氏祭祖怀宗的活动仍照常在这里举行。1950年办广州市行政干部学校，1957年经广州市人民委员会决定作为文物保护单位，由学校移交给市文物管理委员会进行全面维修管理。并在此基础上，辟为广东民间工艺馆（即现广东民间工艺博物馆）。1962年经广东省人民政府批准定为省重点文物保护单位。1988年经国务院批准定为全国重点文物保护单位。每年均有计划地进行科学维修保护，让这颗建筑艺术明珠与陈列展出的各类丰富多彩的民间工艺作品共聚一堂，供人们观赏、学习，在建设社会主义精神文明中发挥作用。

二、继承和发展中国古代建筑的传统风格

陈氏书院在旧广州城区西北角，后为龙源路，东为水月台，前与西原为陈家祠道，交通颇为方便。整座建筑群包括前边草坪旷地、东院、西院、后院和主体建筑，共占地近15000平方米。其中主体建筑面积有6400平方米。坐北朝南，呈方形，通面宽与通面深均为80米。尽管在当时封建社会典籍如《大清会典》中，对祠堂的营建颁有定规制度，其规模和形制也受约于官吏的等级，但实际上，随着封建社会已到末叶，这种定规禁令愈形松弛。他们一方面用尽当时所能容许富丽宏大之极限，另一方面，另辟蹊径，避去豪华而追求精致的雕琢，使之富于变化而又清新雅致，借以夸耀本族的财势和地位，表现出宗权的尊严，成为宗族上层的骄傲和巩固家族统治的一种权力象征。所以我们现在看到的陈氏书院，不仅在建筑技术上成为清末岭南地区发展水平的代表，而且在建筑艺术上也达到了岭南地区建筑匠师所能达到的水平极限。它不仅用料考究，加工精细，在装饰工艺上更是着意发挥小木作、砖雕作、石刻作、陶塑作、灰塑作和铸造作等的高超水平，表现出异常华美的气质。整座建筑群继承和发展了中国古代建筑艺术的传统风格，形体结构庄严肃穆，工程布局匀称宽敞，并荟萃了岭南地区民间建筑装饰艺术的成就和特色，组合成为多姿多彩的岭南民间艺苑。

1. 建筑总体布局与平面继承和发扬传统

建筑总体布局与平面形制继承和发展了我国古建筑尊规守正、主次分明和利用院落布局组织生活用房、分隔空间、渗透空间和发挥空间艺术效果的优良传统。

我国古建筑与西方建筑的一个明显不同，就在于它不是以向上高耸的构图来争取建筑使用空间，而是以平面展开的大尺度来接近自然。这种尺度的获得不是单靠单体建筑的体量，而是靠群体的空间布局来体现出一种伦理的规定、一种人文的秩序和一种序列空间的整体美感。具体来说，建筑空间布局严谨，主次分明，秩序井然，形式风格统一又有变化，主要院落的处理充分突出大殿的重要性，利用廊院围合及低矮偏间廊庑反衬出大殿的雄伟等是传统建筑常用手法。

陈氏书院在总体布局与平面形制设计上，较好地继承和发展了这一优良传统。它严格遵循中国传统建筑"前门、中堂、后寝"的形制，按"三进三路九堂两厢杪"进行布设，中间以六院八廊互相穿插，虚实相间，一气呵成，形成纵横规整而又明朗清晰的平面格局。

图10 庭院一角

图11 首进庭院：位于首进大堂与中进聚贤堂之间

图12 后进庭院

图13 中进青云巷

图14 中进后廊

图15 庭院连廊：既可分隔空间，又可将首进、中进、后进连成统一的整体

图16 前东厢房走廊及套色蚀刻玻璃上落窗：晚清广东特有的工艺，适于书房采光

图17 首进连廊

图18 中进聚贤堂

在中国古代，祠堂是宗法族权的象征，血缘家族的聚合心理要求祠堂有一种威严、礼谨、庄重的气氛。故陈氏书院在总体布局上采用了传统中轴对称和遵规守正的手法，按封建礼制的法定祭祀程序和要求，布置了平面与空间，表现了敬天法祖的思想，以祈求在对祖先顶礼膜拜的行为中佑荫家族繁荣昌盛。像中路三进就是由门堂（头门）、聚贤堂（大堂或中堂）和后堂（寝殿或祖牌堂）组成。这是整座建筑群的主祠所在和中心所在，祭祖拜先都在这里进行，均为5开间。尤其是正中聚贤堂，它是整座祠堂的核心，是供族人聚会、议事、宴请、礼拜、祭祀的场所。它高达13.75米，面阔5间26.57米，进深5间16.9米，属前后廊6柱21架通堂式殿堂。空间宏伟轩昂，仅脊高即达4米。两旁东西路和东西厢则相应配置有较为矮小的厅堂或厢房（面阔3间，进深5间），纵深的庭院布置，以门及回廊相配合，衬托出主体建筑的庄严和壮观。总之，整座建筑群落的布局严谨对称，主次分明，中高边低，前低后高，循序渐进，步步推向高潮。其次是运用外封闭内开敞手法。整座建筑群落的外围建有4.3米的青砖围墙，正面中轴两侧有“德表”“蔚颍”“昌妫”“庆基”四个廊门直通后院；横向亦有四个廊门通向东、西两院，交通畅达。青云巷与檐廊棋盘相交，室内外空间有轩廊过渡，方整井然，空间层次变化有序，形式统一，比例均衡，使布局对称但不单调，在严谨之中有许多微妙变化，从而体现出中华民族传统的建筑风格。

2.建筑结构与造型高度统一

中国古代建筑的重要特征之一是采用木框架体系，其结构与造型达到了高度统一。陈氏书院建筑基本保持了这一优良传统，并结合岭南具体条件，有所改进。

首先，它的九个主要厅堂都基本上采用传统的抬梁式木框架结构，保持着明间宽、次间稍窄、柱网井然等特点。但在结合岭南地区的具体条件时又有所改进和变化，主要有：①屋架没有举折曲线，且屋面较陡。②没有翅角起翘，两侧用人字形封火山墙到顶，因而使屋脊显得高大华丽。③前后檐柱多用方形石柱，上额施月梁（虾公梁），柱基较高，样式丰富。④内槽用瓜柱抬梁式构架，用“彻上露明造”，木梁架雕镌装饰多。⑤檐廊步架多用穿斗式架，常以抱头梁挑檐，丁字栱托梁，天花做成假卷棚顶（称轩），托斗亦变形为“莲花托”。⑥出檐较短，屋面较薄，桁条上施桷板，再摆望瓦和“搭七留三”叠瓦，出檐桷板做成鸡胸状，木封檐板厚而重雕饰。⑦首进门堂和中进3间用柁墩抬梁，设斗栱。后进用瓜柱抬梁，不设斗栱。两厢出卷棚回廊，首进东西斋以山墙承重。⑧砖墙选用上等东莞大青砖，以灰浆磨砖对缝砌作，用“五顺一丁”法砌成空斗墙，表面光洁平整，具有美观、防火、防雨、抗风和省材等优点。墙下用麻石勒脚，工艺精细。⑨所有梁柱均用优质坤甸木，表面油黑里透红的桐油，略显示木纹，显得庄重老成，颇合祠堂敬祖的纪念性情调，也有效地保护了木材。近山墙之桁架列柱稍离墙体少许，显示出“墙倒屋不倒”的木框架结构特性，亦解决了木材的通风、防蛀、防腐问题。⑩构架处理继承传统梁柱结构法优点，即沿进深方向在大础上立柱，柱上架梁；梁上又立短柱，上架一较短的梁。这样重叠数层短柱，架起逐层缩短的梁架。最上一层立一根顶脊柱，形成一组木构架。每两组平行的木构架之间，以横向的枋连接柱的上端，并在各层梁头和顶脊柱上，安置若干与构架成直角的檩子，檀上排列椽子，承载屋面荷载，联系横向构架，构成一个柔性结构体系。其构件各节点，靠榫卯固定，既简洁而富有弹性，能对抗地震等横向力的破坏，又充分表现了它结构的艺术美。特别是聚贤堂和后堂设有柱子30根，柱林挺拔，增加了肃穆气氛。其柱子的细长比由早期传统1/2变为1/10至1/15，显得高昂敞朗，有一种超凡的气质。室内不吊天花，井然的线形构架表现出一种韵律美、节奏美。而且构架受力系统明确，构造合理，给人一种力度感、稳定感。梁架间还常用挂落或屏罩来分隔空间，从而大大丰富了室内情调。

在立面构图的处理上，陈氏书院继承和发展了我国古建筑传统台阶、房屋和屋面三段组成的法则和纵轴对称手法，显得十分端庄典丽，高大雄伟，气势不凡。所谓三段式构图，就是建筑物下段设台阶（步级），一方面用以加强建筑的基座处理，提高它的高度，有利于视野的开阔，另一方面又能达到防潮、防水的作用；中段为房屋本身，采用前后柱廊或一面柱廊，其他面为实墙，做到虚中有实，或以虚为主，上段为屋面，集中表现高超的木结构技术与艺术的处理手法。所谓纵轴对称手法就是立面以三条纵轴线组成变化丰富的建筑群落，起伏有致，主次分明，虚实得体。它运用纵轴五间高广的石柱廊作为整座建筑群的构图中心，从而显示出陈氏家族的权威。门前的步级、石狮和石鼓等建筑小品的巧用，更加衬托了大门的尊严。华丽崇高的脊饰和多变的封火山墙，组成了屋顶起伏多姿的轮廓线；墙头大幅砖雕和石柱上月梁的石雕，显示陈氏家族的"荣华富贵"。东西两侧青云石券门和巷门的陪衬，给人以一种通达华贵的气氛。墙面的凹凸参差，屋顶和檐口的错落层叠，使方整的平面产生极为丰富的建筑透视效果。划分块面的立面处理，使横长单调的立面构图取得适宜的立体构图比例。总之，陈氏书院通过上述各种手法的灵活运用，较好地继承和发展了中国古代建筑的传统风格特色，取得结构与造型的高度统一，产生了在多变中求统一、严谨中求活跃、隆重中求生机的艺术效果。

3.建筑艺术的和谐美

陈氏书院的建筑艺术美，首先表现在建筑整体的和谐上。在我国古建筑中，和谐既是最高的伦理准则，也是最高的美学境界。陈氏书院的总体布局和平面型制的处理，在设计上掌握了和谐美的规律。整座建筑群落由大小19座建筑单体组成，其组合中心为中进大堂聚贤堂。匠师们根据中国古代建筑形式美的法则，以南北贯连为中轴线，并运用这条轴线进行精雕细琢，浓墨重彩地着意渲染，创造出一个完整而富于变化的空间序列，来突出这组建筑群体布局的重点所在和建筑主旨。然后再把其余众多大小不同的建筑物单体，组合布置在平面方形内，宾主分明，层次清楚，体现出我国古代传统四合院建筑严谨规整的整体美感。这种严谨规整却一点也不令人感到生硬、呆板。因为它从前面80米宽阔的前庭，到头门前廊，进首座门堂到前院，最后进入中堂、后堂各院落，其空间变换颇具匠心，做到既主次分明，又有层次变化，称得上既精巧又富有节奏韵律变化之美。其厅院之外，两厢房贯以廊庑、厅院之间，中联结青云直巷，以此把各个独立分散的个体空间串联在一起，来加强它们之间的过渡和联系，造成空间的连续性和层次感，并且使建筑群的各个单体的功能得以划分。更有庭院、园林、古木、珍卉景观穿插其间，打破平静沉闷感，增添园林的勃勃生机。其正厅经两侧长廊所分隔的空间，既一气呵成，豁然开朗，又使人产生深邃莫测的感觉，好像院子空间在向四面扩展，建筑空间与庭院空间相互交融，形成各自独立又相互联系的整体。从南北贯连的轴线望去，它一进高于一进，层层相通达，修廊直望，境界幽深。

在建筑形体上，单体建筑屋顶既运用清一色的类型和标准形制来形成整座建筑群落的统一格调和优美轮廓，又运用面阔进深和高度变化来形成差别，表现主次关系，体现和谐美。此外，建筑装修与色彩、木构斗栱以及梁架等富有规律的变化，也是增添它和谐美的重要内容。这里不一一赘述。

4.巧夺天工的装饰工艺和建筑科学技术、实用功能较好结合

中国古建筑传统的另一特点，就是运用高超的建筑科学技术，把各种建筑材料巧妙组合成为一个完美而又合乎使用目的的空间，并适当施以各种装饰艺术，使之既符合使用要求，又达到艺术美的效果。

陈氏书院继承和发展了这一传统，把巧夺天工的装饰工艺和建筑科学技术、实用功能较好地结合起来。它成功大量地运用中国建筑常用材料和岭南地区特有的材料，以务实的精神和较高的建筑工程技术以及各种民间艺术手法构成一个既适合祭祖、教化和居住使用，又可供欣赏的完美建筑，融合石、砖、木三雕和广东地区特有的陶、灰二塑（通称"花脊"和"灰批"）以及铁铸、铜铸、壁画和书法对联等装饰工艺，体现出就地取材、因材施艺的匠心和不同的风格特色。它与整个建筑物群体协调衬托，上下呼应，虚实对

图19 首进山墙及正脊：岭南民居常见的人字形封火山墙，有博古尾式垂脊装饰，而正脊雕饰极其丰富

图20 后进祖堂

图21 后进神龛

图22 外檐石方柱

比，如锦上添花，韵味无穷，给人以瑰丽舒展的美好印象。

　　先说这座建筑的基础。基础技术处理是完成一座建筑最重要的工作，也是建成陈氏书院这一既符合使用目的，又十分美观舒适的建筑的前提。该处原为西洋菜和莲藕泥塘地，淤泥层甚厚。据著名建筑师林克明教授生前回忆，他在20世纪30年代访问陈氏书院建筑总设计工程师黎巨川时，黎曾对他说："当时因地制宜，采用了岭南传统桩基技术，柱下打进长达丈八尺至二丈四尺（鲁班尺）的松木桩若干，上铺花岗石板和夯实石灰三合土，以求永固"。这在未有钢筋水泥以前，是较为先进的科技。其硬度可以比上水泥，木夯可以千年以上不烂。从而使陈氏书院具有比较深厚、稳固的基础。

　　再说陈氏书院的建筑设计，它首先考虑的是符合适用原则。因此在形式布局、空间处理、艺术装饰上，都运用了当时先进的工程技术，聘请优秀艺人、工程技术人员加以实现。此外，还运用了平衡、对比、韵律、和谐、明暗、对称轴线等设计手法，使每座建筑都能达到美观效果，像祠通进深和通面宽均设计为80米，廊宽2.7米，因而显得明朗、开阔和恬静。厅堂的间隔处理手法特别，首座门堂运用四屏双面镂空雕花饰隔扇作挡中，在重大纪念活动时就大开中门，迎接贵宾；平时则关闭，隔阻空间，构成厅堂特定环境，产生玲珑剔透、境界幽深、引人入胜的效果，体现出我国古建筑在空间处理上的扩大空间和争取利用空间，达到实用与美观相结合的鲜明特色。中进大殿聚贤堂，也运用先进的营造技术和巧夺天工的装饰工艺来实现和突出建祠主旨。它高13.75米，面阔5间26.5米，进深5间16.9米，21架6柱前后廊，共有12条石柱，24条坤甸木柱，是少有的木框架结构的巨型厅堂。再加上正脊的处理，采用长27米、高4米多的陶塑、灰塑瓦脊装饰的夸张手法，不仅显得生动优美，气势雄伟，而且更为宽阔、高大和通透；加上中轴线上的三堂所有面向院落的墙体均为活动隔扇，当庆典之时，这些隔扇均可拆除，三堂两院的内外空间贯融在一体，足可容数千族人聚会。空间层层叠叠，气象隆重热烈，与聚贤堂的实用功能统一在一起。可见我国建筑空间营构艺术之精湛。其建筑结构巧妙，符合适用原则，充分考虑到通风、防震、防潮、防水浸、防风、防火等需要。整个建筑主要为木框架结构，靠柱子承重，从力学角度看接近于现代框架结构，只不过它是一种柔性结构体系。其斗栱与其他构件以榫卯相铰接，具有很好的弹性，在受到巨大外力时，可以产生一定的位移，吸收部分能量，使结构不被外力彻底破坏。其硬山封火山墙的使用，不仅使建筑外形美观、雄伟，又能有效地起到防火、防风，把建筑空间隔开，使它们各部分的使用功能得以划分等作用。整座建筑高大敞朗，坐北朝南，用院落来分隔空间、渗透空间和发展空间，因而达到冬不冷夏不热，采光通风非常好的实际功用。

　　陈氏书院虽然重于艺术装饰，但也紧紧结合建筑物的实用功能和美观需要，并非杂乱无章或狗尾续貂地对建筑上的每一部分都进行不必要的烦琐装饰，而是在主要部分做出重点装饰，使一座建筑既有装饰纹样，又不过于繁杂。例如隔扇、挂落、山墙、屋顶、门楣、屋檐等人们经常看到的部分和构件，则加以特别装饰，其余有的地方则进行适当装饰，有的则保留其朴素淡雅的原貌。石券门、石柱身，则仅在光洁平面的边沿，雕出笔直如刀的直线条或如竹的"覆竹"形圆弧线，把线条的装饰美和实用美恰到好处地表现了出来。柱础在不损害实用功能的前提下，加以适当装饰，用麻石雕出如意花纹、花篮形、棱形、竹节形、阳桃形等，既美观又稳固，能很好地保护承托支撑梁架和瓦面之木柱，使之不易被毁。

三、集岭南传统建筑装饰艺术之大成

陈氏书院建筑艺术的最大特色，是它那巧夺天工的装饰工艺。既有辉煌巨作，也有纤巧小品，从品类上来说，它充分发挥了几乎全部南方建筑常用材料的性能特质，集中体现出岭南地区建筑装饰艺术之大成，用以表现建筑主题思想，增强封建教化和美化建筑形象。

1.木雕

我国传统建筑以木构为主，岭南地区祠堂建筑所用木料更为广泛，不论是梁架列柱、屏门隔扇、挂落横披、檐板桷条，还是棂窗飞罩、栏杆槛板、神龛抬案……均为木作。

陈氏书院建筑开间大，梁架木料断面亦大。匠师们在自己经营的这个小天地里，能充分注意到从建筑物整体效果出发，因各种部分的不同而选择不同的装饰纹样和表现技法。对梁架则采用木雕和构件美化的手法，使之变得灵秀而轻盈。把简柱美化为瓜柱，枆墩精雕出《伏狮罗汉》《莲生贵子》《吼狮》《宝鸭戏莲》《鱼藻图》《阳桃》《雄鹰展翅》等图案，步架梁的断面则加工成上下扁平的椭圆形，梁头雕刻成

图24 首进头门梁架木雕：践土会盟

图23 雀替木刻人物　　　　　　　　　　　　　　　　　　　　图25 首进头门梁架木雕：曹操大宴文武群臣铜雀台

月梁花饰状，梁出头美化成卷草纹云纹或飞鸟。为减少梁的跨度剪切力，梁与柱的连接处多施花牙雀替，挂落飞罩，或华拱叠斗，极尽雕镂之能事，把力的传递柔化了，达到了技术与艺术的统一。隔扇门是书院最显眼的部位，就要作重点装饰，艺人们便倾注了全部心血和聪明智慧，进行淋漓尽致地发挥。门楣、檐板、花罩、雀替、枕墩和低矮处的梁架、额枋等人们经常看到的部分和构件，则加以特别装饰。前廊步架挑托斗栱之间，位于高处，人们必须仰视，且视线较远，故作者就用圆雕与高浮雕相结合手法，雕成形体简明、线条粗壮、富于动态造型的蝙蝠、龙等雕饰加以连接，减少了梁架的重压感，使室内空间飞腾活跃起来。靠近人的视线的檐廊步架，雕饰更为华丽。有一种工匠俗称"明挑暗拱"的做法，把檐廊顶部装饰成卷棚顶。有的甚至用雕花厚板来代替卷棚顶。封檐板本是挡风雨之物，经镂雕后与绿色琉璃剪边瓦相配，显得高贵得多。

首座门堂的四扇屏风隔扇，是该祠十分重要的地方，是与人们视线平齐，最引人注目、最招人观赏和评论的地方，也是该祠举行重要纪念活动和达官显宦出入必经之处，其各扇高为5米，宽为1.2米，下有石条门槛，上有花格横披和隔架斗栱，其规模之大为广东之最。因此艺人们在艺术雕作上充分地施展了自己的才华，他们根据这四扇屏门的大小尺寸，以及在建筑物中所处地位和各部分与人们观赏的视线角度位置等关系而选择不同的适合题材和表现手段。为了改变隔扇的狭长比例，他们先用上下抹头把其分成隔扇心、裙板和绦环板三段。隔扇心是视线当眼处，既要重点装饰，又要依稀透视到前院景色，因此艺人们便运用镂空与减地深浮雕、浅刻等相结合的手法巧妙地把整块隔扇心板双面分别镂空雕成《渔舟晚唱》和《金殿比武》等人物故事。四扇隔扇匀称排列成整体，构图严谨对称又富于变化，雕工精巧，颇具装饰意趣。上绦环板雕的是《三阳启泰图》。隔扇池板因处低处易受碰撞而采用减地浮雕法，雕刻《创大业儿孙永发》图，巧用业和叶的谐音，以芭蕉大叶比喻宏图大业，以"梳梳"香蕉及母子鸡比喻"儿孙永发，兴旺发达"。屏门隔扇的背面雕刻也同样精美，内容更为丰富。有一幅是巧雕五只蝙蝠组成"寿"字图案，其含义是"五福捧寿"；有一幅是一棵生势旺盛的倒长的老竹，巧用竹茎竹叶组织"福"字图案，题款"青春发达，大器晚成"，比喻"福至"；还有一幅是《渔樵耕读》，运用之字形构图方法，把复杂的故事情节和不同的时空关系，生动地展示出来。这四扇木雕隔扇，充分发挥了柚木木材的性能特质，以极为娴熟的雕刻技法和精妙的构思，表达了作者的美好愿望。它雕工精巧、刚劲有力、巧夺天工、气势雄浑，为广东木雕发展史上不可多得的辉煌巨构。

广东木雕分潮州与广州两大流派，形成两种不同的风格特色。广州木雕以雕工雄浑、粗犷、浑厚、生动流畅见长；潮州木雕则以刻工纤巧精细、朱漆贴金、富丽堂皇取胜。陈氏书院的木雕装饰是广州木雕代表作，它刀法犀利洒脱、刚劲利索、格调高雅、色彩柔和，不大喜欢金碧辉煌、隆重热烈，而喜欢利用和暴露出木质纹理的亲切温暖、自然的质感和刀法的精巧来形成自己独特的风格。它与传统建筑的结合十分紧密，喜欢把人物、山水、花卉、鸟兽等选入画里，雅俗共赏。工匠们常综合运用浮雕、浅刻、拉花、圆雕、镂空、镶嵌、拼接等手法，因材施艺，机变贯通，构图上善于吸取传统绘画的长处，突破时空的界限，把曲折复杂的故事集中在一个画面上，并有次有序地表现出来，既照顾到故事的清楚完整，又注意到造型的单纯概括。它还成功地运用了散点透视的方法，使画面取得视野广、景深大、层次多的效果。人物和环境的处理，有虚有实，艺人们根据自己对题材内容的直观理解，运用变形夸张手法，把故事情节和人物形象十分传神地表现出来。像陈氏书院主堂（聚贤堂）的十二扇隔扇门木雕，就是具有上述特色的杰作，它用双面镂雕而成。其中《龙王进宝图》《太白退蛮书》等，更富诗情画意，人物塑造传神，穿插些吉祥如意的花果、麒麟、博古图等，十分典雅大方。在大门前廊的梁架上，精刻有《铜雀台夺锦袍》《践土会盟》《薛丁山征西》《西王母祝寿》等故事，人物神采飞动，极富民间意趣。那曹操两员虎将许褚与徐晃在曹操面前争夺锦袍的激烈场景跃然在目。其互相争持不放的力度，通过两边各以一名军校帮忙拉马尾和牵缠的情态，绘声绘色地表现了出来，越看越有味道。

2.砖雕

砖雕是中国古建筑常用装饰手法之一。从南到北，从官邸到民居都不鲜见。陈氏书院的砖雕具有南方纤细秀丽的风格特点。它选用一块块质地细腻的东莞青砖，依整幅构图层次逐块雕出，最后拼接成整体嵌砌到墙上，多层次的砖雕画面给予人们一种画面与砖墙共出的立体观感。砖雕技法往往把圆雕、高浮雕、减地与镂空等相结合，灵活运用。按主题需要布设人物、花卉、风景、动物、书法等图案纹饰，作为建筑上某一部位的装饰物，美化建筑空间。其中最突出的是深刻手法，把花纹深刻成织锦般的图案，线条流畅自如，纤细如丝。这种深刻雕法俗称为"挂线砖雕"，如戏曲人物盔甲雕镂出的图案纹饰在阳光照射下，在不同的时间，会呈现出不同色调，层次分外鲜明，立体感极强。

图26 首进西厅外墙上砖雕：聚义堂

陈氏书院砖雕的装饰部位有墙头、檐下、墀头、门楣、窗额等处。艺人们根据位置不同进行位构图雕琢，层次丰富，极富表现力。最为壮观的是祠正立面横贯80米的前壁上镶嵌的6幅画卷式大型砖雕群。每幅长4.8米，宽2米。墙面全由一块块坚实的水磨青砖对缝砌成，缝口细如丝线，整齐划一，平滑如镜。它巧用檐下开设窗子的部位作砖雕花饰，使封闭的首座外墙变得通透轻快。这6幅砖雕群分别是：《刘庆伏狼驹》《佰鸟图》《五伦全图》《梁山聚义》《梧桐杏柳凤凰群图》和《松雀图》，每幅画的两边均配上书法诗文。其中有北宋哲学家、教育家程颢的七言诗："云淡风轻近午天，傍花随柳过前川。时人不识余心乐，将谓偷闲学少年。"清乾隆年间文学家、书法家王文治的七言诗："雨过寒山解缆迟，将行还问后时期。钟声明发龙山下，犹望枫桥夜泊时。"乾嘉年间书法家、金石学家翁方纲诗："天际乌云含雨重，楼前红日照山明。嵩山居士今何在，青眼看人万里情。"刘庆伏狼驹的故事说的是北宋年间，西夏派使臣送来一匹号狼驹的

图27 砖雕：吉祥花篮

图28 砖雕：梧桐杏柳凤凰群图

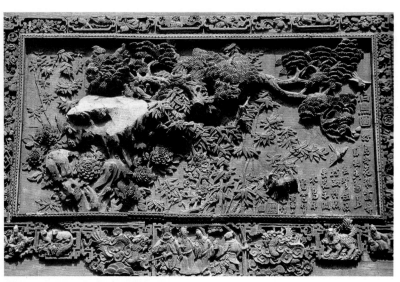

图29 首进西外墙砖雕：佰鸟图

图30 山墙墀头砖雕：刘庆伏狼驹

图31 山墙墀头砖雕：战国秦邦人物

烈马给宋天子，威胁宋朝如无人能降服它，就将大举进兵，要宋向他们称臣进贡。其傲慢之气真是不可一世，这下却激怒了宋元帅狄青手下大将刘庆，他立即勇猛地把烈马降伏了。这位西夏使臣吓得跑回报告，从此不敢轻易举兵犯宋。这件作品创作在清末帝国主义列强瓜分中国、民族危机日益沉重的时代，作者借题发挥，巧用历史故事传说，生动地表现了"锄奸明国典""访贤平敌"的群众心声。在砖刻技艺上也颇高明，工匠巧借中国画手卷的画法和形式，精心布设了这一情节复杂的故事。景物的安排为前、中、后三层，前景的人物采用生动的圆雕，中景的楼阁廊柱采用玲珑的镂雕，远景的山川屋宇等背景运用刻有一定深度的浮雕。总之，整幅作品层次分明，手法细腻多样，圆雕、阴刻、阳刻、高浮雕、浅浮雕与镂空透雕穿插使用，按主题表现所需雕成各种图案，刻成各种形象，然后在墙上镶嵌成整幅画面，从而构成多层次的雕刻作品。其人物形象生动传神，处处显出其雕刻技法的娴熟老到、线条的生动流畅和精致入微。尤其是那武将身上所穿盔甲，片片清晰，明暗分明，极富立体感和质感。它能随着一天阳光照射角度的不同，呈现出黑、白、青、灰等不同色泽的奇妙变化，充分体现出广东砖雕艺术的独特风格和高超技艺。《五伦全图》《佰鸟图》和《梧桐杏柳凤凰群图》等的构图布局则完全取自中国画的传统形式，画面丰富而有节奏，形象趋于写实。它打破传统图案讲究对称和变形的手法，简直就是一幅优美的立体花鸟画。

山墙墀头上的砖雕装饰更为奇妙。题材不仅有南国蔬果、锦鸡花篮、地方鸟兽，而且还有极为生动的戏曲人物故事，往往一端墀头上就布设一台戏剧场景。它因建筑部位特点制宜，巧为布局，摒弃一切多余的道具、场景的描绘，以高度概括的洗练手法，集中表现了戏剧场景中特定情节之神态：如三国演义故事中的《曹操大宴文武群臣铜雀台》《群英会》《孟浩然踏雪寻梅》，民间神话传说中的《仙女下凡》《仕女读书图》等。所有人物的神情动态均集中于一个中心人物、中心场景来进行综合设计安排，因而让人感到整个画面繁简处理得体，主题突出，情节紧凑，气氛浓烈。在众多人物动静姿态处理上，动作相互呼应，人物神情逼真，呼之欲出，其雕工之精细，即使鬓发也根根显目。同时运用动感强的线条，衬托人物内心感情的变化，加强了视觉效果的真实感。这些民间艺匠在组织驾驭复杂情节题材方面所显示的非凡艺术创造才能，令人惊叹。

　　陈氏书院的砖雕艺术既体现了一个时代的艺术风格，又具有独立的高超艺术创造性。它繁中求简，对人物脸部神态把握得十分准确，表现手法较洗练概括，鼻部只用两刀刻出，恰到好处，人物衣饰采用深镂细刻技法，加强了人物的立体感。在人物造型上，性格典型化方面达到相当高度，能根据不同性格、身份而采用不同的线条来表达。刻划文人士大夫采用柔和细长线条，刻划武将农夫则用刚劲而拙短的线条，把人物性格表现得鲜明突出。

　　陈氏书院的砖雕誉满全球，是无数先人的心血结晶。其中大多出自当时番禺县黄南山、杨鉴廷、黎壁竹和南海县陈兆南、梁澄、梁进等名工之手。

　　3.石雕

　　石料有耐腐、耐火、耐磨、耐风化、耐击，且质色美观的优点，因此南方民间建筑常运用它。陈氏书院石料运用亦极为广泛，柱子、柱础、墙裙、门槛、门框、地栿、门楣、台阶、檐阶、栏杆、月梁和地面等，均以石材营构为主。

　　石材坚实且脆，面不易加工。它不同于木雕、砖雕，不易雕成如此透镂，故多以人工琢磨成浮雕和立体圆雕。陈氏书院的石雕选用性质较细腻柔软的米黄色花岗岩精工雕制，它荟萃了广东各地石雕工艺的精华，达到了很高的水平。

　　祠前大门左右一对石狮雕工尤精，它是用整块大石料精工雕琢而成的，以三弯线条表现出笑眯眯活泼可爱的传神之态。两狮夹道相对，笑口迎客，有"礼贤下士"之气氛。雄狮昂头撑腿玩球，姿态矫健英武；雌狮匍匐摇头抚子，体态秀丽丰满。在石狮口中，艺人采用镂雕技法，挖雕石球一个，能滚动自如而取不出来，令人喜爱非常。

　　在正门两旁，有一对花岗岩制成的大鼓，高为1.5米，圆径0.75米。下用须弥座作鼓座，雕工精美，鼓边线条非常规整流畅，鼓面圆

图32 石刻雀替八仙1（左）　　　　　　图33 石刻雀替八仙2（右）

图34 石雕：福寿花篮

图35 石鼓基座雕：八仙1

图36 石鼓基座雕：八仙2

图37 石鼓基座雕：日神　　　　　图38 石鼓基座雕：月神　　　　　图39 中进走廊石栏杆雕：画龙点睛

滑柔润，光亮如镜，充分显示出石质材料的美丽。鼓下雕有八仙和日神与月神以及雀鹿蜂猴（寓意爵禄封侯）。石鼓在南方祠堂府第最为常见。鼓在南方越族中是权力的象征，在中原文化中，鼓又是礼仪的标志。陈氏书院重视鼓的艺术表现，同样以此来显示陈姓门第之高贵、族权之威严。

在石鼓两旁的墙裙石雕也颇为精致，有《麒麟玉书》和《三阳启泰》等，亦用花岗岩雕成连续纹样，有如连环长卷画，极富装饰性。

图40 中进走廊石栏杆雕：求寿图

图41 中进走廊石栏杆雕：龙凤呈祥

陈氏书院石雕装饰最精彩的，要算聚贤堂前面的月台栏板和望柱雕饰。其风格有些还保留着我国明代石雕圆润的风味，石艺更为通灵古拙，有些是清代的继续，还有些则是石雕艺师大胆创新。它突破了旧的工艺程式的框框，巧妙地运用岭南果瓜作为望柱上的装饰，令人产生无穷的遐想。那望柱顶上以刚劲的刀法雕出一个个果盘，盛放着荔枝、杨桃、菠萝、香蕉、佛手、木瓜、番石榴等岭南佳果，成为永久性向祖先拜祭陈设的贡品，真是别具一格，颇具匠心，散发着浓郁的岭南地方气息。栏板上的寻杖也雕成月梁状，梁面融合圆雕、浅浮雕、高浮雕、镂雕、阴刻等多种技法，用连续纹样的表现手法，以老鼠偷葡萄、菊花寿带鸟、竹鹤、松鹤、喜鹊荔枝、石榴花、鸳柳等题材，将栏杆雕成一幅幅连环画卷式的统一整体，构图优美，技艺精湛，殊为难得。

4.陶塑瓦脊

这是指泥塑好的形象经过火烧陶化而成的工艺制品，有不怕风雨、久保色质的优点。陈氏书院所用的陶塑主要是佛山石湾烧制的琉璃脊饰。

高屋脊是广东传统祠庙建筑的重要特征之一，其作用主要是增强祠庙的艺术表现力，使屋顶有崇高感，使建筑有丰富华丽的外天际线。用民间的语言来说，这种屋脊才够"威"、够"劲"。

陈氏书院屋脊之高可谓岭南之冠。正脊高达3米许，最高

图42 中进走廊石栏杆雕：双凤朝阳

处近4米，属全国罕见的重台屋脊，下为灰塑脊基，上为陶塑屋脊。它共有11条陶塑瓦脊，安装在9大座厅堂的正脊上。首进正厅屋顶用悬空的墙分隔为3间，分别装上脊饰，每条题材内容各异，有的以戏曲人物为主，配以其他内容；有的有多组故事内容，用夸张概括手法以连景的形式，将戏曲中各场景的人物连缀起来，形成连环画般的连续故事。

　　陈氏书院最壮观、最华丽的陶塑是主殿聚贤堂的正脊，全长27米多，两脊面都塑造着绚丽多姿的龙凤楼阁，其间巧妙地布置着各种不同性格、阶层、类别的神仙、人物，还有多姿多彩的鸟兽、植物，组成一幅幅有条不紊的立体画面。其故事有《群仙祝寿》《加官晋爵》《八仙贺寿》《和合二仙》《麻姑献酒》《麒麟送子》《虬髯客与李靖》《雅集图》等；以《玉堂寿带》和牡丹表示金玉满堂、荣华富贵；以各种缠枝瓜果表示瓜瓞连绵、子孙昌盛。既阵容整齐，又丰富多彩；既变化多端，又协调和谐。全脊共塑造了224个人物，形象生动，场面宏伟，是难得的佳构。后进中堂正脊的陶塑《李白醉酒》也很精彩，人物神态塑造得惟妙惟肖，李白的傲骨醉态和高力士的媚态，被刻得入木三分。

　　佛山石湾陶塑始于唐，到明清时建筑陶瓷已誉满全球，塑脊技艺尤为精湛。其塑制过程大致是：先将泥块做成瓦脊框架，然后将人物一个个单独做好，粘贴上去。人物做法是先将泥块做成筒形骨架姿态，然后挂上衣饰。衣服的花纹是用陶模印花贴上去的。其他花卉、房舍也是用印模成型，然后按整条瓦脊的设计要求，一一粘贴上去，构成画面，最后上釉烧成。人物形象不必像案头陈设品那样作精细刻划，而是追求适应由低向高仰视的大效果。故其大小人物、动物形象都要向前倾斜一定的角度，并要注意其透视效果。人脸手足通常不施釉，保持其泥土的粗犷风格和岭南人皮肤质感；神态方面多在轮廓及动态上下功夫；脸部简括为有眼无珠或有眼无眉，或有前无后等；头部造型也定型化，有文官、武将、农夫、工匠，脸谱不一，正面人物与反面人物也一目了然；线条轮廓不在细处费笔墨，因此其要求明朗、简练、色彩绚丽、鲜艳和醒目。

　　石湾陶塑瓦脊的构图、布局和塑造，在当时是一件极为严肃、认真的工作。特别是在封建社会思想意识支配下，艺匠们都把替祠堂、庙宇塑造瓦脊当作一件十分严肃、神圣的大事来承办。大型瓦脊需由众多艺人集体创作而成。他们各自发挥特长，分工合作，并且采取分段制作，装配接合。段与段间各有若干圆孔，上脊后用铁条穿孔固接，以防台风倒脊。

　　陈氏书院陶塑脊饰的另一特点是釉彩华丽而滋润。一般以宝石蓝、黄、白、玫瑰紫、酱黑和翠绿等为主，十分沉厚晶莹、华丽夺目。加上其构图富有节奏感，运用斜、横、竖、高、低错落有序的线条，进行合理安排，并巧妙地把亭台楼阁和动物鸟兽等各种造型，作穿插变化，从而产生极为丰富的韵律美，使建筑物鲜明突出、层次分明、光彩夺目。正脊两端突破了传统的造法，改过去张开大口含着屋脊的兽吻为高耸的鳌鱼，其两根须伸向晴空，随风摆动，显得气势非凡，含有"独占鳌头"之意。

图43 中进西厅后面陶塑：戏曲人物1

图44 中进西厅后面陶塑：戏曲人物2

图45 中进东厅正面陶塑：戏曲人物

5.灰塑

灰塑在广东民间又叫灰批。最迟在明代，广州、南海、番禺、顺德一带的祠堂、寺观、庙宇和豪门大宅等已盛行用灰批作装饰。现存广州番禺学宫、五层楼、光孝寺等，还保存有明制实例。当时灰批和砖雕同时使用，灰批还重于砖雕，至清代更为普遍。它主要用于门额窗框、山墙顶端、屋檐瓦脊、亭台牌坊等处，有"卷脊"（屋脊、牌坊和楼阁上瓦脊饰物）、"看脊"（走廊或过道瓦顶上短墙饰物）、"脊基"（陶塑瓦脊下的灰塑造）、"单尾"（又称"八字"，就是房屋山墙顶部八字形灰批），以及"灯影"（挂灯部位的灰塑造图案）、"反香几"（在"看脊"两端的图案形装饰）等种类。灰塑适宜在高处摆放或远距离欣赏，十分鲜明生动。

图46 灰塑人物

灰批顾名思义就是用石灰筋（草筋灰与纸筋灰）在建筑某部位进行雕塑造型的一种装饰艺术，一般是在现场制作。表现形式有多层立体灰塑、半沉浮雕灰塑和单体圆雕灰塑等。多层立体灰塑要求高、难度大，以人物批塑为主，表现成套的戏曲故事场面，其工艺流程是以开边瓦筒作躯干，以铜丝或铁线作四肢骨架，再加上草筋灰和纸筋灰进行塑造（草筋灰塑形，纸筋灰扫面）。先把单个人物分别造型塑好，再安装在已完成的场景之中。人物的头部经细致雕塑好后，用白糖、细石灰、鸡蛋清的混合物黏合到躯干上。其人物头部、脸部神态要求精雕细塑，但又不能琐碎，要求整体感强，把握整体效果。多层立体式人物故事灰批的特点是玲珑剔透、层次分明、主题突出，极富民间意趣。陈氏书院青云巷门楼上之灰塑则属此类，故事内容有《赵美容打飞熊》《古城会》《桃园三结义》和《刘伶醉酒》《独占花魁》《洞天福地》等。

半沉浮雕灰批工艺稍简单些，方法是先在壁上打上铁钉，糊上草筋灰，然后用草筋灰浮雕批塑形象。陈氏书院中的所有"脊基"，多数都采用这种灰批，内容多为民间故事，如中进西厅"脊基"之《达摩》，前西厅东的《和合二仙》等均是。这些灰批形象简括，耐人寻味。作者没有对形象作过细刻划，而是从大处落墨，在大轮廓的造型上去把握，力求概括更为丰富的内容，并注重"神"与"意"的情趣和优美准确线条的结合，因而形态优美，意趣颇浓。

陈氏书院的单体圆雕灰塑指的是屋脊上以独立形象出现的老虎、鳌鱼、祥鸟、醒狮、罗汉等，可四周观看，立体感强。这种灰批多用铁枝架肢，再批灰塑造而成。它要求牢固，能抵挡横向风力。轮廓要清晰，面块要注意大效果，人站在地上观看，感到形象顺眼，舒服自然。正门山墙垂脊上那6对灰塑狮子，就

图47 灰塑：洞天福地

图48 灰塑：赵美容打飞熊

图49 首进西廊门上灰塑：桃园三结义

具有这种特色。它们全身朱红色，大眼圆睁，张口翘尾，居高临下，势若凌空飞扑，活灵活现。

广州灰批不论是哪一种，最后一道工序都是彩绘，着色须绚丽、鲜艳、醒目。多用耐久的矿物颜料，常用的色有赭红、朱砂、墨黑、锑白、铬黄、蓝、绿等。画面既要求热烈，又要统一协调。陈氏书院的灰塑多出自当时名工布镜泉、布锦庭、靳耀生、邓子舟、杨瑞石等之手。这些作品的构成如同一幕幕生动有趣的戏剧场面，一条条丰富多彩的画廊，令人目不暇给。

6.铸造、壁画及书法对联

铸造装饰工艺虽然为数不多，但同样运用得恰到好处，给这座古建筑增色不少。铸造有铁铸和铜铸两种。铁铸工艺在中国古建装饰上极为少见，特别是镶嵌在石栏板上，笔者在岭南不少地方的古建民居中，都很少发现。陈氏书院的石露台栏板，为了突出栏杆的主题花纹，减少月台石栏杆的笨重感觉，改变呆滞效果，不采用石刻而采用了铸铁工艺，大胆镶嵌铁铸花饰。16块铸铁栏板玲珑剔透，黑郁苍苍，花饰雕成《龙凤玉书麒麟》《九鱼图》《三阳启泰》《云龙吐珠》等图案。铸铁工艺精巧，构图饱满，使呈灰白色淡雅的石栏杆与色调深沉的铁铸栏板相互映托，对比和谐，主题突出，增强了栏杆的装饰效果，具有诗情画意之妙。它开创了广东石与铁雕饰组合之先河。

此外，联系前、中、后座，分隔院落空间和方便雨中交通的连廊廊柱，为了减少挡视，扩大空间，而采用铸铁柱，这些铁柱分节铸接，有柱础、柱头、柱身，给人以轻盈新颖感。

大门铺首为铜铸，圆径近60厘米，每个重达60余千克，其造型别具一格，以巨大的兽头衔着铜环为主题，四周衬以连瓣錾花缠枝牡丹纹，增加了正门庄严肃穆的气氛。

壁画与彩画的运用，主要有两边厢房内壁的杨瑞石艺师的《春夜宴桃李园》和今人的《滕王阁图》，画面构图匀称，线条流畅，人物生动。在宽2米、高4米的大门门扇上，艺人运用工笔重彩技法描绘一对门神《秦琼·尉迟敬德》，画中人物身躯高大，庄严威武，相对肃立，增加书院庄严气氛。它保留了岭南传统门神的英姿。

对联、匾额和诗词书法，是岭南祠堂、庙宇展示宗族思想和光宗耀祖的工具。当然也起着点题、装饰和记述史料的作用。陈氏书院现存楹联木刻十分丰富，大多悬挂在中轴线三堂上。有一对联云：

"衍绪溯胡公历周秦汉晋以迄于今代有伟人间大启；
敬宗详载记统远近亲疏而系之姓谊关一本畛域何分。"

建祠宗旨在这里发挥得淋漓尽致。另一副楹联则保留着广东陈氏宗族历代迁移变化的史料，它对进一步深化宗祠功能，维系陈氏本族的团结起到重要作用：

"溯妫汭渊源逮胡公而命氏颖川派衍粤海支分历四千余年苗裔滋蓄总是神明一脉；
发宛邱光耀始敬仲之辞卿诗礼孔闻春秋左立合七十二县宗盟共守不外仁义两言。"

祠正立面前壁上的由黄南山雕刻的范仲淹、王文治、翁方纲、江玉舟等名家的书法诗文装饰，则使陈氏书院建筑的书卷味更浓，文化底蕴更深，令人留连。

四、浓郁的岭南民间特色

陈氏书院不仅继承发展了我国古代建筑的优良传统，而且吸取了岭南地区民间建筑的精华，在装饰技法、形式和题材内容，以及建筑布局、结构等方面，体现出南方建筑的鲜明特色，散发着浓郁的岭南地区的乡土文化气息。

1.装饰题材内容的地方特色

陈氏书院建筑不仅集中运用了众多岭南传统建筑装饰艺术手法，而且在题材内容上亦大力选取岭南地区山川名胜、风土人情、民间传说、历史故事、四时花果和鸟兽虫鱼等。据初步统计，有以下几个方面：

（1）以山川名胜作题材：连廊上灰塑清代羊城八景之三景，即《镇海层楼》（又名《羊城首景图》）《琶洲砥柱》和《西樵云瀑》。

（2）以岭南佳果、蔬菜、植物、动物作题材：石、木、砖雕《荔枝》《菠萝》《香蕉》《杨桃》《仙桃》《柑橙》《木瓜》《葡萄》《佛手》《芭蕉树》《石榴》《丝瓜》《竹》《菊花》《老鼠》《金鱼》《鹿》《蟹》《麻雀》《鸡》《芦草》《鸭》《莲花》《禾穗》《蝙蝠》《蟾蜍》《牛》《羊》等。

（3）以历史事件或粤剧等地方戏曲故事和民间传说作题材：《桃园三结义》《三顾茅庐》《群英会》《赵云截江救阿斗》《三英战吕布》《铜雀台夺锦袍》《张松献图》《赤壁之战》《古城会》《过江招亲》《枯井救柴进》《梁山聚义》《三打祝家庄》《血溅鸳鸯楼》《拳打镇关西》《黄飞虎反五关》《渭水访贤》《六国大封相》《韩信点兵》《郭子仪祝寿》《太白退蛮书》《夜宴桃李园》《风尘三侠》《滕王阁序》《孟浩然踏雪寻梅》《刘伶醉酒》《竹林七贤》《薛丁山三探樊家庄》《陶渊明采菊东篱下》《羲之爱鹅》《刘庆伏狼驹》《岳飞大破金兵》《北海龙王、八仙朝玉帝》《香山九老图》《五老图》《和合二仙》《八仙过海》《群仙祝寿》《麻姑献寿》《福禄寿三星》《梅妻鹤子》《赵美容打飞熊》《薛丁山受封》《伯牙弹琴》《画龙点睛》《鹊桥会》《封神演义》《刘海戏金蟾》《孔明智收姜维》《天姬送子》《曾子杀猪》《群英会·蒋干中计》《仙女下凡》《虬髯客与李靖》《公孙玩乐图》《秦琼与尉迟恭》等。

（4）以地方乡村风光和生活作题材：《渔樵耕读》和《渔舟晚唱》等描绘出岭南水乡的生活画面，富有浓郁的乡土气息。

（5）用民间善用的比喻、谐音、借代等手法，表现吉祥如意和追求幸福美好生活的理想、愿望的题材：《太师（狮）少师（狮）图》《三阳（羊）启泰》《五福（蝠）捧寿（寿桃）》《丹凤朝阳》《岁寒三友（梅、松、竹）》《竹报平安》《瓜瓞连绵（寓子孙繁荣昌盛）》《兰桂齐芳》《长春白头（白鹤）》《鱼跃龙门》《洞天福地》《雀鹿封侯》《榴开雀聚》《麒麟送子》《二甲传胪》《宝鸭穿莲》《鸳鸯戏莲》等。表现"创大业，儿孙永发"主题，则用岭南风物作比拟，以芭蕉大叶比喻宏图大业，以梭梭香蕉和蕉树下一母鸡带一群活泼可爱的小鸡嬉戏、觅食，比喻儿孙永发，兴旺发达……

2.运用民间美术的独特造型手法和色彩等进行装饰

民间美术最普遍、最主要的造型手法之一是通感联想造型手法，这种手法在陈氏书院建筑装饰中比比皆是，如《榴开百子》（意义通感造型），《五福捧寿》（谐音通感造型），《雀鹿封侯》（谐音通感造型），《岁寒三友》（梅、松、竹象征高尚纯洁的品格，意义通感造型）。这些装饰题材的构图，都是按照中心与四周均衡方式来布设的，四周填满各种象征性的符号或物象，既表达了某种意念，又在构图上体现出民间艺术所追求的圆满、丰富的审美理想。首座门堂隔扇裙板雕刻的《渔樵耕读》是民间美术"自由时空造型"手法，这是一种不受客观自然逻辑束缚，把一切物象拿来为其表意服务的造型手法。它把不同时空的物象，巧妙组合统一在一幅画面里。大门前廊的列柱、月梁、雀替、出头梁、隔架等易受雨淋的构件，均用石作。艺人们按部位，按构件形状大小安排雕刻内容，恰如其分。如方形石柱用多瓣海棠式线脚转角，增加了列柱的庄严挺拔感。雀替用八仙人物构图，生动自然，月梁雕名花云草纹，以适应长条平面构图，隔架刻石狮承托上梁，表现了构架的力度。

陈氏书院内的墙体门框几乎都用石作，以求大方、美观和耐碰撞，其门匾、门楣、门框均作雕饰处理，繁简适宜，恰到好处。如正面东面侧门，门楣石高米许，雕成中立拱高、傍小拱低的样式，颇有西欧"巴洛克"情调。小拱上端配雕花篮，颇素雅。门上石匾阴刻"庆基""昌妣"篆体，落落大方。门框脚线简练、准确，韵味无穷。

色彩方面也十分丰富，它继承民间设色大胆、强烈的传统，喜欢明快、热烈的色彩，如灰塑让神壁画等，用大红大绿的强烈对比，展现色调鲜明的浓厚民间艺术特色。

3.建筑布局和结构适应岭南地区的气候环境特点

南方潮湿多雨，为防潮防腐防水浸，前廊列柱不用木柱而改用石柱，其余各厅堂柱础、月梁、雀替、出头梁、隔架、墙裙等易受雨淋的构件均用石作，柱础比例较高。北方一般15厘米，陈氏书院则有40厘米。地面选用细腻大阶砖铺砌，缝口细如丝，方整划一，平滑如镜，下垫河沙，以防地潮。所有梁柱均用优质坤甸木，表面漆桐油，有效地保护木材。为防雷击，屋顶正脊利用瓦脊陶塑两根鳌鱼须作避雷设备。人字形风火山墙离桁架列柱少许，有效解决木材通风、防蛀、防腐问题。屋面没有举折，较陡，有利于排水，适应南方多雨气候。

在建筑布局上，虽地处平坦地方，仍采用高低错落布置群体，每进地平面提升56厘米，建筑高度也相应逐进提高，既有利于采光和通风，又造成单体建筑之间的起伏变化，含有"青云直上，步步高升"之意。前后、东西17个廊门通达，加上屋面较高，坐北朝南，使整座建筑冬暖夏凉，适应南方气候特点。

总体来说，陈氏书院是一座极富岭南地方特色的民间建筑，其规模之宏大，装饰之精美，内容之丰富，为世所罕见，它代表了清末岭南民间建筑和各门类工艺美术之技术和艺术的最高水平，是岭南祠堂空前绝后的杰作，融汇了岭南各地能工巧匠的心血和智慧，反映着当时的社会文化背景，是在特定的社会结构、社会意识和社会心理下形成的不可再现的文物珍品，其建筑物本身早已发出超越时空的光辉。它的一砖一瓦、一草一木，都体现出一种永远活跃的生命力。我们且不说那完整对称、开敞宽阔、含蕴博大而又风格别致的建筑物的结构本身，是如何完美地体现出中华民族独特的、但又是我国南方地区特有的风格和气派的；即使是那些陶、灰二塑，砖石木雕，壁画对联和铸造等装饰工艺，尽管都有其各自的师承，其制作也表现出各自不同的技艺和风格，但却仍强烈地显示出与整个建筑物的完美、协调的和谐关系。它给当今，乃至后世留下的资料，不论对于建筑学、民俗学、艺术考古学、工艺美术学，还是人类学等方面的研究，都极为珍贵。

参考资料

[1] 罗雨林二十世纪九十年代初在广东民间工艺馆任职期间采访陈香邻儿子、原陈氏书院值理陈杰卿先生等知情人的笔录。

[2]《陈氏宗谱》抄本内载：《广东省各县建造陈氏书院》公启、《倡建陈氏书院绅耆芳名列》、《陈氏书院章程》和《陈氏书院记》藏于新会景堂图书馆。

[3] 第三章使用功能——教化与祭祖相结合的独特文化//罗雨林.岭南建筑明珠——广州陈氏书院.岭南美术出版社，1994年.

[4]《陈氏书院契据簿》和民国二十二年《断卖分契纸》分别藏于广州市文管会和广州市档案馆。

[5] 关于陈氏书院建筑总设计工程师黎巨川调查追记，林克明、关伟亮口述，罗雨林调查整理。以及罗雨林后来又到黎巨川家乡南海西樵百西上巷村调查和南海物馆资料室核实林克明与关伟亮所提供的材料的真实性问题，经调查，据村民黎裕提供的黎巨川生平材料及南海证实无误。1932年林与关在惠福东路在黎的瑞昌建筑事务处拜访黎是真实的，黎当时已90多岁，且提供一幅非常精细详尽的《陈氏书院建筑设计蓝图》给他们看，并要求他们代为保管，说自己年老无法保藏云云。据查《广州经界图》，惠福东路在清代未开辟马路前，称"寺前街"，意指位于大佛寺之前。与陈家祠木雕等雕刻上的落款"寺前街瑞昌"完全一致，对得上号。

[6] 罗雨林.岭南建筑明珠——广州陈氏书院.岭南美术出版社，1996.

[7] 朱枕木.中国古代建筑装饰之雕与画.中国建筑，1934年，2（1）.

[8] 林徽因.论中国建筑之几个特征.中国营造学社汇刊，1932，3（3）.

[9] 王登第.中国建筑艺术进化大略.南开，1930，11（1）.

[10] 祁英涛.中国古代建筑的脊饰.文物，1983（4）.

[11] 胡悦谦.徽州地区的明代建筑.文物，1957（12）.

[12] 祁英涛.中国早期木结构建筑的时代特征.文物，1983（4）.

[13] 刘敦桢.中国的建筑艺术.文物，1951（2）.

[14] 史戴岳.中国建筑材料发展.北大月刊，1920，12（7）.

[15] 陈大远.郭兴富主编.岭南第一唐刻.龙龛道场铭.香港三昧书屋.

[16] 梁思成著.吴劳编.工艺美术论文选.中央工艺美术学院资料室，1963年.

[17] 对建筑美问题的看法.建筑和建筑的艺术.工艺美术论文选.吴劳编.1963年.

[18] 林乐义.关于建筑艺术的一些意见.工艺美术论文选.吴劳编.1963年.

[19] 建筑文物的评价.中国美术报，1987（2）.

Analysis of the Architectural Burial Goods of Mr. and Mrs. Li Bin's Tomb

李彬夫妇墓出土建筑明器研究概说

"北宋李彬墓建筑明器研究"课题组*（Work Group for the *Research on Architectural Burial Goods from Li Bin's Tomb of the Northern Song Dynasty*）

① 刘兴、肖梦龙：《江苏溧阳竹箦北宋李彬夫妇墓》，《文物》，1980（5）。
② 同上。
③ 周学鹰：《汉代建筑明器探源》，《中原文物》，2003（3）：54。
④ 周俊玲：《建筑明器美学初探》，北京，中国社会科学出版社，2012，第7页。
⑤ 宿白：《白沙宋墓》，北京，生活·读书·新知三联书店，2017，第118—119页。

*课题组成员：芦文俊，马晓，周学鹰（南京大学）；张剑，蓝旻虹，刘敏（镇江博物馆）。

摘要：江苏溧阳北宋李彬夫妇墓出土的一套模型明器，为资料缺乏的两宋江南小型建筑研究提供了重要材料，深具研究意义。本文尝试结合考古与古建筑资料对这批建筑明器进行探讨，主要通过各单体建筑模型特征与可能功能的分析、造型与尺度两方面的对比，总结其代表的宋代江南园林建筑文化特色。

关键词：李彬夫妇墓，建筑明器，造型功能，尺度对比

Abstract: A set of Model organ ware unearthed from the tomb of Li Bin and his wife in the Northern Song Dynasty in Liyang, Jiangsu Province, provides important materials for the study of small buildings in the south of the Yangtze River in the Song Dynasty, which is lack of materials, and is of profound research significance. This paper attempts to discuss these architectural objects with archaeological and ancient architectural materials, mainly through the analysis of the characteristics and possible functions of each single building model, the comparison of modeling and scale, so as to summarize the cultural characteristics of Jiangnan garden buildings in Song Dynasty.

Keywords: Tomb of Li Bin and his wife, architectural artifacts, modeling function, scale comparison

一、绪论

李彬夫妇墓位于江苏溧阳竹箦镇，为长方形券顶砖室并穴合葬墓，墓主为李彬及其夫人潘氏（图1-1）①。该墓的砌造比以往苏南地区发现的宋代砖室墓更为讲究，出土的器物也更丰富多样，其中，一套釉陶建筑模型在宋墓中尤为少见，具有较高的文物价值。

这套釉陶建筑明器包括水榭一组（三件），凉亭、门屋、楼阁、功能不明的"台型建筑"以及报告所称的"仓"各一座，现藏于镇江市博物馆。本文主要探讨除楼阁外的其余七件建筑模型，现根据考古报告②与实际测绘资料、拍摄图像，简要记录其情况（表1-1）。

建筑明器一般是指"古代墓葬内随葬明器中，各种各样的表现几近真实的建筑模型（包括仓房、碓房、厨房、圈房、楼阁、阙观甚至成组的院落等）"③。李彬墓出土釉陶模型作为建筑明器，其外形仿真实的楼亭轩榭等园林建筑，规模上是对真实建筑的缩微，虽无实用功能，但是"地面建筑的摹写"④，虽在摹写基础上带有一些抽象成分，但在一定程度上反映了宋代小型建筑技艺与文化。

由于两宋丧葬习俗变化⑤，建筑明器出土少，研究资料较为缺乏，相关研究也多集中于考古类型学与美学的探讨，建筑学角

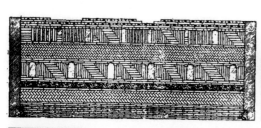
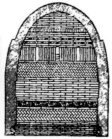
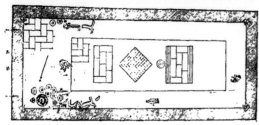

图1-1 李彬妻潘氏墓平面、剖面图

度的研究较为少见。同时由于建筑实物遗存不多，园林建筑更是无处可寻，以往的古建筑研究集中于现存宋代殿、塔等大型建筑上，对小型建筑关注很少。而李彬夫妇墓出土的这批类型丰富、制作精致的建筑模型提供了有力的实物资料，对其进行建筑学分析能够丰富明器及实体小型建筑研究的内容，有利于探讨宋代园林建筑文化。

然而目前未见相关专门性研究，仅有《江苏溧阳竹箦北宋李彬夫妇墓》①，作为唯一的考古发掘报告，由于年代过早，存在记录不详、图片不清等问题；《江南庭院的缩影——镇江溧阳北宋纪年墓出土的釉陶雕塑》②仅对釉陶雕塑作简要介绍；《溧阳李彬夫妇墓初探》③考证了墓主李彬的身份；《江苏溧阳北宋李彬夫妇墓出土俑像、墓志及葬俗特征研究》④认为该墓具有浓郁道教丧葬风俗特征。

图1-2 李彬夫妇墓出土的"仓"（笔者拍摄）

图1-3 李彬夫妇墓出土的"台型建筑"模型（鲁迪拍摄）

表1-1李彬墓出土五座建筑模型简表

建筑类型	基本造型	报告数据	实测数据	其他	图像
仓	分仓顶和仓身两部分，平面均呈圆形，仓身有一门	高41厘米、底直径26厘米	顶最大直径28.6厘米、底直径24.7厘米、高40.3厘米	通体施黄色釉。性质存疑。	图1-2
台型建筑	呈长方形高台式，台后为屏，周围有栏，台面上有小圆孔两排	长33厘米、宽10.5厘米、通高13.5厘米	长33.2厘米、宽12.2厘米、通高13.9厘米	通体施深绿色釉。功能不明。	图1-3
门屋	屋宇式大门，单坡屋顶，两旁有柱和山墙	高19.4厘米、广21.8厘米、深9.5厘米	高19.8厘米、广18.3厘米、宽8厘米	淡黄色釉。门内中部缺损。	图1-4
凉亭	歇山顶，檐下四圆柱。亭三面设有钩阑	广32.5厘米、深28、高38.5厘米	广22.7厘米、宽21.9厘米、高38.5厘米	屋面施深绿色釉，下部施姜黄色釉。	图1-5
水榭（一组三件）	分前后两进。后进为歇山顶高台建筑，一开间。檐下四根圆柱。榭内后有屏风墙。台基四周有钩阑。前进亦为歇山顶高台建筑，一开间。檐下无柱，有左右山墙。前有三级台阶。前后进间以拱桥相连	后进广30.4厘米、深36.5厘米、通高47厘米；前进广24.7厘米、深16.5厘米、通高25厘米；桥长21.5厘米	后进广27厘米、宽25.4厘米、高31.7厘米、高42.2厘米；前进广21.7厘米、宽15.5厘米、高25厘米；桥长21.4、最宽处10厘米	屋面及台基釉色深绿，其他处施姜黄色釉。桥施姜黄色釉。	图1-6

① 刘兴、肖梦龙：《江苏溧阳竹箦北宋李彬夫妇墓》，《文物》1980年第5期。

② 刘丽文：《江南庭院的缩影——镇江溧阳北宋纪年墓出土的釉陶雕塑》，《收藏》2012年第11期。

③ 曹昕运：《溧阳李彬夫妇墓初探》，《长江文化论丛》2007年12月。

④ 彭辉：《江苏溧阳北宋李彬夫妇墓出土俑像、墓志及葬俗特征研究》，《东南文化》2015年第3期。

⑤ 刘兴、肖梦龙：《江苏溧阳竹箦北宋李彬夫妇墓》，《文物》1980年第5期，第35页。

因此，李彬夫妇墓出土的这批建筑明器具有进一步探索的空间。本文通过测绘、搜集资料以及对比分析，具体探讨其造型特征、功能以及尺度信息，希望为宋代建筑明器以及小型实体建筑研究提供线索。

但由于该套建筑明器具体出土位置和排序不明，仅知其分置在墓室前部⑤，这给它们的组合关系以及可能的园林布局模式的研究带来了困难，本文对此不做探讨，而将重点放在各单体模型的分析上。

图1-4 李彬夫妇墓出土的单坡门屋模型（笔者拍摄）

图1-5 李彬夫妇墓出土的凉亭模型（笔者拍摄）

图1-6 李彬夫妇墓出土的水榭组合模型（鲁迪拍摄）

二、李彬夫妇墓出土建筑明器的特征与功能

（一）"仓"

"仓"形建筑，分仓顶和仓身两部分，高度比约为1：1。仓顶的顶尖作葫芦形，下部似圆形盝盖。仓身为圆筒形，正面中部开一门，门高同仓身。仓顶与仓身相搭，并非一体。

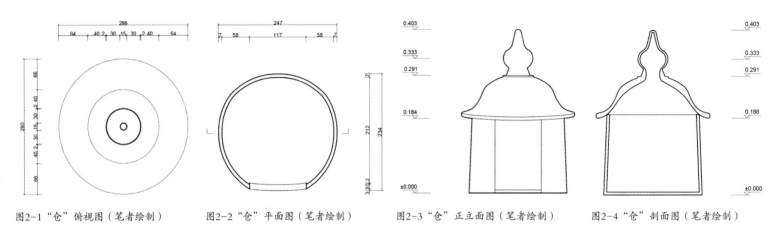

图2-1 "仓"俯视图（笔者绘制）　　　图2-2 "仓"平面图（笔者绘制）　　　图2-3 "仓"正立面图（笔者绘制）　　　图2-4 "仓"剖面图（笔者绘制）

首先，笔者认为该建筑明器的性质并非报告中所称的"仓"。建筑明器虽是墓葬中微缩的建筑，但会"在表现一些功能性的结构上力求真实"①。仓，作为地上储藏谷物的建筑物，自然具备区别于一般建筑的功能性特征，同样，作为明器的仓，无论造型如何，都应在建筑特征上尽可能展现其功能（表 2-1）。笔者查阅西汉至宋元时期仓的资料②后，对其一般功能特征总结如下。

（1）密封储物的功能性特征。仓身一般会采用厚墙体，而仓口的开设一般具有少、小、高的特点，即仓口小，一般只有一个，多位于仓身的上部或顶部。另有一些造型较为复杂的仓，会在正身开门，但一般或设门扉及门闩以上锁封闭，或在门框设凹槽以插入门板，又或在开口处置活动层板以封口。

（2）防水防潮的功能性特征。仓一般使用较大的仓顶以避风雨，而这种功能在仓底建造上体现得更为明显，仓底主要形式有高台基、底面设足、干栏架空三种，均使仓身远离地面，避免储物受到水湿之害。

（3）其他非典型特征。如仓顶上立鸟雀等形象；仓腹有文字题记，甚至出土时还残留有农作物遗存，如洛阳金谷园出土的汉代陶粮仓模型③，仓腹粉书"黍米""小麦百石"等文字，仓内也装有与之相应的谷物；仓身或仓顶设透气小孔；仓身或仓门上刻画数字；设置可供上下的楼梯等。这些都是判断一件明器是否为仓的重要依据。

然而，据以上特征来判定李彬墓出土的"仓"会发现，其造型过于简单：仓底没有高台或干栏；仓门开口过大；未有门扉、气孔、题记等；考古报告中也未提及谷物遗存。显然，它并不具备作为仓应具有的功能性特征。

此外，唐宋时期流行的具有"仓"功能的明器多为罐或瓶的造型，储存谷物，置于墓中，皆为饮食亡魂，为致奠之意④。它们或在顶上置象征性建筑，或在罐身开小口，均以器物而非建筑的形式存在，与李彬墓出土的"仓"明显与作为建筑的仓有本质区别。

因此，考古报告以其大体圆形造型为依据而定"仓"名的做法值得怀疑，笔者认为既然它不具备"仓"的一般功能特征，那么其性质为"仓"的可能性不大。

① 李思思：《汉代建筑明器研究》，《中国国家博物馆馆刊》2012年第9期，第102页。
② 广州市文物管理委员会：《广州出土汉代陶屋》，文物出版社，1958年；李蔚然：《南京南郊六朝墓葬清理》，《考古》1963年第6期；彭适凡：《景德镇市郊出土宋瓷俑》，《考古》1977年第2期；张错生：《汉代粮仓初探》，《中原文物》1986年第1期；杨焕成：《河南陶建筑明器简述》，《中原文物》1991年第2期；张文崟：《福建南平店口宋墓》，《考古》1992年第5期；张建锋：《两汉时期陶囷的类型学分析》，《江汉考古》1995年第4期；李桂阁：《试论汉代的仓囷明器与储粮技术》，《华夏考古》2005年第2期；谭刚毅：《两宋时期的中国民居与居住形态》，东南大学出版社，2008年；刘素芬：《从陶瓷谷仓明器看宋代顺昌县的农业》，《福建文博》2012年第1期；周俊玲：《建筑明器美学初探》，中国社会科学出版社，2012年；陈斯亮：《魏晋南北朝时期明器反映的建筑特征与文化研究》，西安建筑科技大学，2014年；王铭：《唐宋时期的明器五谷仓和粮罂》，《考古》2014年第5期等。
③ 孔俊岭、王学敏：《淮阳汉代绿釉人柱陶楼》，《中原文物》2012年第6期，第111页。
④ 徐苹芳：《唐宋墓葬中的"明器神煞"与"墓仪"制度——读〈大汉原陵秘葬经〉札记》，《考古》1963年第2期。

表2-1 仓类明器举例

图像	时代	功能性特征	资料来源
	汉	仓底用立柱架空；仓身开口较小且位于上部	广州市文物管理委员会：《广州出土汉代陶屋》，北京，文物出版社，1958年
	汉	仓顶立鸟雀；仓腹深；仓口较小且位于高处；仓底设足	周俊玲：《建筑明器美学论》，西安，西安美术学院，2009年
	六朝	仓顶立一鸟雀；仓身开口较小且位于上部；仓身外设楼梯以供上下	李蔚然：《南京南郊六朝墓葬清理》，载《考古》，1963年第6期
	宋	仓身刻划出层板以表示封口，上画数字	彭适凡：《景德镇市郊出土宋瓷俑》，载《考古》，1977年第2期
	南宋早期	正面上方开长方口，以下刻划数字层板。最上置一活动层板封口，上刻"七"字和堆塑闩门孔	张文崟：《福建南平店口宋墓》，载《考古》，1992年第5期

图2-5 甘肃陇西宋墓出土装有谷物的塔式罐（陈贤儒：《甘肃陇西县的宋墓》，载《文物参考资料》，1955年第9期，第90页）

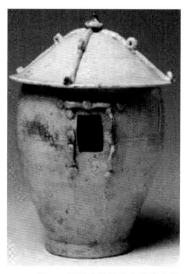

图2-6 顺昌博物馆藏宋代青白釉谷仓模型

	南宋	仓身开口处较高；仓底设足和台基架空仓身	谭刚毅：《两宋时期的中国民居与居住形态》，广州，东南大学出版社，2008年

① 彭适凡：《景德镇市郊出土宋瓷俑》，《考古》，1977年第2期，第144页。
② （宋）孟元老撰、邓之诚注：《东京梦华录注》卷七，中华书局，1982年，第190页。
③ 刘兴、肖梦龙：《江苏溧阳竹箦北宋李彬夫妇墓》，《文物》1980年第5期，第38页。

图2-7 景德镇市郊出土的轿型明器（彭适凡：《景德镇市郊出土宋瓷俑》，载《考古》，1977年第2期）

图2-8 四川广汉宋墓出土的轿型明器（陈显双、敖天照：《四川广汉县雒城镇宋墓清理简报》，载《考古》，1990年第2期）

图2-9 安徽南陵宋墓出土的轿型明器（郝胜利、程京安，等：《安徽南陵铁拐宋墓发掘简报》，载《文物》，2016年第12期）

另外，景德镇宋墓中曾出土一件与此"仓"较为相似的明器，被定名为"轿子"，是由于其"正面为门，前后两侧四穿以装轿杆"①，经对比，其穿孔位置与四川广汉宋墓出土的轿及安徽南陵铁拐宋墓出土的轿大体相同，具安装轿杆的功能特征。但李彬墓出土的"仓"未有疑似穿孔的痕迹。同时，墓中已出土有肩舆一副，肩舆高17.5厘米，舆夫高22厘米，而"仓"高40.3厘米，相比较，"仓"的规模明显过大，因此是"轿"的可能性不大。

"仓"明器造型虽然简单，但具备屋顶、屋身与屋门的建筑基础结构。另外，从体量大小、施釉情况以及出土于墓室前部的情况来看，其与亭榭楼阁明器应当属于同批建筑模型，规模上，"仓"高于凉亭和水榭前进模型，体量略小于水榭后进，应当仿的是一座规模不小的建筑物。

此"仓"较为特殊之处在于屋顶并非常见的攒尖或盝顶形式、屋顶占比较大、屋身整体呈圆筒形，只开一门，无窗。目前未见相似材料或相关记载，应当不是亭、榭等一般园林建筑或其他常见民居建筑。但在《洛阳名园记》中有载宋代宫苑艮岳："有八仙馆，屋圆如规"②，因此无法排除该模型为造型及功能特殊的园林建筑的可能。另外，由于墓志记载李彬"平时诵佛书日数卷"③，墓中也出土众多佛像，该"仓"模型也可能是仿李彬生前供奉佛像或进行祭祀之所。总之，该建筑模型的造型特征反映出它具有不同于一般居宅建筑的特殊功能。

（二）台型建筑

整体作长方形高台式，高台内部中空，素面。高台之上设背屏，屏身略倾斜。屏前三面围有栏杆，正面栏杆于中部断开，造型简单，由卧棂和短立柱构成。该模型最重要的特征是在台面上留有小圆孔两排，前排六孔，后排七孔，孔直径约5毫米，分布较为均匀。此排列有序、大小均匀的小孔，显然是刻意为之，有其作用，是判断该台型明器性质的重要依据。

虽然"台型建筑"与亭、榭等模型同出于墓室前部，但规模明显小于其他明器，长宽比也较大，通体施深绿釉，与其他模型主体施黄色釉不同，或可推测该"台型建筑"与其他明器并非同批，或其模仿的并非建筑物。

由于模型出土具体位置不明，孔上腐烂遗存也未得到鉴定，其实际性质与具体用途难以明确。笔者仅根据现有资料及所见类似材料，做五点简单推测。

1.祭台。该建筑明器出土于墓室前部，属于一般单室墓的祭祀空间，报告中又称十三个孔"原可能插有器物，现腐烂"[1]，疑似出土时存在有机物腐烂的痕迹，因此可能为插着如供香等祭祀物品的祭台模型。但目前未见此类祭祀模型。

图2-10 李彬夫妇墓出土陶肩舆（刘兴、肖梦龙：《江苏溧阳竹箦北宋李彬夫妇墓》，《文物》1980年第5期，第38页）

① 刘兴、肖梦龙：《江苏溧阳竹箦北宋李彬夫妇墓》，《文物》1980年第5期，第36页。

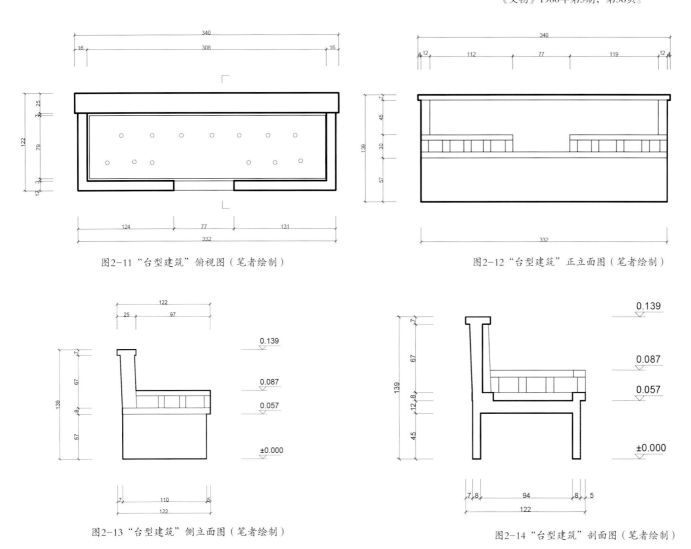

图2-11 "台型建筑"俯视图（笔者绘制）

图2-12 "台型建筑"正立面图（笔者绘制）

图2-13 "台型建筑"侧立面图（笔者绘制）

图2-14 "台型建筑"剖面图（笔者绘制）

图2-15《韩熙载夜宴图》中的围屏床榻（中国美术全集编辑委员会：《中国美术全集·绘画编·两宋绘画·下》，北京，文物出版社，1988年，第51页）

图2-16《孝经图》中的榻式家具（中国美术全集编辑委员会：《中国美术全集·绘画编·隋唐五代绘画》，北京，人民美术出版社，1984年，第128页）

图2-17 青海瞿昙寺壁画中的台式建筑形象（图片由南京大学周学鹰教授提供。）

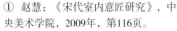

---

① 赵慧：《宋代室内意匠研究》，中央美术学院，2009年，第116页。
② 马飞：《家具的嬗变——宋代高型家具研究》，太原理工大学，2010年。
③ 彭辉：《江苏溧阳北宋李彬夫妇墓出土俑像、墓志及葬俗特征研究》，《东南文化》2015年第3期，第88页。

2.榻式家具。从造型来看，"台型建筑"比较接近于宋代流行的具三面围子的榻①，但从规模看，其尺度明显略大，比例上又明显过长过窄，不适宜坐卧，同时台面上两排小孔除猜测为透气孔外也无从解释。然而在宋画《孝经图》中出现了一种榻与"养和"（靠背式家具②）相结合的家具形式，图中的高型榻四面设栏杆，正面中间开口置靠背家具，是宋代家具形制中的一个特例，虽无法了解其接合方式，但就此或可推测同样具有高台、栏杆、正面开口特征的"台型建筑"可能是当时一种特殊家具组合中的一部分，孔或为家具接合而设置。

3.祭具。由于墓志载李彬"平时诵佛书日数卷，清约而寡欲"③，墓中也出土了较多佛像，而十三在佛教中也是比较重要的数字，如"佛教十三天"以及佛塔"十三重相轮"等，因此推测它也可能是李彬用于佛教祭祀的器物，与亭、榭、楼阁建筑共同反映了李彬生前的生活场景。

4.拜仙台。在青海瞿昙寺的壁画中也有高台的建筑形象，是为拜仙台，高台之上围有低矮栏杆及正面栏杆中间开口的特征与李彬墓出土的模型相似。加之李彬墓表现出的佛、道信仰，推测该明器可能为此类高台建筑模型，台面上的十三孔可能为插设神像之用，具宗教功能。

5.高台建筑的台基。其台面上十三孔分为前后两排，后排七孔间距大体相同，前排左右各三孔，中间不设孔洞，而空出的位置与距离刚好同模型正面栏杆断开位置相合，或可推测该模型为围有栏杆的台基，孔可能为柱洞，中间可能为正面开门处，台上所立可能为木构或其他有机材料的建筑物模型。但该台基的平面长宽比比较大，如此所立建筑物定不符合一般建筑规制。

（三）单坡门屋

该建筑明器由屋顶、屋身和台基构成，一开间，平面呈窄长方形，长宽比约为1：2.3，是典型的门屋建筑模型。

屋顶为单坡悬山顶，正脊损毁，无脊饰。屋檐檐口略有起翘，侧面呈缓和曲线。屋面隆起瓦垄，间距不等。垂脊外设有筒瓦，是为华废（清称"排山勾滴"）。

台基仅一层，略大于屋面。

屋身两旁有山墙。正面檐下有两根圆柱，背面无柱，两侧接山墙处各伸出一段窄墙。圆柱未有明显侧脚与收分现象，柱高150毫米，柱径为9毫米，柱径与柱高比为1：16.7，柱体十分细长。覆盆柱础，立于台基之上。柱旁有立颊，柱间有阑额连接。门内地面大部分已损毁，但可见右侧立颊旁的残余门槛。

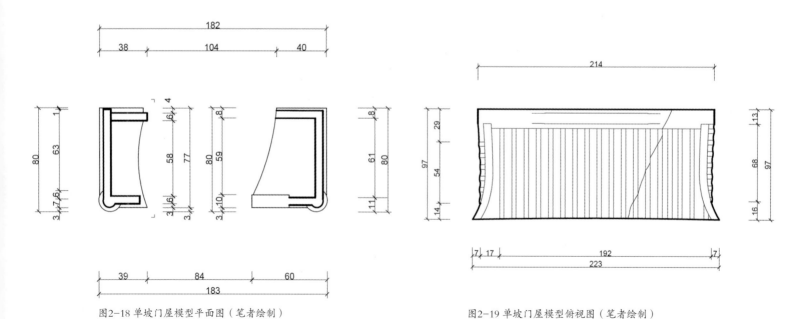

图2-18 单坡门屋模型平面图（笔者绘制）　　　图2-19 单坡门屋模型俯视图（笔者绘制）

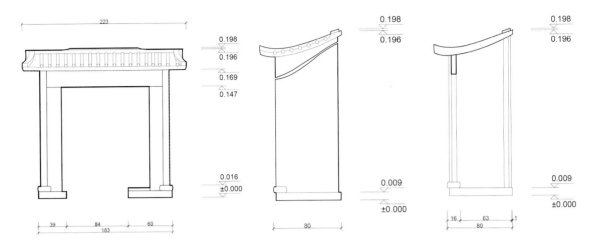

图2-20 单坡门屋模型正立面图（笔者绘制）　图2-21 单坡门屋模型侧立面图（笔者绘制）　　图2-22 单坡门屋模型剖面图（笔者绘制）

两宋时期门作为独立建筑应用广泛，形式多样，其中屋宇式大门是较为复杂的单体门形制，一般用柱、梁、屋顶、墙等，外观与一般屋宇并无分别，只是造型较为简单，多用于通行。李彬墓出土门屋模型的造型虽与一般单体建筑相似，但平面窄长，中间通道宽敞，无生活起居设施，也不依附于其他建筑，应当是仿屋宇式宅门建筑，独立使用。

该门屋器的独特之处在于单坡的屋顶形式，目前据两宋明器及绘画材料，未发现单坡门屋的建筑形象，该模型的出现丰富了宋代宅门建筑类型研究的资料。

一般单坡顶多为辅助之用，常附于主体建筑或围墙，如宋画中常见为防雨而在双坡顶山墙外侧附加单坡披檐的形式。也有小型单体建筑采用单坡屋顶，如四合院周围的单体厢房，屋顶多为半坡以便采光排水；如门楼，出于装饰和节省木材的考虑使用单坡顶；再如山西唐代王休泰墓出土的马厩陶屋（图2-24），造型简单，用单坡可能为区别于主要居住建筑，是屋顶等级在建筑明器上的示意。

李彬墓出土的单坡门屋模型显然并不需要排水、装饰的功能，使用单坡或用以区别园林中的亭、榭类主要建筑，或可能与宋代礼制规定有关，《宋史·舆服志》中有规定："非品官毋得起门屋"[1]，对于宅门有着严格的礼制等级约束，李彬作为地方普通富贵人家，在门屋建筑上使用单坡可能是一种避免僭越的做法。

（四）凉亭与水榭模型

亭，园林中的停歇之处。真正用于游观的亭出现于汉，隋唐时被广泛使用于园林中。宋代往后，亭的造型不断丰富，成为园林中不可或缺的点景建筑。亭虽"造式无定"[2]，但一般有顶无墙，往往置有栏杆、桌椅等以供休息，整体造型简单精巧。李彬墓出土的亭式明器具备亭的一般特征，周围空敞，设栏杆桌椅，具纳凉赏景功能，是仿现实园林中的凉亭建筑制作的。

榭，"无室曰榭"[3]"观四方而高曰台，有木曰榭"[4]，早期的榭建于高台之上，秦汉时期出土的大量台榭明器反映出早期榭更侧重登高观景之用。随着园林造景的发展，隋唐时期完成了台榭向水榭的转化，榭逐渐变为轻盈的亲水建筑。唐宋画作中也多处出现水榭，或临水或突出于水面之上，一般结构开敞，观景一侧不设墙体，多有休憩设施，亲近自然。李彬墓出土的这组建筑明器，其前后进的高台基与拱桥的构造侧面印证其亲水性，台基四周的钩阑与内部桌椅也体现出水榭的基本功能，应为园林中用于赏景的组合水榭建筑模型。

以下对凉亭与水榭组合模型进行造型与结构的分析，并辅以内部桌椅与人俑形象的探讨。

1.屋顶

凉亭、水榭的前后两进，均用单檐九脊殿顶，屋面有一条正脊，四条垂脊和四条戗脊，四角戗脊均微反翘，使屋面檐口呈轻盈圆和的曲线。总体来看，凉亭与水榭后进的屋顶较为高耸，上部坡度较陡，而前进的屋面总高较小，坡度也更加缓和。

① （元）脱脱：《宋史》卷一百五十三志第一百六《舆服五》，中华书局，1977年，第3575页。
② （明）计成撰、陈植注：《园冶注释》，中国建筑工业出版社，2009年，第88页。
③ 梁思成：《梁思成全集·第七卷》，中国建筑工业出版社，2001年，第31页。
④ 同上。

图2-23《四景山水图》中的单坡披檐形式（中国美术全集编辑委员会：《中国美术全集·绘画编·两宋绘画·下》，文物出版社，1988年，第81页）

图2-24 山西唐代王休泰墓出土马厩陶屋（沈振中：《山西长治唐王休泰墓》，《考古》1965年第8期，第5页）

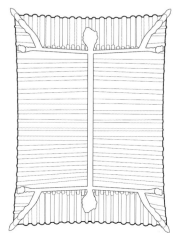

图2-25 凉亭模型俯视图（唐奕文绘制）

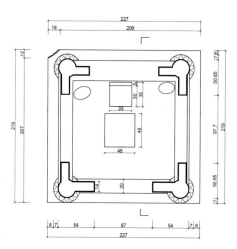

图2-26 凉亭模型平面图（唐奕文绘制）

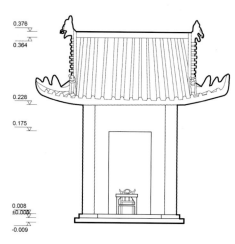

图2-27 凉亭模型正立面图（唐奕文绘制）

图2-28 凉亭模型侧立面图（唐奕文绘制）

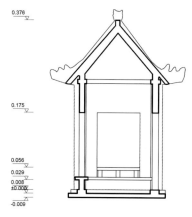

图2-29 凉亭模型剖面图（唐奕文绘制）

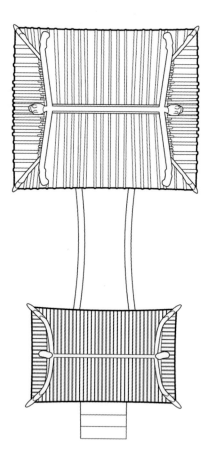

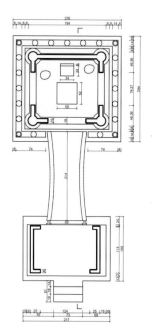

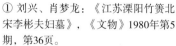

图2-30 水榭组合模型平面图（唐奕文绘制）

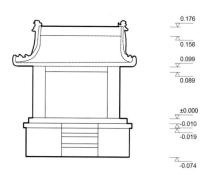

图2-31 水榭前进正立面图（唐奕文绘制）

图2-32 水榭组合模型俯视图（唐奕文绘制）

① 刘兴、肖梦龙：《江苏溧阳竹箦北宋李彬夫妇墓》，《文物》1980年第5期，第36页。
② 同上，第35—36页。

三座屋顶正脊均平直，两端不用鸱尾，而塑以兽头（原报告中认为水榭前进正脊两段为鸱尾①，但经观察，其头部较大，无向内翻卷，不具鸱尾特征，应是制作粗糙或后期变形的兽头形象）。凉亭与水榭后进的垂脊尾部均有垂兽，造型相似，呈蹲踞状，因变形难以明确兽名，报告称其为座狮②；水榭前进因垂脊与岔脊相连而未设垂兽。三座模型的每条岔脊上均有三个上翘的尖角，直至岔脊尾端，大小不一，推测其为蹲兽的简单做法。

三座模型均为筒瓦屋顶，屋面隆起瓦垄数不一，其中水榭前进的屋面瓦垄仅用刻划表示凹凸。瓦垄间距不等，筒瓦均直接捏塑而成，未见拼接及装饰痕迹，也无滴水。凉亭与水榭后进两座屋顶山面的垂脊外侧、博风板之上使用华废，以排屋面之水，保护山面，但较为简单，未有滴水。

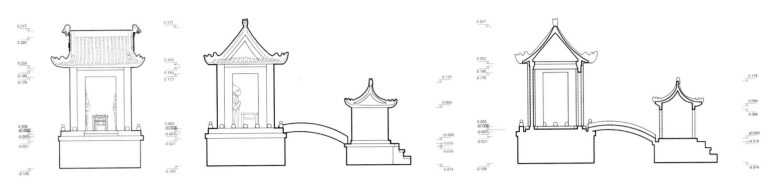

图2-33 水榭后进正立面图（唐
奕文绘制）

图2-34 水榭组合模型侧立面图（唐奕文绘制）

图2-35 水榭组合模型剖面图（唐奕文绘制）

表2-2 凉亭、水榭模型屋顶脊饰情况

模型	脊饰名称及图像		
	兽头	垂兽	尖角
凉亭			
	兽头	垂兽	尖角
水榭后进			
	兽头		尖角
水榭前进			

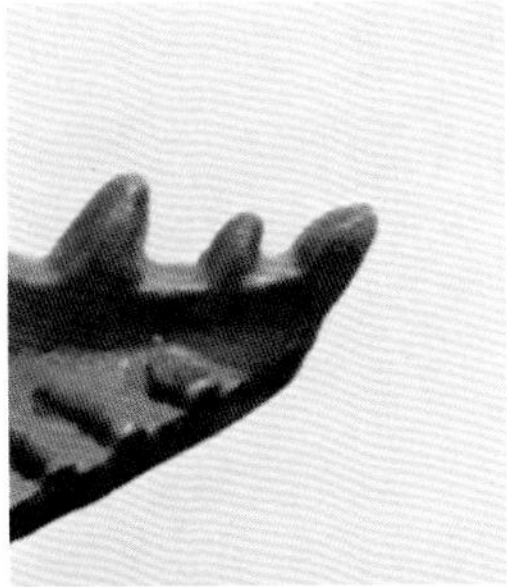

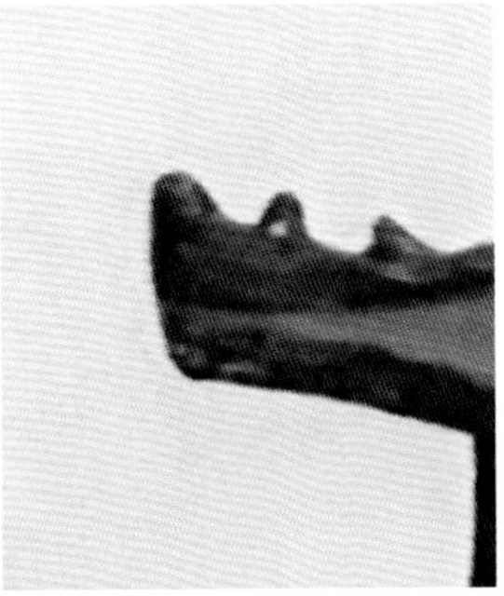

注：表内照片由鲁迪、唐奕文、芦文俊等拍摄。

2.屋身

凉亭：一开间，屋身平面近似正方形，四面无墙。檐下立四根圆柱，未有明显侧脚与收分现象。柱高230毫米，柱径26毫米，柱径与柱高比为1：8.846。每根柱子两侧均有立颊，柱间上下由门额地栿连接，门额之上还有阑额，门额较宽。覆莲柱础，柱础较矮，立于台基之上，与地栿等高。左右两面的地栿之上、

图2-36 凉亭模型主要构件示意图（鲁迪拍摄，芦文俊绘制）

图2-37 水榭前进模型主要构件示意图（鲁迪拍摄，芦文俊绘制）

两柱之间都设有单钩阑，形制简单。下部为素面华板；上部由一块坐凳横板、五根短立木和一条断面呈方形的卧棍组成。钩阑的上部整体略向外突出，接近于明清时期的"美人靠"，宋画中也有与此极为相似的钩阑构造，是一种可供靠坐的小护栏形式。凉亭背面钩阑形制同上，但缺少可供倚靠的围栏。亭内布置一桌一椅，两旁立有男侍俑模型两座。

水榭前进：一开间，平面长方形。造型简单，檐下无柱，仅有左右山墙直接立于台基之上，屋体前后两面紧挨山墙处有窄的立颊构件，上有门额。

建筑前后空通，疑似起着过厅作用。

水榭后进：一开间，屋身平面近似正方形。檐下立四根圆柱，未有明显侧脚与收分现象。柱高约200毫米，柱径24毫米，柱径与柱高之比约为1：8.333。柱子两侧均有立颊，柱间上下有门额与地栿连接，门额之上还有阑额。覆莲柱础，残损严重，柱础较矮。三面无墙，后有屏风墙，立于地栿之上。屋内布置一桌一椅，两旁立有男女侍俑各一。

3.台基及踏道

水榭前后两进都是高台建筑，先起高台，高台之上建两层矮基座，上层基座突出于高台之外。凉亭只有一层低矮基座。均建造简单，素面。

图2-38 水榭后进模型主要构件示意图（鲁迪拍摄，芦文俊绘制）

水榭后进的第一层台基四周有钩阑，造型十分简单，从整个建筑比例来看，它更像是极其矮小的围墙，仅在顶部有葫芦形和圆形装饰，似乎不具备钩阑功能。

水榭前进前设有踏道，造型简单，无多余装饰。共三阶，高度与下层台基平。踏道与水榭前进紧密相连，一体建造。

4.其他

凉亭、水榭两组模型除主体建筑外，还有附属的桥梁、家具模型及男女侍俑。

1）桥

水榭的前进与后进间有小桥模型，仅搭连于两屋面，可活动，主要用于连接建筑物，宋画中常见这种

图2-39 宋画《薇亭小憩图》中所见钩阑形制（中国美术全集编辑委员会：《中国美术全集·绘画编·两宋绘画·下》，文物出版社，1988年，第115页）

表2-3 亭榭模型中的桥梁、家具模型及男女俑图像

名称	图像
水榭组合中的桥模型	

续表

名称	图像
凉亭中的桌椅模型和两男俑	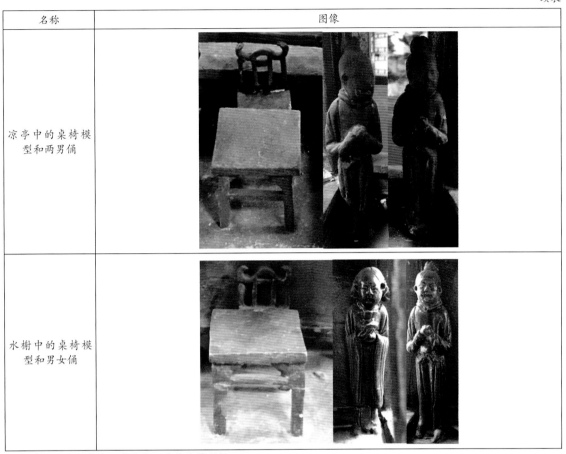
水榭中的桌椅模型和男女俑	

注：表内照片由鲁迪、唐奕文、芦文俊等拍摄。

图2-40《金明池争标图》中的桥（中国美术全集编辑委员会：《中国美术全集·绘画编·两宋绘画·下》，文物出版社，1988年，第175页）

图2-41 苏州光福永安桥（周学鹰、马晓：《中国江南水乡建筑文化》，湖北教育出版社，2006年，第146页）

用途的桥形象，如《金明池争标图》中的桥。该模型属小型拱式桥，两端最宽，中狭。桥身总体拱起的弧度较小，便于亲水。拱桥两边设置栏板，与桥体相比显得十分低矮，这种形式在江南一带较为常见，如苏州光福铁观音寺前的宋代永安石桥就是采用这种低矮的栏板，体现着赏景而非围护的功能。

江苏宝应曾出土两座南唐木屋模型，木屋前设水池，池中高架一桥，桥呈高拱形，桥面木片横铺，桥身两侧还有下垂的雁翅板，桥身安置寻杖式栏杆，前端有望柱，后端用蜀柱和斗子，盆唇下装素板，不透空。相比较，南唐木屋的拱桥模型拱起弧度更高，装饰繁多，用制考究。

总体来看，该墓出土桥模型形制简单，体量小，无多余装饰，制作较为粗糙，不甚规整。但该桥搭连在两建筑物模型中，将分散的水榭前、后进连接为一个整体，起着连通建筑景观的重要作用，同时也是观景亲水之处，点缀了园林。

2）家具

凉亭与水榭后进的屋内各置有用于休憩的一桌一椅，形制相同，桌为框架结构，椅为靠背椅。

两个桌子模型均由一块近方形桌板与四根方形桌腿构成，属框架式桌。两桌腿之间均有单枨，四面桌腿与桌板之间均有牙头，牙头为三角板状，不相连。枨与牙头的安装既有装饰作用，又有利于桌案的牢固。此外，之前有学者研究认为两宋时期的"牙头通常只安在桌案前后两面，侧面不设，这是该时期桌案结构的一个特征"[①]，但该墓出土的桌子模型是反驳这一观点的实物材料。

椅子模型属典型的纵向靠背椅，有靠背而无扶手，下部为近方形座面和四个腿足。其中靠背由纵向靠背与弓背搭脑搭配而成，有学者

① 刘刚. 宋、辽、金、西夏桌案研究：上海博物馆集刊，2002：499—519.

图2-42 江苏宝应出土两座南唐木屋模型（黎忠义：《江苏宝应县经河出土南唐木屋》，《文物》1965年第8期，第50页）

图2-43《清明上河图》中的靠背椅图像（图片源自：http://vdisk.weibo.com/s/wftRBjHClSb）

图2-44 景德镇宋墓出土持镜女俑（彭适凡：《景德镇市郊出土宋瓷俑》，《考古》1977年第2期，第144页）

对宋辽金时期的椅式做过类型学分析[1]，认为两宋时期的这种靠背椅目前仅见两例，此墓出土的椅子模型便是其中一例，另外一例为《清明上河图》中的靠背椅图像。该靠背椅模型为两宋的椅式研究提供了重要补充材料。

总体看来，该墓出土的桌椅模型符合两宋梁柱式的家具框架结构、简洁轻巧的风格特征以及垂足而坐的起居方式，整体造型也是北宋常见的桌椅类型，是研究两宋时期家具体系的重要资料。

3）男女俑

报告中描述凉亭与水榭后进的屋内桌椅两旁各站有一男一女侍俑[2]，经笔者观察，凉亭内两个侍俑都是男性，报告记录或有误。

三个男侍俑均头顶盘发髻，戴有幞头，着圆领窄袖长衫，内里衣领在外袍圆领上露出，腰间束带，双手合抱；女侍俑发髻分成两股，下垂至两耳下，作双鬟，无冠饰，着宽袖长衫，腰束帛带，双手捧盏。

北宋服饰一般沿唐制[3]，男子多着圆领窄袖袍衫，头系头巾[4]；女子所梳发髻类型大体相同[5]，服饰方面有衫、襦、袍、半臂、裙、裤等多种类型。其中像李彬墓出土的穿宽袖长衫的女侍俑形象并不多见，但也有相似例子，如景德镇宋墓中出土的持镜女俑。

总而言之，李彬墓出土男女侍俑的发髻、着装均是北宋时期常见的平民发型、服饰，式样简单，装饰性不强，体现两宋民间服饰的生活化特征。

三、李彬夫妇墓出土亭榭模型造型与尺度比照

由于建筑明器是对地面实体建筑的摹写，而地面建筑各构件间一般存在一定比例关系，因此建筑模型也可能有一定的尺度规律。本节在分析具体比例的基础上，将亭榭模型与《营造法式》、同时期同类型建筑模型以及现存实体建筑进行造型与尺度方面的对比，以探求其中关系。

（一）凉亭与水榭的比例分析

基于测绘资料，对李彬墓出土的亭榭模型相关数据进行整理，并进行比例分析。

两座模型的面阔与进深比虽都接近于1:1，平面呈方形的特征明显，但凉亭进深大于面阔，尽管这种做法在宋代南方建筑中并不少见，但或可说明两座建筑明器在制作时并不完全相同，可能反映出当时对实体小型园林建筑的面阔和进深并没有具体规制。另外，两座模型的总高均是进深的2倍及以上，或可反映实体亭榭建筑也存在这样的比例关系，以保证其比例修长。

柱高与模型总高比在1:1.5~1:1.6之间，即屋身约占总高的2/3。另外，凉亭屋顶正投影与檐下正投

① 刘刚：《宋、辽、金、西夏椅式研究》，《上海博物馆集刊》2005年，第289—320页。
② 刘兴、肖梦龙：《江苏溧阳竹箦北宋李彬夫妇墓》，《文物》1980年第5期，第35—36页。
③ 宿白：《白沙宋墓》，生活·读书·新知三联书店，2017年，第61页。
④ 张蓓蓓：《宋代汉族服饰研究》，苏州大学，2010年，第102页。
⑤ 安语昕：《宋代平民服饰研究》，西北大学，2015年，第19页。
⑥ 王贵祥：《唐宋单檐木构建筑平面与立面比例规律的探讨》，《北京建筑工程学院学报》1989年第2期。

表3-1 李彬墓出土凉亭、水榭后进相关数据（单位：mm）

建筑模型	凉亭	水榭后进
面阔	169	170
进深	173	154
总高（不加台基）	368	308
柱高	230	200
柱径	26	24

表3-2 李彬墓出土凉亭、水榭后进各比例关系

建筑模型	凉亭	水榭后进
面阔/进深	1:1.024	1:0.906
进深/总高	1:2.127	1:2
柱高/总高	1:1.6	1:1.54
柱高/面阔	1:0.735	1:0.85
柱径/柱高	1:8.846	1:8.333

影的长度比约为1:1.503，水榭约为1:1.702。王贵祥先生对现存宋辽金建筑进行总结[6]，认为屋顶与檐下部分的投影高度比接近1:1，甚至一些三开间建筑屋顶投影高度略大于檐下部分，说明屋顶在建筑总体所

占比例很大，显得尤其庄重。但李彬墓出土的亭榭模型屋身占比较大，一定程度上反映出江南小型园林建筑在立面比例上与现存宋辽金大型建筑差异明显，体现园林建筑对高而秀美的追求大于庄严雄伟的感官需要。

对于面阔与柱高，《营造法式》中并未记载具体比例关系，但有"下檐柱虽长，不越间之广"的原则。郭黛姮先生曾总结现存宋辽金建筑实例，认为这一时期大多数建筑当心间面阔与柱高比例控制在1：0.8上下[1]，亦有学者将该比例定在1：0.8~1：0.85之间[2]。而亭榭模型的柱高与面阔之比是1：0.735和1：0.85，柱高远大于面阔，不符合《营造法式》规定。但《营造法式》记载官式大型建筑，现存实物也多为多开间建筑，而亭榭建筑本身就是方形平面，又追求高而敞，柱高大于面阔的比例符合园林小型建筑的特征。

柱径与柱高之比，据现存实物，多在1：8~1：9之间[3]。亭榭模型柱径与柱高之比在此区间内，其中凉亭的比例接近1：9，柱身比例显得更为细长。

此外，该亭榭模型总体屋面相比于现存实物的出檐较短，短的出檐可能与采光及通敞需求有关。

由此，该亭榭模型与大型官式建筑存在较大的比例上的差别，大型建筑更以"扁方为美"，而亭榭模型的各主要比例关系都反映出对精巧审美与开敞功能的追求，这也符合江南园林建筑应当具备的尺度特征。

（二）与《营造法式》对比

《营造法式》是北宋官定的建筑设计、施工专书，于宋哲宗元祐六年第一次修成，恰与墓志中记载的李彬死亡时间同年[4]。虽然《营造法式》主要记载北方宋代官式建筑，但与五代至北宋间江南一带建筑做法有着密切关系[5]。因而尝试将亭榭建筑明器与《营造法式》进行对比，探讨两者关系。

柱础：《营造法式》载记"造柱础之制：其方倍柱之径……如素平及覆盆用减地平钑、压地隐起华、剔地起突……"[6]李彬墓出土亭榭模型的柱础均为覆莲柱础，用剔地起突。比例上，凉亭与水榭台基上露出的柱础部分直径均为40毫米，与柱径比分别为1：0.65和1：0.6，与《营造法式》规定并不十分吻合。

柱：《营造法式》记载了柱子的侧脚、升起以及梭柱制度，现存两宋建筑实例也多如此。而李彬墓出土亭榭以及门屋模型的檐柱并无明显收分和侧脚现象，推测江南民间小型建筑对于侧脚、梭柱的使用并不普遍，但也可能是因为明器制作得相对简单。

钩阑：《营造法式》仅记载了由望柱、寻杖、盆唇、望柱间起装饰作用的华版、蜀柱等构成，做法规整，一般用于官式建筑的钩阑形制[7]。李彬墓出土亭榭模型的单钩阑，既无望柱，又不用寻杖交角，不设云栱、盆唇，造型简单，无多装饰。其中凉亭的钩阑可以靠坐，可与两宋画卷中的简单钩阑造型相印证，反映江南园林建筑所用栏杆情况，也是对《营造法式》中未记载钩阑形制的补充。

立颊：《营造法式》小木作制度中记述造版门、乌头门之制时规定了门扇与立柱之间设立颊。李彬墓出土亭榭模型均不设门，三面或四面敞开，但也设置了立颊，推测反映在不施斗栱的实体建筑上，可能起着帮助檐柱与阑额支撑屋檐、配合门额与地栿维持立柱稳定的作用。

筒瓦：《营造法式》记有小亭榭用筒瓦之制，李彬墓出土的亭榭模型亦用筒瓦，但未表现出具体构建情况。

综上，受模型明器自身限制，可进行对比的内容并不多。无论造型还是尺度，亭榭模型有同于《营造法式》的做法，也有存在差异或《营造法式》未提及的做法，或可反映《营造法式》未做记载的江南小型园林建筑形制。

（三）与单开间小型建筑明器对比

1.与两宋时期单开间小型建筑明器对比

两宋时期出土的单开间小型建筑明器较少，本文通过与相似度较高、造型较为接近的建筑明器进行对比，以期探明其中联系与差异。

虽然以下三座单开间建筑模型的性质与李彬墓出土的凉亭、水榭组合模型并不完全相同，但在造型与构建方面同大于异。

① 郭黛姮：《中国古代建筑史第3卷》，中国建筑工业出版社，2003年，第797页。

② 王世仁：《北京房山金陵几处遗址原状推测》，《当代中国建筑史家十书——王世仁中国建筑史论选集》，辽宁美术出版社，2013年，第121页。

③ 郭黛姮：《中国古代建筑史第3卷》，中国建筑工业出版社，2003年，第800页。

④ 彭辉：《江苏溧阳北宋李彬夫妇墓出土俑像、墓志及葬俗特征研究》，《东南文化》2015年第3期，第88页。

⑤ 潘谷西、何建中：《<营造法式>解读》，东南大学出版社，2017年，第5页。

⑥ 同上，第48页。

⑦ 同上，第220页。

⑧ 郭黛姮：《中国古代建筑史第3卷》，中国建筑工业出版社，2003年，第616页。

表3-3 两宋时期出土单开间建筑模型情况举例

建筑模型	时代	建筑特征	图像
北宋洛阳皇城东区出土陶屋①	北宋	庑殿顶。方形基座，四面为墙。正面设门，门上有枋，枋与屋顶间有斗栱。门楼为歇山顶，下有二檐柱，圆形。正脊平直，用兽头，垂脊、岔脊亦用兽。屋面隆起筒瓦瓦垄，垂脊外设华废。面阔327毫米、进深260毫米。通高670毫米。	
福建顺昌文新村出土陶谷仓②	宋	模型作亭子状，一开间，歇山顶。屋顶正脊呈曲线，中立宝刹，岔脊翘角明显。屋面筒瓦隆起，瓦当明显。檐下四圆柱，与屋顶间施斗栱。四面墙，正面墙开长方形门，门四周贴泥条门框。台基周围有栏杆，由简单的望柱与卧棍组成。	
福建南平店口宋墓出土陶谷仓③	南宋早期	歇山顶，双重平直正脊，檐角翼状起翘，岔脊端部各有一个翘起的尖角。屋面刻出瓦垄。四面有墙，墙体四侧堆贴圆立柱，出一跳承托檐，檐部堆塑波浪形挡雨板。面阔142毫米、进深112毫米、高256毫米。	

屋顶形式主要有庑殿顶和歇山顶，依照古代屋顶等级与宋画中所见一般屋顶样式，宋代一般住宅做两坡悬山顶，偶有九脊殿顶⑧，但反映在建筑明器中，九脊顶和两坡悬山顶使用较多。其中北宋洛阳皇城出土的陶屋和安徽南陵铁拐宋墓中出土的三开间木房屋模型④都使用了庑殿顶，或表明建筑模型的屋顶样式并不严格遵从等级，随意性较大。

无论屋顶形式如何，以上建筑模型和李彬墓出土亭榭模型的屋面都具有屋顶坡度总体较高、垂脊或岔脊角部起翘明显的特征，四面屋檐均呈缓和的曲线。屋面脊饰使用不定，李彬墓出土亭榭模型岔脊上翘起的尖角，与福建南平店口宋墓出土陶谷仓模型岔脊上的尖角十分相似，都是简单的脊饰做法。模型屋面都表现出数列瓦垄，北宋洛阳皇城东区出土的陶屋与李彬墓出土的亭榭模型均在垂脊外铺设华废。

斗栱铺设不定。虽然《宋史》中有记载："凡民庶家，不得施重栱、藻井及五色文采为饰，仍不得四铺飞檐"⑤，而以上三座模型均有铺作层，反映斗栱在民间建筑明器的使用中并未严格遵循礼制。但李彬墓出土的建筑模型未施斗栱，可能并非因为礼制要求，而是出自个人喜好或是制作明器中求简的需要。

檐柱均为圆形，比例都较为细长。柱间一般设额，未见普拍枋。柱侧或立墙或设立颊以承重。福建顺昌出土陶谷仓的钩阑与李彬墓出土亭榭模型的钩阑都是《营造法式》中未记载的简单钩阑形制。

综上，李彬墓出土亭榭模型的主要特征都能在以上建筑模型中找到相同之处，两宋时期的时代特征较为明显，同时经对比，李彬墓出土的建筑模型整体制作较为精致。

① 中国社会科学院考古研究所：《隋唐洛阳城1959—2001年考古发掘报告》，文物出版社，2014年。
② 刘素芬：《从陶瓷谷仓明器看宋代顺昌县的农业》，《福建文博》2012年第1期。
③ 张文崟：《福建南平店口宋墓》，《考古》1992年第5期。
④ 郝胜利、程家安等：《安徽南陵铁拐宋墓发掘简报》，《文物》2016年第12期。
⑤ （元）脱脱：《宋史》卷一百五十四志第一百七《舆服六》，中华书局，1977年，第3600页。

表3-4 五代十国时期出土单开间建筑模型情况举例

建筑模型	后蜀孙汉韶墓出土陶亭	江苏宝应县经河出土两座南唐木屋
时代	后蜀	南唐
造型	单檐十字脊顶，一开间。檐口平直，脊角檐头饰兽头，屋面有筒瓦隆起，无瓦当、滴水。屋架放在下面"亚"字形的墙体上，墙体正、背两面相对开门，门上部重以水波形帐幕。无阑额，正门前两侧各立一根方柱	木屋前有水池、拱桥及钩阑。歇山顶，无脊兽，坡度为29度，两角岔脊微微反翘，檐口呈弧线，屋面隆起瓦垄，施矩形椽、角梁。檐下施两个八角形梭柱，卷杀明显。正面设板门和直棂窗。下有须弥座台基
尺寸	柱高150、宽10毫米。柱径与柱高比为1：15。面阔208.7毫米、进深280毫米、高330毫米。墙高与面阔比约为1：1	柱径与柱高比约在1：9.5以上
图像	图3-1	图3-2、图3-3

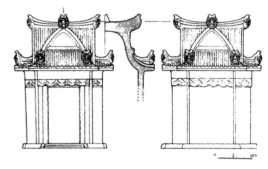

图3-1 后蜀孙汉韶墓出土陶亭（毛求学、刘平：《五代后蜀孙汉韶墓》，《文物》1991年第5期，第20页）

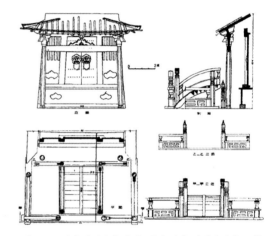

图3-2 江苏宝应县经河出土1号木屋实测图（同上，第51页）

图3-3 曲阜孔庙第十一号碑亭（南京工学院建筑系、曲阜文物管理委员会合著：《曲阜孔庙建筑》，中国建筑工业出版社，1987年，第190页）

2. 与五代十国时期单开间小型建筑明器对比

五代十国时期单开间的小型建筑模型也有出土，试举两例探讨其中关系。

由此不难看出五代到宋时期小型建筑明器之间造型差异并不明显，屋檐用脊兽、筒瓦，檐口略呈曲线等特征十分相似，可以推测这一时期建筑模型总体造型风格相近。

但也有细微区别。总体看来，五代时期明器的用柱形制更加多样；柱高与柱径之比较大，柱身更为细长，而李彬墓出土亭榭模型柱径与柱高比在1：9以下，略显粗矮；但即使五代十国时期的这三座建筑模型的柱身十分修长，其柱高或墙高仍未超越面阔，而李彬墓出土亭榭模型柱高远多于面阔，应当是园林建筑区别于一般建筑的重要特征体现；相比之下，李彬墓出土的亭榭模型柱头未做卷杀，未有侧脚和升起，做法反而比五代十国时期的建筑模型更为简洁。

通过对比，李彬墓出土亭榭模型的造型特征与五代、两宋墓中出土的同类型建筑明器相近，反映的是较为典型的两宋时期小型民居建筑式样，但又有着园林建筑的特征，具有一定代表性。

（四）与现存金代碑亭及碑亭遗址的对比

目前两宋时期的小型标准亭式建筑实例已不存，但曲阜孔庙留有金代碑亭两座，北京房山遗有金代碑亭遗址，可做对比分析。

曲阜孔庙第十一号碑亭，平面约为正方形，三开间，明间开敞，次间砌墙。重檐九脊顶，用鸱吻、垂兽、走兽。檐柱石制，八角形，内柱用木。下檐斗栱单抄单昂重栱计心造，上檐斗栱单抄双下昂，柱间用阑额。

北京房山金代碑亭遗址，王世仁先生对其进行了复原研究，认为其面阔进深各三间，并有副阶周匝，平面呈正方形，面阔与进深基本相同，形制规整。根据出土的遗物，其建筑构件和装饰包含有绿琉璃勾头、垂兽、嫔伽、满雕花纹的八角望柱及莲瓣望柱础、蹲龙望柱头等，建筑规格很高。

总体看来，金代碑亭的礼制意义非常明显，无论是屋顶形制、铺作情况，还是脊饰、钩阑及用柱之制，均呈现出显著的大型高等级建筑特征，庄重繁复。而李彬墓出土亭榭模型屋面比例较为随意，形制不甚规整，构件少而简洁，造型简单，与其截然不同。

总结上节的建筑特征分析与本节比较分析情况，李彬夫妇墓出土的亭榭模型，无论是总体风格还是具体构件都符合两宋时期的特征。但就做法而言，其形制构件及尺度

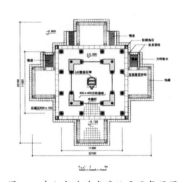

图3-4 房山金陵碑亭遗址平面复原图（王世仁：《北京房山金陵几处遗址原状推测》，《当代中国建筑史家十书——王世仁中国建筑史论选集》，辽宁美术出版社，2013年，第109-137页）

比例均与大型建筑以及《营造法式》的记载存在较大差异，是民间小型建筑的代表，体现的是园林建筑审美，总体构造朴素而不失雅致，反映出两宋民间园林建筑的建造风格，同时也对《营造法式》中小型建筑的记载做了补充。

四、结语

两宋时期，中国园林继三国两晋南北朝的演变和唐代的全盛之后，持续发展，无论是园林的数量、种类还是建筑技术、意境营造，都到了臻于成熟的境地，尤以私家园林的营建成就最高。而富足的经济条件、极盛的人文氛围以及山水画般的地理环境又造就了江南地区"园林甲天下"[1]的盛况和独特的园林文化。

中国园林尤以建筑为主体，建筑既是生活起居场所的一部分，具备实际功能，又作为园林艺术的组成要素而给人以美的享受，因而建筑本身具有的特征就是对园林文化的具体反映。李彬夫妇墓出土的建筑明器虽然只是对实体建筑的摹写，但其部分建筑特征及总体呈现的风格都展现出两宋时期的江南园林文化特色。

就亭榭模型的建筑构件和特征来看，其采用江南水乡建筑常见的歇山屋顶形式，造型活泼。总体用料较小、屋面构件和脊饰不多，给人以轻盈玲珑之感，可与传统北方建筑相区别。屋顶山面做出窄博风板，虽建筑体量不大，但也采用华废，与起翘圆和而明显的檐角共同满足江南建筑的防雨排水需求。较高的屋顶坡度、兽头、尖角的做法以及莲花柱础都体现出宋代特色。方形的平面、较为修长的柱身及柱高远大于面阔的立面比例，又体现出区别于其他普通民居住宅的园林建筑特征。每个模型做工精致、比例协调，总体特征并不奢华繁复，而是尽量简洁朴素，除主要构件外再无多余装饰，不滥用设计之技巧[2]，做到简而意足、返璞归真，与宋代江南的整体文化氛围相映，也与回归自然的美的追求相吻合。

至于两宋时期江南地区的造园风格和审美，也能从这套模型中窥得一二。

首先，虽然只是对实体建筑的摹写，但每座建筑明器都体现出对人在园林中基本需求的满足：凉亭模型四面皆敞，没有严格正侧面之分，便于四面览景，也是布置灵活的表现；亭三面设有倚栏、亭榭内设桌椅家具以便休憩；水榭前进模型前做出三层台阶，前后进搭置拱桥相连，屋顶施用华废、高台等细部构件等。模型虽小而设施俱全，这些功能性特征体现出模型明器对实体园林建筑进行了十分写实的还原，同时也反映出江南私家园林在建造过程中对于实际功用的重视。

其次，无论是屋顶形制还是立面构造，整个建筑模型呈现出体量轻小、灵活秀美的特征，并未受到较多等级约束，也与官式或大型建筑有着明显区分，体现江南小型园林建筑并不拘于规整庄重、追求活泼自由的审美。

最后，虽然无法凭借这套模型去还原江南私家宅地园林的建筑组合形式，但水榭组合中使用小型拱桥沟通两座建筑物，反映出民间园林中既有单体建筑，也有组合形式，增添了多空间、往复不尽的景观意境。而拱桥既是通道也是重要点景之处，是在明器无法表现水的情况下对水境的侧面反映，体现着园林建筑必有的亲水临水特质。

居于溧阳的李彬是一个"赀积巨万"的北宋江南富豪代表，虽史无记载，但墓志称其"好治居处，圜以楼亭轩榭，被以嘉木杂卉，远而望之，奂丽屹然。邈鄘闲绝尘埃，非寻常富屋拟也"[3]，墓中出土的亭榭楼阁模型恰可印证这一点，能够看出地方富人好园、治园之风，可以想见江南私家宅第园林的兴盛之况。而亭、榭、桥梁、门屋、楼阁几种常见园林建筑俱全的情况也展现出一个显具江南特色的、较为完整的富人之家的庭院面貌，对研究两宋时期民间小型建筑特征和技艺以及私家住宅园林文化是一份难得的实物资料。

① 郭黛姮：《中国古代建筑史第3卷》，中国建筑工业出版社，2003年，第581页。
② 同上，第588页。
③ 彭辉：《江苏溧阳北宋李彬夫妇墓出土俑像、墓志及葬俗特征研究》，《东南文化》2015年第3期，第88页。

参考文献

一、历史文献：

[1]（元）脱脱：《宋史》，中华书局，1977年。

[2]（宋）孟元老撰、邓之诚注：《东京梦华录注》卷七，中华书局，1982年。

[3]（明）计成撰、陈植注：《园冶注释》，北京：中国建筑工业出版社，2009年。

二、考古发掘资料：

[1]陈贤儒：《甘肃陇西县的宋墓》，《文物参考资料》1955年第9期。

[2]李蔚然：《南京南郊六朝墓葬清理》，《考古》1963年第6期。

[3]黎忠义：《江苏宝应县经河出土南唐木屋》，《文物》1965年第8期。

[4]沈振中：《山西长治唐王休泰墓》，《考古》1965年第8期。

[5]刘兴、肖梦龙：《江苏溧阳竹箦北宋李彬夫妇墓》，《文物》1980年第5期。

[6]陈显双、敖天照：《四川广汉县雒城镇宋墓清理简报》，《考古》1990年第2期。

[7]毛求学、刘平：《五代后蜀孙汉韶墓》，《文物》1991年第5期。

[8]张文崟：《福建南平店口宋墓》，《考古》1992年第5期。

[9]郝胜利、程京安等：《安徽南陵铁拐宋墓发掘简报》，《文物》2016年第12期。

[10]宿白：《白沙宋墓》，三联书店出版社，2017年。

三、专著：

[1]广州市文物管理委员会：《广州出土汉代陶屋》，文物出版社，1958年。

[2]中国美术全集编辑委员会：《中国美术全集·绘画编·隋唐五代绘画》，人民美术出版社，1984年。

[3]南京工学院建筑系、曲阜文物管理委员会合著：《曲阜孔庙建筑》，中国建筑工业出版社，1987年。

[4]中国美术全集编辑委员会：《中国美术全集·绘画编·两宋绘画·下》，文物出版社，1988年。

[5]梁思成：《梁思成全集·第七卷》，中国建筑工业出版社，2001年。

[6]郭黛姮：《中国古代建筑史第3卷》，中国建筑工业出版社，2003年。

[7]周学鹰、马晓：《中国江南水乡建筑文化》，湖北教育出版社，2006年。

[8]谭刚毅：《两宋时期的中国民居与居住形态》，东南大学出版社，2008年。

[9]周俊玲：《建筑明器美学初探》，中国社会科学出版社，2012年。

[10]中国社会科学院考古研究所：《隋唐洛阳城1959—2001年考古发掘报告》，文物出版社，2014年。

[11]潘谷西、何建中：《〈营造法式〉解读》，东南大学出版社，2017年。

四、期刊论文：

[1]徐苹芳：《唐宋墓葬中的"明器神煞"与"墓仪"制度——读〈大汉原陵秘葬经〉札记》，《考古》1963年第2期。

[2]彭适凡：《景德镇市郊出土宋瓷俑》，《考古》1977年第2期。

[3]张锴生：《汉代粮仓初探》，《中原文物》1986年第1期。

[4]王贵祥：《唐宋单檐木构建筑平面与立面比例规律的探讨》，《北京建筑工程学院学报》1989年第2期。

[5]杨焕成：《河南陶建筑明器简述》，《中原文物》1991年第2期。

[6]张建锋：《两汉时期陶囷的类型学分析》，《江汉考古》1995年第4期。

[7]刘刚：《宋、辽、金、西夏桌案研究》，《上海博物馆集刊》2002年。

[8]周学鹰：《汉代建筑明器探源》，《中原文物》2003年第3期。

[9]李桂阁：《试论汉代的仓囷明器与储粮技术》，《华夏考古》2005年第2期。

[10]刘刚：《宋、辽、金、西夏椅式研究》，《上海博物馆集刊》2005年。

[11]曹昕运：《溧阳李彬夫妇墓初探》，《长江文化论丛》2007年12月。

[12]李思思：《汉代建筑明器研究》，《中国国家博物馆馆刊》2012年第9期。

[13]刘丽文：《江南庭院的缩影——镇江溧阳北宋纪年墓出土的釉陶雕塑》，《收藏》2012年第11期。

[14]刘素芬：《从陶瓷谷仓明器看宋代顺昌县的农业》，《福建文博》2012年第1期。

[15]孔俊岭、王学敏：《淮阳汉代绿釉人柱陶楼》，《中原文物》2012年第6期。

[16]王世仁：《北京房山金陵几处遗址原状推测》，《当代中国建筑史家十书——王世仁中国建筑史论选集》，辽宁美术出版社，2013年。

[17]王铭：《唐宋时期的明器五谷仓和粮罂》，《考古》2014年第5期。

[18]彭辉：《江苏溧阳北宋李彬夫妇墓出土俑像、墓志及葬俗特征研究》，《东南文化》2015年第3期。

[19]栗昭耀、王艺彭：《台榭到水榭——浅谈古典园林建筑榭的发展历程》，《中外建筑》2017年第4期。

五、学位论文：

[1]周俊玲：《建筑明器美学论》，西安美术学院，2009年。

[2]赵慧：《宋代室内意匠研究》，中央美术学院，2009年。

[3]马飞：《家具的嬗变——宋代高型家具研究》，太原理工大学，2010年。

[4]张蓓蓓：《宋代汉族服饰研究》，苏州大学，2010年。

[5]陈斯亮：《魏晋南北朝时期明器反映的建筑特征与文化研究》，西安建筑科技大学，2014年。

[6]安语昕：《宋代平民服饰研究》，西北大学，2015年。

Thoughts on the Art of Zoomorphic Tombstone Sculptures of the Southern Dynasties

关于南朝陵墓建筑石兽的艺术思考

孙紫和*（Sun Zihe）卢小慧**（Lu Xiaohui）

摘要：本文从艺术史观和美术考古学的视角，通过田野调查、历史文献和考古资料相结合的方法，对"南朝陵墓石兽"这一学界长期悬而未决的课题进行了梳理;探究了南朝陵墓石兽在中国建筑及雕塑史上的源流演变、艺术造型特征以及石兽称谓等问题，从一定程度上丰富了对南朝墓葬建筑历史、文化以及中国古代雕塑艺术史的研究。

关键词：南朝陵墓石兽，源流演变，艺术造型，称谓

Abstract: From the perspectives of art history and art archaeology, this study aims at addressing the long-term unsettled research issue in the academia—zoomorphic tombstone sculptures of the Southern Dynasties. By conducting the field study and reviewing historical documents and archaeological materials, the study probes into the origin and evolution of zoomorphic tombstone sculptures of the Southern Dynasties, their artistic design features and nomenclature respectively in the history of Chinese architecture and sculpture. It contributes to enriching the literature of the architecture history and culture of Southern Dynasties' tombs as well as the ancient Chinese sculpture history.

Keywords: zoomorphic tombstone sculptures of the Southern Dynasties, origin and evolution, artistic design, nomenclature

* 孙紫和，南京博物院，志愿者。
** 卢小慧，南京博物院，副研究馆员。

① 宗白华：《论〈世说新语〉和晋人之美》，《美学与意境》，上海人民出版社，1987年，第183页。

魏晋南北朝（公元3世纪初到6世纪末）是我国历史长河中一个十分重要的组成部分。这一时期，在中国长江流域以南先后存在着孙吴、东晋、宋、齐、梁、陈六个政权，统称"六朝"，六朝的都城均在今天的南京。宗白华先生对这一时代的特点评述："汉末魏晋六朝是中国政治上最混乱、社会上最苦痛的时代，然而却是精神上极自由、极解放，最富于智慧、最浓于热情的一个时代，因此也就是最富有艺术精神的一个时代。"①

"南朝"是相对于同一时期北方非汉民族建立的政权而言的，后世常将六朝中的"宋、齐、梁、陈"四个政权称为"南朝"。南朝陵墓建筑石刻，即现存江苏南京、江宁、丹阳、句容一带的南朝陵墓地面石刻遗迹，三十余处，内容包括石兽、石柱和石碑等。这些石刻，形体硕大、数量较多、造型雄奇，同欧洲、西亚及以印度古代建筑及雕刻之关联，耐人寻味，堪称中国建筑与雕塑艺术史上承前启后的典范之作。

本文从雕刻艺术角度出发，以南朝陵墓建筑石兽为中心，从石兽源流、艺术造型和石兽称谓三个方面进行简要的研究回顾与阐述。

一、南朝陵墓石兽源流演变

所谓陵墓石刻是指按一定规律设置于陵园茔域神道两侧的石质圆

图1-1 丹阳南朝梁武帝萧衍修陵文保碑

图1-2 丹阳南朝梁武帝萧衍修陵神道石兽

图1-3 丹阳南朝梁文帝萧顺之建陵神道北石兽及神道柱

图1-6 南京市郊狮子冲南朝陵墓神道
东石兽正面

图1-4 南京市郊狮子冲南朝陵墓神道西石兽

图1-5 南京市郊狮子冲南朝陵墓神道东石兽

雕艺术品。帝王陵墓前的设置又称陵园石雕，一般包括人物、动物、碑、柱①。其雏形最早出现于战国至秦代。东汉明帝后，在神道两旁布置石刻群，成为一种代表等级地位的制度。南朝陵墓建筑石刻是在封土前的平地上开辟神道，在神道两侧对称列置石刻，已发展成为固定的丧葬制度②。从综合文献记载和实地调查的情形来看，南朝陵墓神道石刻的排列组合既有作石兽1对、石柱1对、石碑1对的3种6件之制，如梁临川靖惠王萧宏墓；也有作石兽1对、石柱1对、石碑2对的3种8件之制，如梁安成康王萧秀墓和梁始兴忠武王萧憺墓；还有仅作1对石柱的，如南京栖霞区尧化门北家边萧梁宗室墓③。

南朝陵墓石兽不论形体大小，均成对配置，且有严格的等级区别：帝陵神道石兽，独角、双角各一，体表雕饰繁褥华丽，体态健劲灵动，韵律感十足；王侯陵墓神道石兽皆无角，鬃毛下披，长舌多外垂至胸际，体态雄浑肥硕，气势威猛。石兽均有双翼。

对南朝陵墓石刻真正意义上的考察与研究，大概始于清末。

最早对南朝陵墓建筑石刻进行系统考察、记录的学者，是清代晚期著名金石学家莫友芝，他的主要成果收录在其著作《宋元旧本书经眼录》中。而对南朝陵墓建筑石刻进行科学和详细的调查，最早可能始于曾任上海徐家汇司铎的法国人张璜（法文名Mathias Tchang），他于民国十二年（1923年）以法文撰成《梁代陵墓考》④一书，该书虽然内容不是很全面，但书中的图片是目前发现的南朝陵墓建筑石刻最早的影像资料。

民国时期，朱希祖、朱偰、滕固等学者对南朝陵墓建筑石刻进行了整体的调查、记录与研究，其成果被汇编为《六朝陵墓调查报告》⑤，该书被认为是我国现

① 王朝闻总主编、陈绥祥主编：《中国美术史》（魏晋南北朝卷），齐鲁书社、明天出版社，2000年，第235页。
② 邵磊：《近百年来南朝陵墓神道石刻研究综述》，《长江文化论丛》2006年00期，第61页。
③ 据邵磊在《近百年来南朝陵墓神道石刻研究综述》一文中介绍，南朝陵墓神道石刻组合依次为石兽、石柱、石碑各一对，共计三种六件，但凡少于这三种六件的则被认为是后来毁佚损失所致。但据《隋书·礼仪三》："（天监）六年，申明葬制，凡墓不得造石人兽碑，唯听作石柱，记名位而已"。2002年10月至12月，南京市文物研究所对南京栖霞区北家边南朝神道石柱所在区域以及石柱以北至墓室玄宫的约100米范围内进行了考古勘探，除了新发现一对土筑砖甃包的墓阙外，并未见有曾设置神道石兽或石碑的痕迹。可证北家边神道上原本仅有一对石柱，并无其他石刻。至于梁安成康王萧秀、始兴忠武王萧憺、临川靖惠王萧宏、吴平忠侯萧景墓前神道两侧作三种六件或三种八件的石刻组合，则应是出自朝廷特赐。
④ （清末民初）张璜著：《梁代陵墓考》，南京出版社，2010年。
⑤ （民国）中央古物保管委员会编辑委员会编：《六朝陵墓调查报告》，南京出版社，2010年。

图1-7 句容南朝梁南康简王萧绩墓神道东石兽

图2-1 丹阳南朝梁文帝萧顺之建陵
神道北石柱

图2-2 丹阳南朝梁文帝萧顺之建
陵神道北石柱局部

图2-3 丹阳南朝梁文帝萧   图2-4 丹阳南朝梁文帝萧顺之建
顺之建陵神道南石柱   陵神道南石柱局部

存时代最早、体系最为完备的关于南朝陵墓石刻遗存的调查和研究资料。该书主要的研究成果：一是六朝陵墓遗迹考证；二是陵墓石刻研究；三是天禄、辟邪和神道碑碣渊源的考证研究；四是首次系统全面地给遗迹拍摄照片，留下重要的影像资料。此后，朱偰又将南京、丹阳的六朝陵墓的相关资料和考察成果进行了整理、考证和汇编，编写出版了《建康兰陵六朝陵墓图考》[1]，更加详细和深入地记录了南京、丹阳的六朝陵墓及其遗存。

此后，受这些著作的影响，南朝陵墓建筑石刻吸引了众多外国学者和摄影师，如日本学者伊东忠太、关野贞、常盘大定，法国学者维克多·谢阁兰，瑞典汉学家喜龙仁等。

20世纪50年代以后，随着南朝陵墓石刻考察、考古工作的不断推进，对南朝陵墓石刻的研究著述日益丰富。其中，南京博物院（前国立中央博物院）的学者和考古工作者们在这一领域做出了重要贡献。罗宗真所著《六朝考古》是20世纪50年代以来对南朝陵墓遗存状况、发掘情况介绍最为翔实、影响力最为深远的重要论著之一。姚迁、古兵所著的《六朝陵墓石刻》一书中，保存了大量20世纪80年代以前，南朝陵墓石刻遗存状态及地貌的图像资料。梁白泉的《南京的六朝石刻》则对南朝陵墓建筑石刻遗存的数量、地点、保存状态以及20世纪50年代以后的保护、修复情况进行了较为翔实的记录和介绍。徐湖平主编的《南朝陵墓雕刻艺术》一书，则将三个时期的南朝陵墓石刻历史图像资料汇编成书，并辨识、推论石刻的归属，论述严谨，理由充分，可谓图文并茂，并有一定学术性。

综上所述，对南朝陵墓建筑石刻进行整体的调查与研究，多集中于金石学、历史学、考古学等领域。

至于从艺术学角度，对南朝陵墓石刻展开研究，则首推瑞典籍艺术史家喜龙仁。1925年，喜龙仁出版了《五至十四世纪的中国雕塑》。1928年，他又在杂志《东方艺术》上发表了论文《早期中国艺术中的有翼兽卡美辣》（*Winged Chimseras in Early Chinese Art*）。在这些论著与文章中，以沃尔夫林艺术风格学为基础理论，南朝陵墓石刻成为中国雕塑史的一部分，并且喜龙仁首次提出南朝陵墓石刻中的石兽，其艺术风格受到波斯和亚述的影响。此后，不同时代的研究者，从不同的艺术史观和美术考古学视角，结合历史文献、考古资料诠释了他们对南朝陵墓石刻源流问题的不同观点。

纵观南朝陵墓石兽研究，中外学者主要以三种方法来考证石兽的源流演变，其一是根据历史文献和考古资料来探究石兽称谓的由来及演变；其二是以美术考古为实证基

①朱偰. 建康兰陵六朝陵墓图考. 北京：中华书局，2006.

图2-5 南朝梁安成康王萧秀墓神
道东石兽

图2-6 南朝梁安成康王萧秀墓神道东石兽

图2-7 南朝梁安成康王萧秀墓神
道西石兽

图2-8 南朝梁安成康王萧秀墓神道西石兽

图3-1 南朝齐景帝萧道生修安陵神道东石兽——双
角双翼

图3-2 南朝齐景帝萧道生修安陵神道
西石兽——独角双翼

图3-3 南朝梁吴平忠侯萧景墓神道石兽——无角双翼

础，结合国际上格里芬的专题研究，论证有翼兽流传的脉络，从而探究南朝陵墓石兽造像的艺术源流；其三是结合艺术风格学和考古学，论述有翼兽汉代之前从亚述、波斯一带传入，融合本土传统镇墓兽造像特征，而形成新的陵墓建筑雕塑风格。自此，南朝陵墓石兽源流的研究成为全球视野下中西文化、艺术交融的典型案例。

二、南朝陵墓建筑石兽艺术造型特征

陵墓神道两侧设置石兽始于东汉，主要是作为标志物，象征着吉祥和驱除鬼怪。东汉应劭《风俗通义》记载："墓前树柏，路头石虎。《周礼》：'方相氏，葬日入圹，驱魍象。'魍象好吃亡者肝脑，人家不能常令方相立于墓侧以禁御之，而魍象畏虎与柏，故墓前立虎与柏。"[1]魍象即魍魉，传说中的一种妖怪，墓前置石兽以防其侵犯。同时墓前陈列五

① （汉）应劭撰，王利器校注：《风俗通义校注》，北京，中华书局，1981年，第574页。

图4-1 丹阳南朝梁文帝萧顺之建陵神道北石兽局部

兽还具有象征墓主身份和地位的作用。南朝沈约在《宋书》卷一五《礼志二》中记载："汉以后，天下送死奢靡，多作石室、石兽、碑铭等物。"①唐朝封演《封氏闻见记》也写道："秦汉以来，帝王陵前有石麒麟、石辟邪、石象、石马之属；人臣墓前有石羊、石虎、石人、石柱之属；皆所以表饰坟垄，如生前之仪卫耳。"②神道石兽既然具有多方面功用，帝王将相、官僚贵族自然是捷足先登。

对于南朝陵墓建筑石兽的称谓，一直以来莫衷一是，故还需从文献记载入手加以考察，但由于各人对文献的理解不尽相同，歧义纷纷在所难免，这样一来，南朝史学家萧子显所撰《南齐书》中的记载便显得尤为重要了。《南齐书》卷二二《齐豫章文献王嶷传》载：

"上（齐太祖）数幸嶷第。宋长宁陵隧道出第前路，上曰：'我便是入他家墓内寻人'。乃徙其表阙骐驎于东岗上。骐驎及阙，形势甚巧，宋孝武于襄阳致之，后诸帝王陵皆模范而莫及也。"③

此条文献指明了帝陵神道石兽和石柱的直接来源，是文帝子孝武帝由襄阳得来，并称长宁陵石兽为"骐驎"，"后诸帝王陵皆模范而莫及"，故此将南朝帝陵前的石兽称为麒麟当无不妥。

又，《旧唐书》卷二九《礼仪志》载梁武帝为其父修缮建陵事：

"武帝即大位后，大同十五年，亦朝于建陵，有紫云荫覆陵上，食顷方灭。……因谓侍臣曰，陵阴石虎，与陵俱创二百余年，恨小，可更造碑石柱麟，并二陵中道门为三闾。"④

梁文帝萧顺之建陵位于丹阳三城巷，陵前现存石兽、石础、石柱和驮碑龟趺各一对，共计4对8件，是丹阳齐、梁帝陵神道石刻中数量保存最多的一处，从而验证了《旧唐书》中所言"碑石柱麟"。

南朝陵墓石刻涉及宋、齐、梁、陈四朝，但由于其政治中心和礼仪典章制度的不变，从而形成魏晋南北朝时期某一阶段的区域性制度形式，这是它的一个鲜明特征。同时，这些石刻群体组合方式完全一致，神道两侧依次列置石兽一对、石柱一对、石碑一对，表现出一种布局的对称美；石刻距墓室约千米左右，墓室在其身后山坡上，显示出同一政治文化中心的同一模式。与汉代陵墓建筑石刻相比，南朝陵墓建筑石刻将主题与组合造型样式固定下来，且形式简化。就南朝陵墓建筑石刻中单体石兽而言，其具体特征如下。

首先，南朝陵墓建筑石兽的体形异常高大，这些石兽的身高和身长均在2米以上，甚至更大，这是区别于东汉同类作品的首要特征。作为群体组合的一部分，南朝陵墓建筑石刻组合不仅以兽、柱、碑三种形式构成对称群体，而且石兽在这个组合中作为主题占据最显著的位置，与山陵、神道直接发生审美关联⑤。

其次，在雕刻技法上，南朝陵墓建筑石兽一般都是用整块巨石雕刻而成的，与汉代相比，圆雕技法更趋成熟，并结合运用浮雕、线刻等技法，彰显工匠们对形式美的追求。在汉代粗犷简约风格的基础上，南朝陵墓建筑雕塑艺术注重绮丽的雕饰，更具雄俊灵动、庄严秀美的特征，达到了良好的艺术效果。

再次，就具体造型而言，这些南朝陵墓建筑石兽的共同造型特征有以下几点：有翼。腾固先生曾将南朝陵墓建筑石兽的翼部划分为五种：其一，短翼而翼膊有鳞纹的；其二，短翼翼膊作涡纹而腹部复衬有羽翅纹的；其三，短翼翼膊有鳞纹而腹部复衬有羽翅纹的；其四，四小翼拼成一大翼而腹部复衬有羽翅纹的；其五，简单的短翼而翼膊作涡纹的。并指出这五种翼的形式，其基本意匠亦来自汉代⑥。但是南朝陵墓建筑石兽的翼，在短翼之外又有修长的翅羽纹，这是较东汉石兽所没有的一种设计，也是南朝陵墓建筑石兽的"传神之笔"。

① （梁）沈约：《宋书》。
② （唐）封演撰、赵贞信校注：《封氏闻见记校注》卷六《羊虎》，中华书局，2005年，第58页。
③ （梁）萧子显：《南齐书》。
④ （后晋）刘昫等撰：《后唐书》。
⑤ 王鲁豫：《唐陵石雕艺术研究》，见《中国雕塑史册V·唐代石雕艺术》，学苑出版社，1989年，第7页。
⑥ 腾固：《六朝陵墓石迹述略》，参见杨晓春编：《朱希祖六朝历史考古论集》，南京大学出版社，2009年，第109—110页。

最后，无论是南朝帝陵，还是王侯墓，就石兽的身躯而言，大致可分为两类：一类身体呈S形扭动动态、具有跃动性，表面装饰纹华丽，但不繁缛。在雕刻技巧方面，多用圆刀法，突出了相对光滑且流畅的整体气质。一类外形更多地带有雄狮原型特征，体态雄壮，头颈部有概括性的鬃毛，身上花纹比较简略，浮雕刻画较浅。

三、浅析南朝陵墓建筑石兽称谓

南朝陵墓建筑石兽的称谓，历来研究者说法不一。由于这些石兽均为有翼兽，但却有双角、独角和无角三种区分，因此导致学者对这些有翼神兽的名称有了分歧。但这些分歧不外乎集中于麒麟、天禄、辟邪、桃拔和狮子等几种名称上。由于名称不同，从而产生了带翼神兽渊源这一问题。

图4-2 丹阳南朝齐景帝萧道生修安陵神道东石兽局部　　图4-3 丹阳南朝齐武帝萧赜景安陵神道东石兽局部　　图4-4 丹阳南朝齐武帝萧赜景安陵神道东石兽局部

朱希祖在《天禄辟邪考》一文中认为帝陵前的独角石兽为"天禄"，双角石兽为"辟邪"，并将它们总称为"桃拔"，称王侯墓前的无角石兽为"符拔""扶拔"，与"桃拔"同类。但是，在《六朝陵墓调查报告》一书中，他又将帝陵前的有角石兽统称为"麒麟"，王侯墓前的无角石兽称为"辟邪"[1]。刘敦桢在其主编的《中国古代建筑史》中遵循了《六朝陵墓调查报告》的观点，即南朝皇帝的陵用麒麟，贵族的墓葬用辟邪[2]。杨宽《中国古代陵寝制度史研究》也受其影响，将石兽称为"麒麟"与"辟邪"[3]。林树中《南朝陵墓雕刻》一书也基本认同朱希祖的观点，只是认为朱希祖将无角石兽称为"桃拔"有不够通俗之弊[4]。

朱偰《建康兰陵六朝陵墓图考》则以独角石兽为麒麟，双角石兽为天禄，无角石兽为辟邪[5]。此后，姚迁、古兵编《南朝陵墓石刻》[6]以及罗宗真《六朝考古》[7]皆沿袭之。

就石兽的名称与渊源而言，无论是麒麟或者扶拔（符拔、桃拔），或者天禄、辟邪，抑或狮子，均为外来词汇，其艺术造型也为舶来品，这些形象进入中国后，大都经历了从镇墓兽到神道石兽这样一个过程。

"麒麟"是有翼神兽的一种泛称，是借助中国概念和中国词汇（麟）的外来译词（其读音与grifﬂn相近），引入中国的年代要相对早一点，中国的有翼神兽最初就是在这一概念下发展起来。其主题最初主要表示祥瑞，其造型最初应该是以鹿类动物为依托的有翼神兽，汉代到六朝经历了多样化，主要包括鹿类、羊类和马类等造型。日本学者曾布川宽通过对史籍的翻检，发现自刘宋以后，麒麟作为祥瑞在地上出现的记载再也没有了。沈约所著《宋书·符瑞志》[8]中，麒麟作为祥瑞出现的记载自西汉武帝元狩元年以来共有十五例，但最后一例是东晋成帝咸和八年（公元333年）在辽东出现，其后，刘宋就再没有出现过。因此，他认为麒麟从东汉以来直到六朝，渐渐地已不再单纯是天上的瑞兽，而是同"四神"一样，被赋予了守护神的性格[9]。而这一变化，是具有划时代意义的。

"天禄""辟邪"是中国古代艺术中颇为流行的两种灵兽。"天禄"语出《尚书·大禹谟》"四海困穷，天禄永终"[10]；"辟邪"语出《急就章》"射魅辟邪除群凶"[11]，尽管如此，其艺术形象却具有显著的西域文化艺术特征，其动物原形也是根据西域动物塑造出来的[12]。其动物原形最初分别是扶拔（符拔、桃拔）和犀牛，扶拔与符拔、桃拔为一类动物，据

① 朱希祖：《天禄辟邪考》，参见杨晓春编：《朱希祖六朝历史考古论集》，南京大学出版社，2009年，第182页。
② 刘敦桢：《中国古代建筑史》，中国建筑工业出版社，1984年，第92页。
③ 杨宽：《中国古代陵寝制度史研究》，上海古籍出版社，1985年，第42页。
④ 林树中：《南朝陵墓雕刻》，人民美术出版社，1983年，第48页。
⑤ 朱偰：《建康兰陵六朝陵墓图考》，中华书局，2006年，第4页。
⑥ 姚迁、古兵编：《南朝陵墓石刻》，文物出版社，1981年，第2页。
⑦ 罗宗真：《六朝考古》，南京大学出版社，1996年，第93页。
⑧ 《宋书》卷二八《符瑞志中》："麒麟者，仁兽也。牡曰麒，牝曰麟。不剋胎剖卵则至。……汉武帝元狩元年十月，行幸雍，祠五畤，获白麟。……晋元帝太兴元年正月戊子，麒麟见豫章。晋成帝咸和八年五月己巳，麒麟见辽东。"
⑨ （日）曾布川宽著、傅江译：《六朝帝陵——以石兽和砖画为中心》，南京出版社，2004年，第71页。
⑩ （清）阮元校刻：《十三经注疏·尚书正义》（影印本），中华书局，1980年，第136页。
⑪ （汉）史游：《急就章》，华夏出版社，2001年。
⑫ 林梅村：《天禄辟邪与古代中西文化交流》，收入林梅村：《汉唐西域与中国文明》，文物出版社，1998年，第96页。

图4-5 句容南朝梁南康简王萧绩墓神道西石兽局部

图4-6 句容南朝梁南康简王萧绩墓神道西石兽局部2

图4-7 句容南朝梁南康简王萧绩墓神道东石兽局部

图4-8 丹阳南朝齐金王陈侠名墓神道东石兽整体造型

图4-9 丹阳南朝齐水经山侠名墓神道北石兽整体造型

考证为叉角羚[1]，它们进入中国是汉代西域之路开通之后的事情。天禄、辟邪被用作陵墓神道石兽是在东汉。宋欧阳修《集古录》卷三《后汉天禄辟邪字》对宗资石兽亦有记载。文中说："右汉天禄辟邪四字，在宗资墓前石兽膊上……墓前有两石兽，刻其膊上，一曰天禄，一曰辟邪。"[2]三国以后，人们对天禄、辟邪的来源似乎已不太清楚，所以会出现孟康将双角兽误称为辟邪，独角兽误称为天禄，而范晔则不知天禄有角；还有人认为有角兽总称麒麟，无角兽统称辟邪，凡此等等。

狮子原产于非洲、西亚等地，属大型猫科动物，生性凶猛，被誉为"兽中之王"。中国本土原本没有狮子，直到公元前138年，汉武帝派遣张骞出使西域，开辟了东西方交流的"丝绸之路"，狮子才被西域各国作为贡品带入中国。它的传入地点很明确，全部都是在西亚或邻近的中亚地区，《汉书》卷九六下《西域传·赞》曰：

"自是之后，明珠、文甲、通犀、翠羽之珍盈于后宫，蒲梢、龙文、鱼目、汗血之马充于黄门，巨象、师子、猛犬、大雀之群食于外圃。殊方异物，四面而至。"[3]

所谓"师子"即现代汉语的"狮子"。当时的狮子被视为神秘的瑞兽，而不是一般的动物，所以称"狮子"等为"殊方异物"。正因如此，它在艺术上的表现形式是狮首翼兽，并依托麒麟，取其有翼和有角，当作狮首格里芬的化身，其外形以神化的狮子即天禄、辟邪为主[4]。

公元2年，佛教进入中国。佛教以狮子为灵兽，并将其作为护法神兽。此后，随着佛教盛行，佛教化的狮子即写实性的狮子造型，因佛教中国化的影响而逐渐开始代替原有的造型，其主要特点为身体比较稳重敦厚，"吐舌""身肉肥满""齿齐""双耳高上"，即所谓"中国式的狮子"，这种形象特点也为以后的隋唐文化所继承。

小结

综上所述，本文就南朝陵墓石兽的研究源流、艺术造型特征及其称谓等问题做了一些探讨，大致可以得出以下几点认识。

首先，从艺术学角度对南朝陵墓建筑石刻展开研究，始于瑞典籍艺术史家喜龙仁。对南朝陵墓石兽源流的主要研究方法有三种，一是以文献考据来论述石兽称谓的由来；二是聚焦有翼神兽流传的路径，从而论述南朝陵墓石兽造像的源流；三是通过艺术风格学和考古学相结合的方法，论述南朝陵墓石兽呈现出的中国本土文化融合外来文化后形成的陵墓建筑雕塑风格。

其次，东汉末年以后，战乱频仍，个体生命难以保障，传统的墓葬礼制受到一定冲击，生命的延续益发受到重视。因此，无论是单体石兽尺度，还是群体组合；无论是雕刻技法，还是石兽的具体造型，南朝陵墓石兽都发生了巨大的历史性变革。因此，有学者说："如果说我国的陵墓石刻起步于秦汉、完备于盛唐的话，南朝陵墓雕刻则恰处于宏观的大系统中的一个重要的转折点上，在中国陵墓雕塑史上具有承上启下的作用。"[1]

① 林梅村：《天禄辟邪与古代中西文化交流》，收入林梅村：《汉唐西域与中国文明》，文物出版社，1998年，第98页。
② （宋）欧阳修：《欧阳修全集》（影印本），北京市中国书店出版社，1986年，第1132页。
③ （汉）班固：《汉书》。
④ 李零：《论中国的有翼神兽》，见《出山与入塞》，第131页。

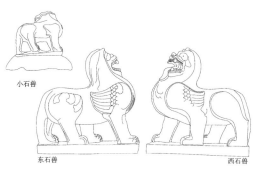

图5-1 南朝梁贵阳简王萧融墓神道石兽图

图5-2 南朝梁文帝萧顺之建陵神道石兽图

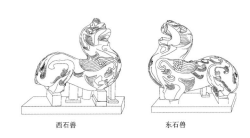

图5-3 南朝梁武帝萧衍修陵神道石兽图

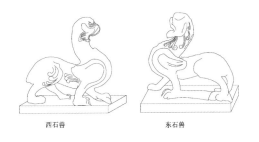

图5-4 南朝齐金王陈佚名墓神道石兽图

图5-5 南朝齐景帝萧道生修安陵神道石兽图

图5-6 南朝齐烂石垅佚名墓神道石兽图

图5-7 南朝齐水经山佚名墓神道北石兽图

图5-8 南朝齐武帝萧赜景安陵神道石兽图

　　最后，石兽称谓的变化，与当时的社会环境、思想文化与宗教信仰有着密切的联系。从南北朝到隋唐时期，佛教在中国化后开始盛行。作为外来宗教，佛教"生死轮回"理论为中国传统的生命观涂上了更为鲜活的色彩，佛国极乐世界也为封建社会人们的精神世界提供了更为绚丽的美妙境界。因此，随着佛教的传入与盛行，佛教化的狮子造型逐渐开始代替原有的石兽造型。

① 万新华、庞鸥：《试论南朝陵墓雕刻艺术的风格嬗变——以石兽为中心》，收入南京博物院编著、徐湖平主编：《南朝陵墓雕刻艺术》，文物出版社、第311页。

Quanzhou's Masonry and Soil Wall Technology and its Characteristics

— Quanzhou Cultural Heritage Research II

泉州出砖入石砌墙工艺技术及其特征
——泉州城市文化遗产研究之二

玄峰*（Xuan Feng） 赵明先**（Zhao Mingxian） 曾瑜***（Zeng Yu）

摘要：本文通过对泉州出砖入石砌墙工艺的分析研究，深入探讨出砖入石的工艺技术特点及特征，进而形成独特的艺术审美。作为系列研究的一部分，本文试图对泉州城市文化遗产做一个方面的总结。

关键词：泉州，出砖入石，工艺，研究

* 上海交通大学建筑学系副教授。
** 潍坊市建筑设计研究院有限责任公司副总建筑师。
*** 无锡市自然资源和规划局建筑规划管理处。

① 《秀山县志》光绪版，方志出版社，2010，第73页。

Abstract: Based on the careful analysis about Quanzhou's masonry and soil wall, this paper tries to make a further study on the features and ecological advantages of its construction and relevant arts and crafts, then how these can form a specific esthetic value. As part of a series of researches, this dissertation wants to make one aspect of conclusion on Quanzhou cultural heritage.

Keywords: Quanzhou, masonvy and soil wall, crafts, research

泉州地处东南百越，文化肇始远自两汉，晋末随汉人南迁而发展，隋唐以重要进出口港口而兴盛，至宋元时期，经济、文化、贸易达到巅峰而成为"东方第一大港"。时至明清，因倭寇肆虐而致海禁政策时弛时废，泉州作为港口城市受到严禁监管而步入衰退。这一情形使得泉州一方面长期湮没在近代工业大发展潮流当中，另一方面却又使其躲过了近代工业大发展对传统城市肌理的破坏，传统建筑及其历史文化得

图1 泉州传统建筑掠影1（殷力欣摄）

图2 泉州传统建筑掠影2（殷力欣摄）

以相对清晰完整地保存下来。这未尝不是一件幸事。现在随着"海上丝绸之路"文化研究的兴起，"海上丝绸之路"的起始点，成为泉州城市文化的一个非常独特的标志。

作为一个港口城市，河海交汇的区位特点在泉州传统建筑构造上得到了鲜明的体现：这即是"出砖入石"墙体构造工艺。由此也形成了泉州特色鲜明

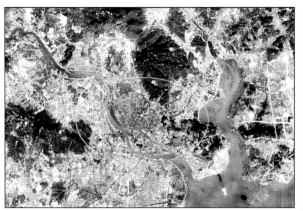

图3 泉州地理区位

图4 砖石土蚵壳墙断面

的建筑风貌。特别有意思的是，这种构造工艺甚至与泉州独特的地质活动有关。

一、砖石土墙

泉州位于福建省东南沿海地区，南临台湾海峡，依山面海，东边洛江、西南晋江夹束而流，泉州古城即位于两江交汇，东南面临太平洋的冲积平原内港处。地理区位属绝佳天然良港。

泉州地处低纬度地区，东临海洋，气候属亚热带海洋性季风气候，光照强烈，雨量充沛，气候条件优越，雨水资源丰富，地表湿热成为泉州古城的主要地理气候特点。

因泉州背靠火山石质山丘，石质极其坚硬；山丘植被不密，木材匮乏；立基两江淤积平原，地面并不辽阔，土壤以红壤为主，其次以水稻土用、砖红壤性红壤及淤泥海沙为主，缺乏优质黏土，难以大量烧造黏土砖，所以建筑材料相对匮乏。针对这一具体状况，泉州传统建筑墙体尽可能就地取材加以充分利用，进而形成了砖石土墙混搭的独特构造做法。

（一）墙面用材

1. 砖材

作为最主要的墙体用材，泉州墙砖具有独特性：尺寸较小，约200mm×100mm×50mm；颜色深红或青紫；表面油亮且毛孔缝隙较小。这与当地的土质特点密切相关：红壤富含铁元素，高温烧造时容易爆裂，故烧造尺寸不宜过大，否则容易碎裂。这反而成为泉州古建筑建材的独有特点。

2. 石材

因泉州周边山体地质构造为火山花岗岩，所以建筑选材充分利用了地方周边原有的山体岩石，用作建筑墙材的石材主要为花岗岩。花岗岩岩质色彩灰白，色彩表现力不强。由于石质十分坚硬，加工不易，用量除必要的门窗边框及极薄的基底岩防潮部位有所采用外，其余部位并不多。同样原因，石质加工亦比较粗糙，方整石料不多，多数石材除底座部位相对平整外，其他各个基面均凹凸不平保持，粗粝的毛面肌理效果。这同样成为泉州墙体的一大特点。

3. 三合土

顾名思义，三合土就是由黏土、细砂、石灰拌合而成的，具有一定强度的建筑材料。但比较特殊的是：三合土在绝大多数情况下用作基础垫层或是路面材料，但在泉州三合土却成为一种非常重要的墙面建材及黏结材料，用量在诸多建筑中甚至达到40%～50%甚至更多。这显然与泉州当地缺乏优质建筑材料有关。即便是三合土，泉州三合土仍与普遍的三合土有所不同：石灰含量较少；黏土采用红壤，黏结性不强；细砂配比不好并且

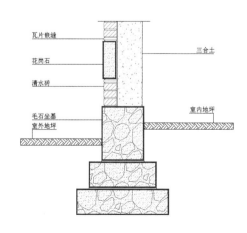

图5 墙体剖面

掺杂大量珊瑚碎屑、螺蛳壳、蚵壳等。这同样与当地缺乏各类基材有关。这些原因均造成墙面三合土多孔隙、强度不高，但却在保温、隔热、耐水等物理性能方面颇佳。

（二）构造做法

砖石土墙砌筑工艺采用混合砌筑法，内外双层墙并砌机制：即墙体内外双层皮采用不同材料垂直向并砌并置。墙体非常厚，多数达到40~50cm。

内皮墙：内皮墙除临近地面处采用薄薄一层花岗石坐基外（约15~30cm），之上全部采用三合土分层夯实直砌到顶。也有基石至墙裙高度采用墙砖顺条错砌的做法，之上仍为夯实三合土。

外皮墙：外皮墙在基底坐石以上一般采用墙砖顺条错砌直至檐下。如果是山墙面，则在山墙三角悬鱼部位留设小气窗。小气窗尺寸非常小，形同烟道，仅做通风之用。

双皮墙垂直向并砌，之间由石灰砂浆及三合土自然黏结。由于石灰质不佳——泉州周边不产石灰，内外两皮墙之间黏结力不大，经常发生内皮、外皮独自脱落现象。因为双皮墙结构独立而不影响结构性能，恰恰成为泉州砖石土墙独有的特点：砖掉墙不塌。这为形成后来独特的出砖入石砌墙工艺埋下了伏笔。

（三）生态特性

泉州属于亚热带海洋性季风气候，热工分区为夏热冬暖地区。年平均日照达1900~2000小时，年平均气温20.7℃，全年无霜日360天。全年平均风速3.8m/s，常年主导风向为东北，冬半年盛行偏北风，气温低，干燥少雨；夏半年盛行偏南风，气温高，湿润多雨。蟳埔村位于泉州南部的晋江入海口，全年基本无霜，年降雨量较大，大于6级风日为32天，受台风影响较大。综合来看，泉州气候具有湿热、暴晒、风大、雨多、日照充足的特征。

1. 维护

砖石土墙双皮墙结构的一大特点就是双层垂直支撑结构且相互独立——砖掉墙不塌。在室内外物理环境对墙体本身提出不同要求的状况下——譬如室内环境主要要求是吸湿、隔热、平整度、装饰性，而室外则主要是排水、降温、防风、质感坚硬度等——墙体对各自外表环境的物化反应自然有所不同。单一砌体结构对室内外的不同要求难以做到一步到位，或者说在当地缺乏优质建材的情况下难以满足多样化的要求。此时双皮墙机制即凸显出自身优点：可以内外分别处理。在同时满足结构性能的前提下，也可以分开独立维护：外墙碎砖或者内墙掉土可以随掉随砌、随掉随抹，非常方便长期维护。

图6 砖石土墙外皮

2. 保温

双皮墙相较于单层墙体厚度大大增加，普遍可以达到40cm，这当然利于室内保温。与此同时，双皮墙色彩的处理也对保温有极大好处：内墙三合土的红壤使内墙色彩深沉厚重，而外墙的花岗岩及油亮的青红砖砌块使外墙灰白鲜艳形成对光的反射效应。内墙"黑度"较大而外墙"白度"较大，色彩处理符合最佳的色彩保温效应。

3. 隔热

除去上面提到的效应，混合结构的另一大特点就是构造层次的多层化，大大增加了室内外热传导的热阻，并且热阻随由外至内（砖材—砂土黏结层—三合土内层）密实度的增加而大大增加。

4. 采光通风

泉州地理纬度较低，太阳入射角较大，无云遮挡和海水镜面反射，因此泉州的太阳照射指数极高。砖石土墙采用了深洞、小口、竖条、高窗的垂直遮阳体系。另外双皮墙固有的大厚度、竖向窄砖肋条或砖花，使得一天当中太阳光沿大部分方位角射入时都能被挡板遮住，只有正午前后有部分太阳光能够射入室内，垂直遮阳设计极大减弱了入射太阳光，在泉州当地天空漫反射极强情况下，室内天然采光照度仍然很好。

图7 窗洞实例

深窄的狭小窗洞同时解决了低气压强对流带、台风气候较多状况下的通风问题。较高的窗位设计、较小的窗地面积比形成足够大的湿热压和足够强的上吸力，从而把房间深处的湿气吸走。

总之，泉州砖石土墙工艺在缺乏优良的建筑建材条件下——比如缺乏优质黏土、石灰、砖材、木材等等——因地制宜、因势利导，充分挖掘利用地方适应性材料、发掘出适应性施工工艺，发展出一系列体系化的低技艺、高生态技术，通过被动式环境调控最大限度地改善建筑整体热性能。这些工艺无疑对于现代建筑的发展具有极高的启示意义。泉州砌墙工艺也成为中国乃至东南亚一带优秀的非物质文化遗产。

二、出砖入石

作为泉州市最具代表性的非物质文化遗产的"出砖入石"古建筑墙面施工工艺，与其说是一种精心设计的工艺技术，不如说是泉州特殊的地理地质、气候特点及人文历史综合作用的结果，其工艺本身是古泉州物质文化与自然文化的一个缩影，其中：砖石土墙是工艺形成的内因，是主因；地质活动、气候特点是工艺形成的外因，是次因。

（一）地质成因

泉州地处太平洋板块与欧亚板块交界部位，位于我国东南沿海地震活动最频繁的地震带——长乐—诏安地震活动带，是全国地震重点防御监视区之一。具有发生中强以上破坏性地震的地质构造背景，历史上曾多次发生中强以上破坏性地震，是国家规定必须按七度抗震设防的城市。

据史料记载，在上一个地震活跃期的1445—1609年中，泉州—汕头地震带多次发生破坏性地震。

"明正统十年十一月癸未（1445年），漳州地日夜连九震，鸟兽皆辟易飞走，山崩石坠，地裂水涌，公私屋宇摧压者多，凡百余日乃止。"（《明史》）

"万历三十二年（1606年）地震，楼铺雉堞多圮。副使姚尚德、知府姜志礼复缮治之。城旧有用砖处，至此尽易以石。"（《府志》卷十一《城池》）

"（万历）三十五年（1609年）正月，泉州地震。八月二十八日飓风坏府仪门、府学棂星门及东岳神殿、石坊、北门城楼自东北抵西南，雉堞窝铺倾圮殆尽。洛阳桥梁折。"（《府志》卷七十三《祥异》）

"（万历）三十五年（1609年）正月地震，门户动摇有声。八月二十八日飓风大作，府仪门、府学棂星门颓。东岳帝殿坏。北门城楼半圮，城自东北抵西南，雉堞窝铺倾圮殆尽。洛阳桥梁折。城中石坊驱倒六座。"（《府志》卷十五《杂志》）

通过史料记载我们可以看到在1445—1609年的地质活跃期，地质活动震级非常高，据估算大约在6.25～8.1级之间，对泉州一带建筑造成极其严重的破坏。

在《府志》卷十一《城池》一则史料当中有一句话特别值得注意："楼铺雉堞多圮。……城旧有用砖处，至此尽易以石。"这里的用砖处易之以石可以说是在地方史料当中直接点明了出砖入石的历史成因。1445—1609年的地质活跃期大抵在明早期至明晚期，可以说恰好就是出砖入石工艺的成形期。可以看出地震成为出砖入石工艺形成至关重要的原始推动力。

（二）气候成因

如前所述，对泉州古建筑影响最大的气象条件就是湿热的气候条件：阳光暴晒、冬季阴湿、夏季暴雨、台风不时光顾等等。再加上临海港口的海洋潮汐作用导致地表土壤盐碱化等，会导致建筑墙体下部潮湿、泛碱严重；上部相对干燥；而墙体外表则因日晒雨淋的干湿交替，氧化迅速。一段典型墙体色谱照片当中自下而上从青紫到大红再到橙黄的色阶变化即能够从色彩变化上鲜明而定性地反映出这些墙体湿度的嬗变。这些原因使得建筑下部墙体腐蚀极快，砖块会迅速酥松胀裂，进而粉碎剥落。

此时砖石土墙双皮墙结构双层垂直支撑结构且相互独立——砖掉墙不塌——的特点即能够保证外墙砖可以做到"随掉随补"而依然保持结构强度。在补砖的过程中，"用砖处易之以石"自然而然成为一种平易、实用、有效的补救措施。因花岗岩难以加工，大小不一，且难以保证平整度，在"嵌石"的过程中为了保持周边尚完整砖块错砌的规律性，围绕嵌石会楔入一些大小不等的砖块瓦片等。这样出砖入石墙体即天然地具有了"因才施用、自然而然"手工艺的独特美感。每一片墙体大小不一、活泼灵动、随意点缀而绝不雷同，每一片均是浸入工匠师傅个性与审美心血的艺术作品。

（三）艺术审美

出砖入石施工工艺作为一种基于实用的"无奈"之举，一经产生即以其独特的审美成为我国民居建筑艺术之林的一大瑰宝。形状各异、质地不同的石材、红砖和瓦砾的交错叠砌，色彩各异，大小不一，对比强烈，在泉州强风大雨、烈日蓝天的背景衬托下显得古朴自然，敦厚刚毅，典雅大气。

尽管纯手工打造的墙体的审美效果基于匠人师傅的个人意趣而不同，但出砖入石工艺的审美特点仍有章法可言。

1. 色彩

大块的花岗石色彩灰白平素；中等大小、规则标准的砖块色彩鲜艳油亮；基于窑烧温度的不同呈现出由青紫至深红乃至大红的色泽；小块的碎瓦片则大多呈橙红、橙黄色，色度饱和。因小块瓦片多作为包绕大块花岗石嵌实之用，大面则是深红顺条砖，色彩呈现为深红铺地；中间素白提花；素白大花由橙黄勾边，对比强烈，非常美丽。闽南居民们将之形象地命名为"金包银""鸡母生鸡仔""百子千孙"等具有吉祥意蕴的称呼，生动体现出闽南人质朴自然、乐观知命、坚忍不

图8 墙体表现一

拔、生生不息的特征。

2. 质感

花岗石粗粝毛糙，大块外凸；砖块平整规则，错缝平砌；瓦片细腻紧实，自由填嵌；之间红色三合土细实内凹勾缝，形成浅浅的阴影。质感对比明显，看上去上去和谐自然。

3. 形式

中等砖块大面积铺地形成大面；大块花岗石铺设其上，自由填嵌形成点；细小瓦片往往在大块花岗岩下托底找平，形成墙面长直细线；墙面画幅点、线、面基于石块的大小不同而自由点染，却又按砌筑规则规整铺设，形成一幅幅形散神同、变化多样而又不规则、有韵律的生动构图。

"出砖入石"施工工艺独特的手工艺美感来源于地理环境；受推动于地质活动；发展于气象水文；成熟于当地居民生生不息、乐天知命的人文传统与审美表达。现在"出砖入石"早已超越功能性的建筑工程做法或技艺，而成为闽南地区独具魅力的乡土文化符号。

"出砖入石"民居工艺不仅仅局限于泉州，而是广泛分布在以泉州为中心的闽南一带，包括厦门、漳州以及台湾地区。现今，"出砖入石"砌墙工艺已由实用性功能逐渐转变为装饰性建筑艺术，其具有标志性的乡土文化符号代表的不仅仅是一段历史记忆与地方风景，更作为具有世界意义的"海上丝绸之路"始发点泉州的场所精神与文化象征而闪耀于世界建筑之林。

图9 墙体表现二

图10 墙体表现三

参考文献

[1]（清）张廷玉等编纂：《明史》，中华书局，1974。

[2]（明）杨思谦 黄凤翔等编纂：《泉州府志》（明万历版）卷十一《城池》，泉州市地方志编纂委员会，1985。

[3]（明）杨思谦 黄凤翔等编纂：《泉州府志》（明万历版）卷七十三《祥异》，泉州市地方志编纂委员会，1985。

[4]（明）杨思谦 黄凤翔等编纂：《泉州府志》（明万历版）卷十五《杂志》，泉州市地方志编纂委员会，1985。

On the Orientation of Altars for the God of Earth and the Main Hall in the Rear Palace
— The Facing North of Buildings That Are Yin in Nature

关于地神之坛与后宫主殿朝向的研究
——阴性建筑北向考

邢 鹏*（Xing Peng）

摘要：该文说明了三方面内容：首先，中国传统文化中非宗教的"地神"是属于阴性的，其祭坛与存放神主牌位的殿宇均是"北向"的。受此影响，宗教中的"地神"也均是阴性的，而且被人格化为女性。其次，非宗教的"地神"与人类中的女性至尊"后"相对应，因而"后"也是阴性，皇后所居宫殿的"建筑朝向"为"北向"。再次，这样的观念起源于明代苏州地区的鸳鸯厅，并随迁都而影响到北京的皇宫建筑与城市布局。

关键词：建筑朝向，北向，地神，皇后，坤宁门，鸳鸯厅，社稷坛，地坛

Abstract: This article focuses on three points. First, the non-religious "God of Earth" in traditional Chinese culture is yin in nature, and the altars for the God of Earth and the halls where the spirit tablets all "face north", influenced by which, the "God of Earth" in religion is also yin in nature and personified as female. Second, the non-religious "God of Earth" corresponds to the highest-ranking woman of the human race, the "empress", and so the "empress" is yin in nature and her palace "faces north". Third, the above belief is originated during the Ming Dynasty, from the Yuanyang Hall in Suzhou, and as the imperial capital was moved to Beijing it influenced imperial architecture and city planning there.

Keywords: Orientation of building, facing north, God of Earth, empress, Kunning Gate, Yuanyang Hall, Altar of Land and Grain, Temple of the Earth

中国古代祭祀自然神的坛庙与帝后所居住的宫殿，貌似是没有关系的。但在古代天人合一的文化背景及阴阳学说的观念指导下，人们把自然万物都分为阴阳两类，这既包括天、地等自然界的现象及通过对其进行想象而产生的拟人化神灵，也包括人类自身。因此，在营造坛庙与宫殿时，它们的建筑理念是一致的、相通的。

图1北京方泽坛（地坛）模型（模型的方向为：近景在北、远景在南，邢鹏摄影）

一、地神的属性

在中国传统文化中，天在上属阳性，地在下属阴性。在天人合一的观念下，男人为天，属阳性，女人为地，属阴性。因此传统文化中的"地神"均属阴性，这在儒释道三家的学说中是一致的。

如传统礼制中要祭祀的"社"神，其名"地祇"即土地神，又称"后土"。古人认为"社为阴"[1]。各地都有主管一方的社神，各诸侯王在自

① 孟凡人：《明代宫廷建筑史》，紫禁城出版社，2010年9月，第163页。

南极长生大帝像　　　　　　　勾陈上官天皇大帝　　　　　万星教主中天紫紫微北极大帝像　　　　承天效法后土皇地祇像

图2 北京白云观清代"四御"像（邢鹏摄影）

己的封国内祭祀当地的社神。皇帝在首都祭祀主管全国土地的社神，即"皇地祇神"。北京安定门外的"方泽坛"始建于明嘉靖九年，其就是用于祭祀"皇地祇神"的场所。

又如道教中的"四御"是一组四位神祇，分别是"南极长生大帝""勾陈上官天皇大帝""万星教主中天紫微北极大帝"和"承天效法后土皇地祇"。北京白云观是全国著名道教宫观，是道教全真派的祖庭。在白云观的"四御殿"中就设置有清代塑造的"四御"神像。其中前三位是男性神灵，最后一位"后土皇地祇"是女性神灵，与另三尊像相对照，无胡须是其最明显且主要的特征。其在元代永乐宫壁画（殿宇东南角）上的形象就是一位戴凤冠的女性神祇。

又如在北京西直门外大慧寺大悲殿中有一组佛教护法神像，是明代正德年间塑造的"二十诸天"像（共20尊）与清代塑造的"天龙八部"像（8尊）之组合。其中属于"二十诸天"之一的"坚牢地神"像就是一位手持麦穗象征多产的

图3 山西芮城永乐宫壁画之"后土皇地祇"像（图片采自网络）

现状　　　　　　　　旧貌　　　　　　　旧貌特写

图4 北京大慧寺明代坚牢地神像③（图片采自网络）

图5 山西繁峙县公主寺明代壁画中"后土圣母（众）"像（图片采自网络）

女神①。而在佛教的水陆画中也有"后土圣母"，其亦为女性形象。如山西繁峙县公主寺的明代壁画（水陆画题材）中的"后土圣母（众）"像（图5）②。

二、祭祀地神之坛的朝向

需要指出的是，在中国古代建筑群中，许多重要的单体建筑物既有"建筑方向"又有"建筑朝向"。"建筑物方向是指建筑物上主要门窗的方向，一般是由所处的地理条件和气候条件决定的，是人们建筑与生活的习惯。而建筑朝向则是指人们根据精神因素的需要（如礼仪观念、宗教信仰等）而产生的制度规定，这些规定造成了单体建筑物或大型建筑群中的某一组小型建筑群的朝向与日常生活习惯不符的现象。"④

经笔者调研发现，在非宗教（佛教、道教）的传统文化中，与祭祀"土地神"相关的建筑物（坛）和建筑群均是"北向"的。以下举三例介绍。

（一）明清太社稷坛

明清太社稷坛位于北京皇城之内，紫禁城的西南方，也称社稷坛。始建于明永乐十八年（1420年），现为中山公园。

社稷是"社"和"稷"的合称，社是土地神，稷是五谷神。现北京紫禁城西南的太社稷坛原有"社主石"和木制的"稷主"各一，社东稷西，俱北向。这在现存的古建筑实物和文献记载的礼仪中都是明确的，如据《日下旧闻考》引《大清会典则例》："社稷坛在阙右，北向。坛制方，二成，高四尺，

① 拙作：《大慧寺彩塑造像定名研究——兼谈"标准器比较法"》，《中国国家博物馆馆刊》2014年02期，第52—53页。
② 常乐 主编《公主寺详解》，山西出版集团·三晋出版社2009年7月，第89页。
③ 此像的旧貌及旧貌特写照片均由德国人赫达·莫里逊摄影，采自：爱历史--老照片的故事（http://blog.sina.com.cn/zyajack）.《赫达·莫里逊镜头下的中国（30）》.[2008-10-15 14:39:18].http://blog.sina.com.cn/s/blog_5a06287d0100b732.html. 现状照片采自：王光镐主编，王智敏、闪淑华：《明代观音殿彩塑》，台北：艺术图书公司，1994年4月，第54—55页。
④ 拙作：《中国传统礼制性建筑上的门——门的方向与使用制度研究》，《北京文博》2014年第4期，第40页。
（清）于敏中等编纂《日下旧闻考》（全四册），北京古籍出版社，2001年2月：136页。括号中的"，"为笔者所加。
⑤ "社稷坛原本是'封闭式管理'，南、北、西均未设门，唯独东面辟三座门，依次为社稷街门、社左门、阙右门，供皇族及衙役出入。此三门皆在天安门里。自从辟作公园，即在临长安街的南墙（天安门西侧）开凿一大门，并有售票处。"洪烛：《北京：皇城往事》之《社稷坛与太庙》，中国地图出版社2015年1月版：52页。
⑥ "社稷坛原本是'封闭式管理'，南、北、西均未设门，唯独东面辟三座门，依次为社稷街门、社左门、阙右门，供皇族及衙役出入。此三门皆在天安门里。自从辟作公园，即在临长安街的南墙（天安门西侧）开凿一大门，并有售票处。"洪烛：《北京：皇城往事》之《社稷坛与太庙》，中国地图出版社2015年1月版：52页。

图6 太社稷坛（图片翻拍自北京中山公园导览牌，邢鹏摄影）

上成方五丈，二成方五丈三尺，四出陛，皆白石，各四级。上成筑五色土，中黄、东青、南赤、西白、北黑。土由涿、霸二州，房山、安东二县豫办解部，同太常寺验用……"⑤。可见文献记载该坛是坐南朝北的。现实中，社稷坛的坛台北侧台阶两侧分设一"鼎"（均有双钩汉文右书"大清乾隆年造"款识），其余三面俱无，足见北面的特殊性。

明清时期的皇帝在祭祀"太社稷"⑥时的路线是：出紫禁城午门向南，折向西，由阙右门向西，沿筒子河南岸经社稷坛东北门（分外东、

内西两层门）至社稷坛内垣北门（现"格言亭"之南）折向南，沿"内垣北门—戟门—拜殿—坛垣北门—社稷坛"一线自北向南方向前进至五色土坛台，面向南方举行仪式①。

这一制度沿袭自元代，因有文献明确说明元代时社稷神的"神座"为北向。如"至元七年十二月，有诏岁祀太社太稷……于和义门内少南，得地四十亩，为垣遗，近南为二坛，坛高五丈，方广如之。社东稷西，相去约五丈……坛皆北向，……一曰迎香……（众官员）至社稷坛北神门外皆下马，分左右入自北门，序立如仪。三曰陈设……前祭一日，司天监、太社令帅其属升，设太社、太稷神座各于坛上，近南，北向……告日明质，三献官以下诸执事各服其服，礼直官引监祭、监礼以下诸执事官入自北埠下，南向立定……礼直官引初献官诣盟洗位，盟手讫，诣社坛正位神座前南向，搢笏跪，三上香，奠玉币，执笏俯伏兴"②。根据这些礼仪规范可知"太社""太稷"二神的朝向是北向的。

坛顶五色土与社主石　　　　社主石

图7 社稷坛坛台南立面（邢鹏摄影）

图8 北京中山公园社稷坛坛台北立面（自北向南拍摄，邢鹏摄影）

图9 铜鼎款识特写（邢鹏摄影）

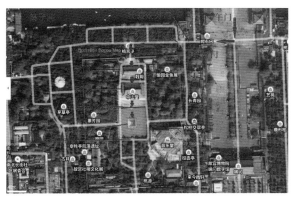

图10 明清时期皇帝前往太社稷坛的路线示意图（底图采自网络，邢鹏标注）

图11 阙右门（西立面）（邢鹏摄影）

① 皇帝来社稷坛祭祀时，从阙右门进社稷坛东北门至坛的门外，下辇坐轿入右门，顺戟门往东至拜殿东阶下轿，在乐舞声中到坛上行祀。坛上设有神牌，太社位于右，太稷位于左，均朝北。孙景峰、李金玉等：《正说明朝三百年》，北京：中国国际广播出版社2005年6月版，111页："明代的城市、宫苑和陵寝"之"'左祖右社'：太庙和社稷坛"。

② （明）宋濂：《元史·卷七十六·志第二十七·祭祀五》"太社太稷"条，北京：中华书局1976年4月版，1879–1892页。

图12 社稷坛东北门之外门（在东、三座门样式、西立面，邢鹏摄影）

图13 社稷坛东北门之内门（在西、三座门样式、东立面，邢鹏摄影）

北立面

南立面

图14 社稷坛内垣北门（邢鹏摄影）

北立面（正面，入口）

南立面（背面，出口）

图15 社稷坛的戟门（邢鹏摄影）

图16 社稷坛的拜殿南立面（现：中山堂入口）（邢鹏摄影）

图17 社稷坛内垣南门南立面（邢鹏摄影）

① （清）张廷玉：《明史·卷四十七·志第二十三·礼一》"神位祭器玉帛牲牢祝册之数"条，北京：中华书局1974年4月版，1230页。

② （清）张廷玉：《明史·卷四十七·志第二十三》"神位祭器玉帛牲牢祝册之数"条，北京：中华书局1974年4月版，1230页。

③ （明）宋濂：《元史·卷七十二·志第二十三·祭祀一》，北京：中华书局，1976年4月版，1794页。

④《明实录》卷二百二十五"嘉靖十八年六月"部分。

⑤ （清）张廷玉：《明史·卷四十八·志第二十四·礼二》"郊祀之制"条，北京：中华书局1974年4月版，1246页。亦见"明初，建圜丘于正阳门外，钟山之阳，方丘于太平门外，钟山之阴。"（清）张廷玉《明史·卷四十七·志第二十三·礼一》"坛壝之制（二）"条，北京：中华书局1974年4月版，1226页。

⑥ 赵尔巽：《清史稿·卷八十二·志第五十七》"坛壝之制"条，北京：中华书局1977年12月版，2486—2489页。

⑦ （清）于敏中等编纂：《日下旧闻考》（全四册），北京古籍出版社，2001年2月：1780页。

因此，明清太社稷坛的北侧现有殿宇两重：北侧者原是社稷坛大宫门（戟门），是社稷坛的正门。1916年戟门砌墙，改为戟殿。此建筑原为北向，后改为南向，沿用至今。南侧者原是社稷坛拜殿，用于祭祀日遇风雨时的行礼场所。该殿于1928年被改作"中山堂"，其朝向改为南向，一直沿用至今。

而与内垣北门主体建筑物"启门三"的形制相比，内垣南门的主体建筑物为"启门一"，建筑物的等级明显要低。而且其两侧的"角门"门洞内的墙壁上并没有安置栓门横木的石构件，故可知其并非原建的实用性建筑，推知应为社稷坛改作公园之后所开辟的。门前的一对石狮则是1918年河北大名镇镇守使王怀庆和统领李阶平发现并捐献给公园的，并非社稷坛原物。

通过考察"太社稷坛"可知其在明永乐年间始建时就是按"北向"设计营建的。

（二）方泽坛

明初曾分祀天地，洪武年间又改合祀，至嘉靖年间再改为分祀。至此北京才始建方泽坛，后改名地坛。方泽坛俗称祭坛、拜台、地坛。位于北京旧城城外的北部偏东，与天坛的圜丘坛相对应。因坛四周有一条按《周礼》中"夏至日祭地于泽中方丘"之说修建的方形泽渠而得名。

从文献方面考察：明初的文献对"方丘"或"方泽"朝向的记载是"南向"的，如"方丘。洪武二年夏至，正坛第一成，皇地祇，南向。"①"（洪武）十二年正月，合祀大祀殿。正殿三坛，上帝、皇地祇并南向"②等。这种现象应该与元代的合祀天地制度有关，如元代时"神位：昊天上帝位天坛之中，少北，皇地祇位次东，少却，皆南向"③。但到了嘉靖十八年六月"命工部于方泽坛北造祭拜二殿"④，说明嘉靖年间营建的方泽坛的朝向即为北向。而究其原因，在《明史》中有记载："太祖如其议行之。建圜丘于钟山之阳，方丘于钟山之阴"⑤，这说明在明代时人们的观念中一直是有"天神属阳性，地神属阴性"观念的。而这种观念直到嘉靖年间营建方泽坛之后才明确体现在建筑上，而这一观念也恰应是"地神北向"现象产生的最重要的原因。清代时"世祖奠鼎燕京，建圜丘正阳门外南郊，方泽安定门外北郊，规制始拓……方泽北向……祭日中贮水。二成，上成方六丈，二成方十丈六尺，合六八阴数"⑥。可见清人继承了明代人"地神属阴性"的观念。在清代当时编撰的文献中也有明确记载方泽坛是北向的，如《日下旧闻考》引《大清会典》："方泽坛在安定门外北郊，形方象地，方折四十九丈四尺四寸，深八尺六寸，阔六尺。泽中贮水。方丘北向，二成……"⑦因此，根据文献可知方泽坛是北向的。

现存的方泽坛位于该坛庙建筑群的南北中轴线上，也是今地坛公园的主建筑。中心坛台分上下两层，周有泽渠。坛外有红墙身、黄琉璃瓦通脊顶矮墙两重，矮墙四面各有棂星门，东、南、西各是一门二柱，唯有北门是三门六柱。可见方泽坛确是北向的。

古代皇帝在祭祀"皇地祇神"时的路线是：出北京城北城墙东侧的安定门，一直向北至今地坛公园西门处，折向东，经"牌楼"（明代称"泰折街"牌楼，清代改称"广厚街"牌楼）、外垣西门至外坛垣北门北侧，再折向南，经"外坛垣北门—内坛垣北门—方泽坛"一线自北向南方向前进，并面向南方举行仪式。坛之南建有"北向"的"皇祇室"，用于平时存放"皇地祇神"的牌位。

又因方泽坛为明嘉靖年间修建，嘉靖帝崇信道教，故作为自然神的"皇地祇神"和前述道教"四御"之一的"承天效法后土皇地祇"有许多相似之处。

通过考察"方泽坛"可知其在明嘉靖年间始建时是按"北向"设计营建的，与明永乐时期营建社稷坛时"属于阴性之神北向"的思想一脉相承。

（三）北京先农坛的地祇坛

北京先农坛[1]是明清两代皇家祭祀先农诸神、行藉田礼的场所。先农坛有一组坛台建筑群——神祇坛（现已无存），包括坛台两座：天神坛、地祇坛。其位于内坛墙之外的南侧，外坛墙之内。天神坛在东，地祇坛在西。两坛的坛垣均设三门，天神坛南向，而地祇坛北向的。

这可以与文献相互印证。如《日下旧闻考》引《大清会典》："神祇坛在先农坛内垣外之东南。正南三门，缭以重垣。东为天神坛，制方，南向，一成，方五丈……西为地祇坛，制方，北向，一成，广十丈，纵六丈，高四尺，四出陛，各六级"[2]。

（四）小结

考察建于明代且均与"土地"相关的太社稷坛、方泽坛与先农坛中地祇坛之坛台的朝向，可知其均为北向。说明这些与"土地"相关的神灵均为阴性，均北向。即这些神灵的神主牌位是坐南向北摆放的。简言之，地神北向。

另外，在祭坛之层级数目上，位于先农坛内的地祇坛等级较低，故只有一层坛台；但社稷坛、方泽坛都为二层坛台[3]，这在前引的文献中都有记载——即所谓"二成"者，为偶数，为阴性。这也说明"地神"确属阴性。

① 《北京先农坛史料选编》编纂组编：《北京先农坛史料选编》，学苑出版社，2007年5月：309页《先农坛、天神坛、地祇坛、太岁殿总图》。
② （清）于敏中等编纂：《日下旧闻考》（全四册），北京古籍出版社，2001年2月：892–893页。括号中的"、"为笔者句读所加。
③ 目前所见的社稷坛为三层坛台，这应该是后改建的："明清史料均记载社稷坛高二重，现状高三重形成很晚。"孟凡人：《明代宫廷建筑史》，紫禁城出版社，2010年9月：164页。

图18 明清时期皇帝前往方泽坛的路线示意图（底图采自网络，邢鹏标注）

图19 "广厚街"牌楼西立面（邢鹏摄影）

图20 外垣西门西立面（邢鹏摄影）　图21 方泽坛外坛墙正门（北门）北立面（邢鹏摄影）

图22 方泽坛内坛墙正门（北门）北立面（邢鹏摄影）

图23 皇祇室院门北立面（北向）（邢鹏摄影）

图24 皇祇室北立面（北向）（邢鹏摄影）

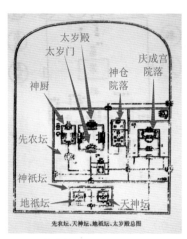

图25 北京先农坛平面图（邢鹏标注）

图26 北京先农坛古建筑复原鸟瞰图
（底图翻拍自北京古建筑博物馆，邢
鹏拼接并标注）

图27 北京先农坛之神祇坛示意图（底
图翻拍自北京古代建筑博物馆，邢
鹏标注）

三、苏州园林中的鸳鸯厅

在苏州园林中有一种主要建筑物被称为"鸳鸯厅"。鸳鸯本是水鸟名，因为它们雌雄偶居不分离，所以中国民俗中常以"鸳鸯"之称喻配对的事物。鸳鸯厅的特点有二：第一，从外边看只有一个屋顶，是一间房，但里面却是两个屋面、两个厅；第二，两厅的功能不一样，有男厅、女厅之分和冬厅、夏厅之别。

《苏州园林》一书解释鸳鸯厅："进深较大，平面略作方形。厅内以屏风、纱隔、罩将厅分为前后两部分，梁架一面用扁作，一面用圆料，形似两进厅堂合并而成。装修、陈设各不相同，故有鸳鸯之称。可随季节变化而选择位置，面南者冬有和煦阳光，宜冬春待客；朝北者凉气阵阵，宜夏秋起坐。如留园'林泉耆硕之馆'和狮子林'燕誉堂'。"[1]

（一）鸳鸯厅的装修与陈设所表现出的寓意

燕誉堂是狮子林的"鸳鸯厅"。其内南厅为前厅，名为"燕誉堂"；北厅为后厅，名为"绿玉青瑶之馆"（图27）。南厅是男主人会客的地方，使用方桌、太师椅和条案等风格庄重、线条较硬朗的家具。北厅是起居及女主人会见女性客人的地方，室内装修精致，家具使用榻等风格轻松活泼、线条圆润流畅并富于变化的家具。南北二厅的室内装修和家具陈设不仅与其用途有密切的关系，而且与使用者的性别有密切关系。这从两厅都设置的花几体量就可看出：南厅的略高，北厅的较矮。两厅中主要座位的设置均背靠厅内中央的"太师壁"。座椅的设置说明了营造者和使用者的观念：男主外，为阳，南向；女主内，为阴，北向。

（二）明代所建的苏州园林中均设置"鸳鸯厅"

苏州私家园林中最著名者有四：沧浪亭、狮子林、拙政园和留园。沧浪亭始建于北宋，是苏舜钦的私人花园。其余三所修建于明代者皆有"鸳鸯厅"。"狮子林"由元末明初的著名诗人、画家倪瓒（号云林）于明洪武六年（1373年）途经苏州时参与规划设计，并题诗，还绘有《狮子林图》。该园的鸳鸯厅为全园主厅，南厅名"燕誉堂"，北厅称"绿玉青瑶之馆"。拙政园始建于明正德初年（16世纪初），其鸳鸯厅的两厅分别称"十八曼陀罗花馆"和"卅六鸳鸯馆"。留园始建于明代万历二十一年（1593年），其鸳鸯厅称"林泉耆硕之馆"。

在苏州其他的明清私家园林中也多有鸳鸯厅，如建于清顺治年间的耦园（原名涉园），其鸳鸯厅位于西花园，称"织帘老屋"。又如建于清代晚期（1874—1882年）的怡园，其鸳鸯厅北厅称藕香榭（又名荷花厅），南厅称锄月轩（又名梅花厅）。

在姑苏地区范围内除今苏州市外的其他地区也有"鸳鸯厅"建筑。如位于江苏省苏州市吴江区同里镇上元街陆家埭（西柳圩）的耕乐堂，其为明代处士朱祥所建。园内荷池南面有鸳鸯厅，面阔三间。又如位于上海市嘉定区南翔镇檀园，其鸳鸯厅称"宝尊堂"，是园中的主厅，旧时是园主接待贵宾之处。面阔五间，分南北两厅。

① 此图片购买自"汇图网"，上传者：孔宝宝，"标题：《园林》古代厅堂 苏州留园 鸳鸯厅，编号：20170430184112224010"。网址：http://www.huitu.com/photo/show/20170430/184112224010.html。
② 苏州园林管理局：《苏州园林》，同济大学出版社，1991年，第20页。

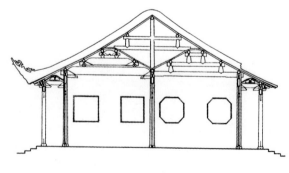

图28 建筑剖面示意图（图片采自网络）

图29 留园鸳鸯厅（林泉耆硕之馆）内景照片[2]

（三）小结

鸳鸯厅是苏州地区私家园林中自明初直至清末都十分常见的重要建筑要素。这种建筑文化理念流行于明代的姑苏地区。其不仅是"男女有别""男主外、女主内"等观念的反映，更是传统文化中"阴阳"观念的反映：即"鸳鸯厅"中有一半的空间属于家庭的女主人，其朝向与男主人相反。

四、皇宫内后宫主殿的朝向

"后"是"帝"的女性配偶中的正妻，是"后宫"的女主人，属阴性。"后"字在繁体字中仅表示阴性、女性，在简化字中其才被赋予了表示相对方位的"後"字之意。

在古代"天人合一"理念中，天为阳，地为阴。与之对应的人中皇帝象征天，属阳性，皇后象征地，属阴性。因此"皇后"的内涵与前述"后土皇地祇"在性质上是一致的，同为阴性。

"后"居住的宫殿（后宫，非"後宫"）最能够反映古人在营造时的思想。以北京明清紫禁城为例，目前所见在紫禁城范围内的中轴线上，唯一一带有围墙的建筑群是从乾清门至坤宁门的一组建筑。其院落内的核心建筑物自南向北是"乾清宫—交泰殿—坤宁宫"。乾表示天，代表皇帝，属阳性。故，乾清宫在明代和清初被作为皇帝的寝宫。坤表示地，代表皇后，属阴性。故，坤宁宫在明代是被作为皇后寝宫的。交泰殿位于乾清宫和坤宁宫之间，殿名取自《易经》，寓意"乾坤交泰"。

乾清门南向，不必多言。重点在于坤宁门的朝向。现坤宁门为坤宁宫北侧台阶下正中北向之门，北通御花园。明初设坤宁门于御花园钦安殿北，即现顺贞门。明嘉靖十四年(1535年)，坤宁宫后北围廊正中广运门改建，同时将其改称坤宁门并一直延续至清朝。可见无论是原坤宁门（现顺贞门）还是现坤宁门，其都是北向的。

根据中国古代建筑中对"门"的使用及对建筑朝向和建筑方向的理解，结合前述属于"阴性"的"地神北向"结论，以及古人"天人合一""天人感应"与"效法自然"的基本行为观念，笔者认为：至晚从嘉靖年间以来，坤宁宫的建筑朝向与坤宁门是一致的，均应为"北向"；只是为了实际采光、御寒等功能的需要，殿宇的建筑方向为南向。由于前述"地神北向"的观念在明永乐年间至嘉靖年间是一脉相承的，故推断这种理念在明永乐年间营建北京紫禁城及作为京师的北京城时就可能已经被应用于实践中了。其可能与明初定都南京有关：明初南京的皇宫建筑或许就已吸收了以苏州为代表的江苏当地用建筑表现"阴阳"的理念和形式，其又为北京的皇宫所继承和沿用。因此坤宁宫的建筑朝向在明永乐时期可能就是北向的。

五、总结

综上，本文论证了传统文化中非宗教的"地神"是属于阴性的，其神坛是"北向"的。受此影响，宗教中的"地神"也均是阴性的，而且被人格化为女性。非宗教的"地神"与人类中的女性至尊"后"相对应，因而"后"也是阴性的。由于非宗教的"地神"之神坛均是北向的，故而推论作为皇后寝宫的坤宁宫建筑朝向为"北向"。

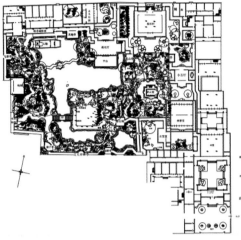

图30 苏州狮子林景观平面示意图（红框者为鸳鸯厅，图片采自网络）

图31 狮子林鸳鸯厅，北厅绿玉青瑶之馆（左）南厅燕誉堂（右）（自西向东拍摄，邢鹏摄影）

北立面（外）　　　　　　南立面（内）
图33 北京故宫坤宁门（邢鹏摄影）

图34 北京故宫顺贞门之北立面（邢鹏摄影）

An Introduction to the Design of the Capital Indoor Stadium

首都体育馆设计介绍

周治良*遗作（Zhou Zhiliang Posthumous Work）

引言

从历史上讲，有体育就有体育场所。辽、金、元、清的皇族都是北方的少数民族，他们比汉人好动，有更多的体育运动。入主中原后，宫廷和民间体育便流传入京，有记载的至少有五大类38个大项，近200个子项，于是便有了些不是严格意义上的体育场（馆）。但开体育场所风气之先的当属大学，如1905年5月28日在京师大学堂操场举办了第一届校园运动会的场所，1919年建成的清华大学体育馆（前馆）由墨菲设计，后馆于1932年建成，它们无疑成为造就体育英才的摇篮。20世纪初北京最早的室内体育馆属1914年北京基督教青年会体育馆，"先农坛公共体育场"1938年4月正式对外开放。

如果说，体育建筑与建筑师休戚相关，那么与新中国同龄的北京市建筑设计研究院为北京城的体育建筑所做的贡献更是不容小觑，堪称城市体育建筑的奠基者。1952年末，时任国家体委主任贺龙元帅表示，国家体委不仅需要一个办公楼，更需要建一个体育馆，将中国最优秀的运动员集中于此。但当时的北京除20世纪30年代末建设的先农坛体育场之外，没有像样的体育场，也没有一个带看台的篮球馆，更没有可用于比赛，无惧风雨的体育馆。于是1954年新中国培养最优秀运动员的大本营北京体育馆建成，伴随着1959年作为"国庆十大工程"之一的北京工人体育场的诞生，仅仅两年后的1961年，迎接第26届世乒赛的北京工人体育馆与人们见面。这两个毗邻的姐妹场馆境遇不同，1959年正值高喊"十五年超英赶美"口号的年代，而1961年正值饥肠辘辘的三年困难时期。由于建筑师出类拔萃的设计，北京工人体育馆是最早出现在新中国邮票上的体育馆，其赞誉声不断。

1968年建成的首都体育馆除有一系列"创新"外，还有"新中国冰雪运动的摇篮"等美誉，它动工于1966年6月1日，真可谓生于乱时，承担着重任。首都体育馆是当年作为第二届新兴力量运动会的替补场馆建设的，1968年9月建成。从社会意义上讲，它是个不平凡的项目：1963年11月10日第一届新兴力量运动会在印尼雅加达召开，它信奉"奥林匹克理想"和"万隆会议"精神。组委会确定1967年在北京举办第二届新兴力量运动会，按周总理要求，首都体育馆为此而建，但由于历史原因，此次运动会未举办。但首都体育馆本身却创下许多第一：首次采用百米大跨空间网架；场地首次设活动木地板、活动看台，地板下有30m×61m的冰球场，是国内第一个室内冰球场；首次采用拼装体操台等。正是由于首都体育馆在建筑科技方面取得的多项成绩，获得1978年全国科学大会奖。

要承认在那个年代，首都体育馆已属国际水准的场馆，其可容纳18000人的看台及东西长122m、南北宽107m、高28m的宏伟宽阔建筑外形，其周边环境令人羡慕。它东望动物园，西临紫竹院，颐和园的长河水从体育馆旁蜿蜒流淌，整个建筑当年总投入是1500万元人民币。1968年建成后它在群众集会上也发挥了许多作用，如1969年毛主席在此接见全国解放军代表等。随着国内整顿体育竞技运动，首都体育馆的功能才得到发挥。首都体育馆确因"乒

* 北京市建筑设计研究院原副院长（已故）。

图1 安装中的室内冰球场制冷设备

乒外交"令世界关注，1971年4月13日在首都体育馆上演中美乒乓球队的大战，这场比赛是为1972年尼克松访华做民间交流铺垫。1972年美国总统尼克松访华来到首都体育馆看两国乒乓球赛，这自然提升了首都体育馆的国际知名度，场上以中美5∶4的总比分收盘，双方运动员在首都体育馆见证了中美建交的历史。1973年8月首都体育馆举办亚非拉乒乓球邀请赛，共有86个国家的1100多位运动员参加，周恩来总理等党和国家领导人参加开幕式。此后，首都体育馆不时进行手球、乒乓球、体操、篮球等体育比赛，一票难求的景象时常发生。尤其首都体育馆有了人造冰场，可进行冰球比赛，更是令人惊喜的一件稀罕事。夏天里的冰上运动成为首都体育馆一景，令人难忘。

改革开放后的首都体育馆，多次承办文艺演出、体育比赛、群众集会等大型活动，美国职业篮球队首次来华与"八一"队的比赛、美国波士顿交响乐团与中国中央乐团的联合演出、1980年新星音乐会的举行、1987年世界羽毛球锦标赛、1990年北京亚运会、2008年北京奥运会……许许多多可以写进历史的人物、事件，诞生在首都体育馆。走过50多年的风雨历程，经历50多年的社会发展，首都体育馆成为历史的见证者和记录者。

北京市建筑设计研究院原副院长周治良先生（1925—2016），曾为首都体育馆项目建筑设计负责人，以下为周治良老院长领衔做的首都体育馆设计回望。

（金磊）

一、设计之初

首都体育馆自1966年3月开始设计，同年5月动工，1968年3月竣工。

首都体育馆曾被命名为溜冰馆、综合体育馆、人民体育馆，最后定名为首都体育馆。

在设计之初，我们收集分析了国内外几十个大型体育馆的资料，调查参考了国内几个有代表性的体育馆。虚心向广大工人、运动员、教练员、管理人员学习，先后做了28个方案，经过充分讨论比较，最后综合成现在的方案。我们曾先后做了几十个不同项目的实验，如在屋盖设计上，我们做了网架1/50模拟实验；在比赛场地设计上，我们做了活动地板的构造以及冰场地面结构等试验，终于在较短的时间内解决了工程上一系列关键性的技术问题。

二、设计中考虑问题的几项原则

根据"适用、经济、在可能条件下注意美观"和"发展体育运动，增强人民体质"的指导方针，我们拟定了几项原则作为设计中考虑问题的根据：

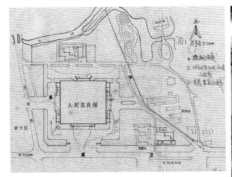

图2 总平面图

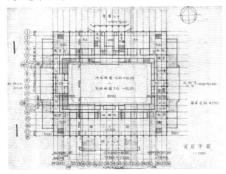

图3 首层平面图

图4 室内冰场

图5 东大厅

图6 室内练习场

图7 室外步行梯

（1）为体育比赛（以水球、乒乓球、体操为主）创造良好的条件，为国内外运动员和群众提供一个发展友谊、交流经验的良好环境；

（2）注意比赛与训练使用相结合，体育活动与多种用途相结合，当前要求和远期发展相结合，便利施工与便利维修相结合；

（3）为提高观众的视觉和听觉质量创造条件，并致力于把体育馆建成为一个推动群众体育运动的良好基地；

（4）精打细算，最大限度地发挥投资效果。

三、规划建筑用地

首都体育馆用地选在北京动物园的西侧，面积为7公顷，我们对本馆选址用地考虑如下：

（1）北京体育建筑的分布：南城有北京体育馆，东郊有工人体育馆，本馆位于城区西北角，布点合理；

（2）用地在城区边缘，交通方便，利于组织人流；

（3）东临动物园，西望紫竹院，北倚长河，绿茵环保，空间开阔，环境优美；

（4）基地原为洼地、水塘，选作建房用地，既不拆民房，又不占农田，经济合理。

四、主体建筑的平面布局

首都体育馆主体建筑体型，为更有效地利用看台下空间，最后确定为矩形平面，建筑物东西长122m，南北宽107m，高28.5m，建筑面积40000m²。比赛大厅可容纳观众18000人。比赛场地最大尺寸为40m×88m，在比赛场地活动地板下附设有30m×61m的冰球场地。

根据国际比赛的需要，比赛场地四周，设有各国运动员赛前练习场地和大量休息更衣用房，大会组织办公用房以及新闻、广播等内场用房。为解决内场与外场相互干扰的问题，在主体建筑分层分工布置上，我们将观众休息厅布置在二层以上，观众从室外大台阶直达二层，经由休息厅进入比赛大厅观众席。地面层则布置比赛场地以及大量内场用房，因此运动员及内场工作人员入口布置在主体建筑首层东西两侧，这样内外有别，分隔明确。

比赛大厅平面内净99m×112m，吊顶高度为20.3～20.8m，屋盖结构为平板网架，比赛大厅设有空调系统，并装有扩声转播、电视、传真、录音等设备，在大厅南侧还设有采访记者专用房间。

为能充分利用建筑空间，采用了东西两侧与南北两侧错层的布置形式，南北两侧采用6m层高，东西两侧为4m层高，南北两侧自二层起布置了三层观众休息厅廊，东西两侧除二层部分为观众休息廊外，其他各层空间均留作运动员宿舍、灯光控制、计时记分，以及广播等内部用房。

五、比赛大厅

（一）比赛场地的平面设计

比赛场地是体育馆的核心部位，首都体育馆比赛场地的平面尺寸，主要是根据冰球、体操以及乒乓球比赛决定的。冰球场地尺寸为30m×61m，场地四周要设有运动员和工作人员的席位并留出交通过道，为此比赛场地尺寸为40m×71m，即可满足要求。在此面积内仅可安排18个乒乓球台同时进行比赛（每个乒乓球台场地要求尺寸为13.5m×7m，双排18台布置比赛场地大小为27m×63m）；但如按体委要求，安排20个乒乓球台同时比赛，且考虑到乒乓球场尺寸今后发生变化的可能性，比赛场地能扩大到31m×80m，使场地宽度可以在31~40m之间，长度可在71~80m之间，按需要调整，以争取多安排观众座位。在此尺度范围内亦可以满足多种规模体操比赛的要求。另外在场地两端还设计了部分装配式看台，拆卸后场地最大尺寸可扩大到40m×88m，为远期发展留有余地。至于其他球类比赛以及群众集会，则可根据需要在场地上酌加座位。

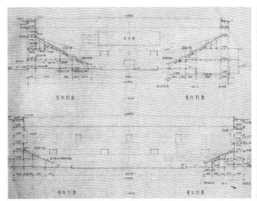
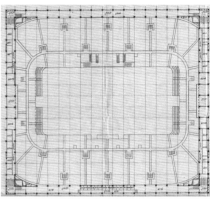

图8 剖面图　　　　图9 四层、五层平面图

（二）冰球场地的设计

（1）冰球场制冷系统采用低温氨液通过场地排管直接蒸发制冷系统，氨压机选用8AS40/17型氨压机三台，总产冷量为132kcal/h。直接制冷系统不借助间接冷媒，因此设备投资及经营费用较低。直接制冷设备管送的冷损耗少，而且其蒸发温度比间接制冷系统高，因此压缩机的单位容积产冷量亦相应较高；采用直接制冷系统的另一优点是冰面温度均匀，容易保持冰面质量。此外氨对铜材腐蚀性较小，可延长设备寿命。

场地蒸发排管沿冰场61m长向排列，蒸发排管为Φ38、Φ32的无缝钢管，管距89mm，供液及回气干管和调节阀门集中布置在冰场两端，地下调节站内的冷冻管沟与压缩机房联通，调节站设有专用的事故排风系统。

（2）冰场地面采用架空滑动层的做法分层构造。

冰场设计中几个问题的考虑。

①场地回填。由于地处水塘，塘底到设计地面高差5~6m，为确保回填土不会沉陷，下层回填我们采用了水中抛沙的施工方法（即水夯法），待砂石回填高出水面后，即改为黏土回填，涂料塑性指数控制在8以上，碾压密实度要求＞98%。

②冰场地面耐冻混凝土的设计。其一，提高地面混凝土标号，我们采用了300#耐冻混凝土；其二，降低水灰比。由于砼中超过混凝土水化作用的用水量，将在硬化水泥中形成空隙，因此降低用水量可减少混凝土中的孔隙，而且降低水灰比可增加混凝土强度，减少混凝土收缩，为此我们控制混凝土水灰比不大于0.4；其三，混凝土中加气。技术处试验，混凝土中含气量按体积比超过2%~3%则混凝土耐冻性能会大大提高，但如超过6%，则会有下降趋势而且影响混凝土强度。因此我们在浇筑冰场混凝土时采用加气剂时，控制混凝土含气量在3%~5%左右，以提高混凝土抗冻性能。

（3）冰场地面面层处理。面层我们采用了钢丝网耐冻水泥砂浆面层，在面层捣制过程中一般采用钢抹压光，比较密实，破坏了砂浆内毛细管。在冻冰过程中容易形成水分集结在硬壳下面造成冻融机械破坏，即表皮剥落，为此我们采用磨石机将抹面表层硬壳打磨掉的办法，以提高其耐冻性能。但面层与地面混凝土不是整体一次性浇筑的，因此不够理想。

（4）比赛场地的照明。比赛场地选用1000W的碘钨灯，这种灯比惯用的普通白炽灯寿命长，效率高，光色好。灯罩为耐高温工业搪瓷灯罩，其造型经过实验比较，确定为开口尺寸500mm×500mm，加15mm波形滤光格片，抛物线反光罩曲面方程为$x^2=\pm150y^2$。在场上空20m高的顶棚上按3.3m方格网均匀布置264盏碘钨灯，另加侧光灯24盏，全负荷下实测平均照度为700Lux，场中心达1000Lux，可满足各种运动和拍摄电视电影的需要。

考虑到碘钨灯在起燃时的冲击电流较大，以及观众对照明的适应，选用继电器进行扫描开灯的控制方案，按各种活动的需要设计不同的照明方案。

（5）计时记分牌布置在比赛场两端大厅的墙面上，其内容包括比赛队名、计分、计时钟、冰球犯规罚时、场次等，可供冰球、篮球、排球、羽毛球等比赛时使用。多台乒乓球赛和体操比赛时另有活动式计时记分牌。

（6）观众席的布置。为了尽可能提高视觉质量，并为大跨度屋盖结构提供有利条件，在比赛场两侧观众席各布置了37排，两端各为18排，加上前面5排活动看台，总共有18000座（除主席台座位外）。

（7）观众席的疏散。按每股人流宽度为0.55m，每分钟每股人流可通过人数为40人，考虑四分半钟全部观众离开比赛厅，则总疏散口宽度应为55m。为此在平面布置上，我们在观众席下部设置了3.3m宽的出入口12个，观众席上部设置了1.1m宽的出入口6个，另有四个2.2m宽的疏散楼梯，全部实际疏散口总宽度为55m，满足了疏散要求。

当进行文艺演出或群众集会时，场内加座椅可达4000人，供需疏散出入口宽度为12.1m。为此，比赛场两端又各设有6m宽的出入口一个，共12m，能满足场地观众疏散的要求。

（8）观众厅视线设计。设计视点定在冰球场争球圈中心点，距冰球界场3.4m，此点与冰球界墙上端连成一直线，延长与通过的垂直线焦点即为第一排观众眼睛位置，此点至设计视点的高差$h_1=320cm$，$h_1-110=210cm$，即第一排地面标高。前十排的排距$d_1=80cm$，后面各排排距$d_2=75cm$。视线升高差C值初次采用每排6cm。试算，根据计算结果并结合看台下空间的合理利用，调整C值为7cm。这样的视觉条件经实践证明良好。

（9）观众厅的音质设计。声学质量取决于：

① 扩声系统的设计；

② 混响时间的控制和防止回声；

③ 抑制馆内工程设备的噪声。

本馆扩声系统采用半分散的布置方式，在大厅顶棚上均匀配置39组高低音双通道组合式声柱，每组声柱由八个低音纸盆扬声器和一个高音扬声器组成，额定功率为20W，但通过音频变压器的不同抽头改编为12W、16W和20W，使各频带都能获得均匀的直达声能和保真度。

为了调高声级，抑制声反馈，还在半导体前级增音机中设置了插入式移频器，根据实测可提高声级4~6分贝。同样目的，在设计加入了R—C切除低频的滤波器。使用证明，这一网络性能良好。

大厅最大声级及相应输出功率实测数据如表1所示。

表1 大厅最大声级及相应输出功率实测数据

类别	频率					
	125Hz	250Hz	500Hz	1000Hz	2000Hz	4000Hz
平均声级（dB）	93.6	91.5	88.0	86.3	84.7	84.7
不均度（dB）	5.0	5.0	4.5	7.0	7.0	7.0
相应输出功率（W）	350	350	350	360	400	400

以上数据表明完全达到了良好听觉质量所必需的声级（一般为70dB）。

首都体育馆大厅的有效容积为168000m³，日容纳观众16700—18000—22000人，平均最多10.1m³/人。大厅总面积28100m²，根据以往体育馆多功能大厅声学设计的实践经验，选定中频混响时间不大于1.9秒，低频可略高，高频保持平直。群众集会要求语言清晰度更高，但人数相应增加到22000人，混响时间相应缩短。为控制混响时间和防止回声，在大厅11000m²顶棚上配置了由钢板网承托、玻璃丝布包装的脲醛泡沫塑料吸音板。比赛场上空板厚为7.5cm，观众席上空板厚为5cm。在东面墙上选用了1.5cm厚穿孔甘蔗纤维吸音板。建成后实测结果除低频偏短外，中频、高频与计算值基本吻合。

影响大厅声学质量的噪声主要由空调系统的风机和水泵的机械振动产生。控制这两类噪声的措施是：采用加重混凝土的基座和金属弹簧拼成的减震器；在送风机和回风道内设计了"声流式阻性消声器"，在新鲜空气输入通道内则为抗性消声器。经过试验和调整，最后实测，噪声级在NC40标准曲线范围内。

各种活动的实际结果表明大厅内声学质量良好，语言清晰，音乐丰满。

图10 首都体育馆远眺

图11 机房内景

（10）比赛大厅吊顶设计。比赛大厅不但要达到较好的室内艺术效果，更重要的是全面安排好照明、扩声等系统，同时灯具、扩声器以及机械起吊、动力机械均设置在吊顶空间内；因此吊顶构造设计不仅要考虑到吊顶维修更换的方便条件，而且还要考虑到吊顶空间内设备管理操作的安全防护。再则，吊顶内照明动力导线纵横交错，这又使吊顶空间成为建筑物的重要防火部位。为综合解决以上这些矛盾并力求符合使用经济的原则，我们做了单元活动钢吊顶。其分层构造为：自桁架下吊挂30cm高薄壁槽钢大龙骨，中距330cm，大龙骨下每82.5cm架设12cm高中龙骨，中龙骨分段卡板角钢小龙骨，中小龙骨下翼板外露部分饰以压条；在中小龙骨翼板上放置四周围以φ8钢筋的钢板钢吊顶单元，分82.5cm×82.5cm及82.5cm×165cm两种规格，以镀锌铁丝与中龙骨联系，易检撤换，玻璃丝布袋装的脲醛泡沫塑料吸音板直接放在钢板网吊顶单元上。

在吊顶内部为解决经常管理维修的问题，布置了金属的交通马道和设备操作平台。

比赛大厅空调系统根据过去的经验采用喷口送风系统，对于大厅内进行体操表演、冰球比赛或群众集会均能取得良好的效果；唯有进行乒乓球比赛时，比赛场地气流速度要求不超过0.2m/s，当采用喷口送风时，实际比赛场地气流速度难以全面地满足以上要求。为此我们考虑和采用了顶棚条缝送风的方式，在乒乓球比赛时代替侧口送风。

比赛大厅顶棚以上空间高达6m，下边的预制吊顶有均匀分布的缝隙，为顶棚条缝送风；我们在四个竖向主送风道的顶端各增加一道三通控制活门，就可以使全部风量送向屋架空间并经由吊顶缝隙送入大厅，以解决气流速度问题。这就形成以侧口送风为主，条缝送风为辅的系统。建成后经过实测，采用后者吊顶条缝处的风速一般在

图12 计分计时牌

图13 屋盖施工中

图14 施工现场1

0.2~0.4m/s，场地气流速度全部小于0.12m/s，效果良好。

空调系统对冰场消雾效果亦较好，夏季气候湿热，冰面以上相当范围内由于温度下降而结雾，影响视线。在驱雾方面，我们根据不同情况采用两种通风形式：在空场练习时，采用内部空气循环由顶棚条缝送风的方法，冲破冰场上空空气的自然分层（由于冷源在下面而形成的相对稳定的温度梯度大的空气分层），把大厅上部的热空气吹下去与冰面上的冷空气搅合，提高下层空气温度借以消雾。在有大量观众时，人体散发大量水分，提高室内湿度则采取将经过空调器降温减湿的空气由侧送风口或顶棚条缝送至比赛场地的方法，也有明显消雾效果。

空调参数：夏季室内温度28℃，相对湿度60%，以深井水为冷源，送风量760000m³/h。

六、比赛场屋盖

（一）屋盖结构

大厅屋盖结构形式经过多方案比较，最后选用平板型空调网架，本方案生产工艺简单，构件规格化，整体刚度好，用钢量少，钢指标为65kg/m²。整个屋盖由6000多个杆件组成37种类型，544榀斜向正交的单联、双联及三联的小单元桁架用高强度螺栓连结。99m×112.2m整体屋盖支撑在四周64个柱顶支座上。

为便于屋面排水，网架中央起拱2.1m形成四坡屋面。

（二）屋面构造

由于屋盖跨度大，因此在屋面构造设计上尽量选用轻质材料，以减轻屋面荷载，同时屋面面积大，坡度小，所以不仅要求选用耐蚀性质的材料，而且要求屋面构造设计能保证排水顺畅，符合公共原则，便于施工维修。屋面构造为：薄壁槽钢檩条上铺设龙骨及木望板，屋面敷铝镁合金（FL2）屋面板，木龙骨之间以镀锌铁丝吊挂保温板，望板与保温板之间留有2~3cm孔隙，以形成"通风层面"。

铝合金板的选用与加工：铝镁合金板耐蚀性与纯铅（A1—）相近，但比硬铝（LY—）或其他铝合金高，其延伸率及可塑性较其他金属板大，故易于加工；暴雨时产生噪声较小，而且其强度较纯铝板高，易于保持加工后的外观。在安装上可以用原材料制作屋面板交接支架以取代铁件，避免铝合金屋面的接触腐蚀。

为便于加工维修，屋面板不是全面咬口连接，而是预制成单元屋面板，然后整体吊装。单元板宽度为板材宽度，长度在10m左右。

合金板防锈采用锌黄底漆，因为一般红丹防锈漆内含铅质，其与铝合金产生电化学作用，而锌黄防锈漆内锌铬黄能产生水溶性铬盐，使金

图15 施工现场2

图16 室内冰场施工中

图17 观众席

属表面惰化，适用于铝金属或其他轻金属表面防锈。

首都体育馆在短短的两年时间内建设完成，许多方面达到了相当高的水平，并创造了多项建设纪录，从而表现出我国广大工程技术人员的水平、实力和努力奋斗的精神。

注：此文是《建筑评论》编辑部根据周治良老院长于几十年前撰写完成的《首都体育馆设计介绍》原稿整理，感谢周治良夫人金多文、女儿周婷提供的宝贵文献及图片。整理、采编者：李沉、苗淼、金磊。

附：《周治良工作笔记》摘录

● 1966年3月23日

上午向佟铮汇报，佟意见：

1.盖房子如同要考虑全盘棋。

2.考虑爆炸安全，地震安全。

3.顶子形式要考虑，在一定条件下美观很突出，要讲究建筑艺术，做几种模型去选，切实可行；

4.不要写北京比上海好，没有政治；

5.不要否定个人才华，个人才华为谁。两条道路，目前集体创作可以，不要否定个人，要突出政治；

6.不要框框约束，大胆设想，只有无产阶级调动大家智慧，两条道路，资产阶级用物资刺激，我们讲政治挂帅，奴隶社会棍棒纪律，资本主义饭碗纪律，无产阶级自觉纪律。

7.通过方案，搞革命化，改造客观，改造主观，用革命化态度方法处理建筑物是很重要的事。用毛泽东思想做这个方案，两轮设计，政治突出。方圆不要受框框约束，充分讨论，矛盾论把各个矛盾摆出来通盘分析，抓主要矛盾，这样很费劲。工作需要不受任何领导一句话影响，毛泽东思想是最高指示，打开思想才能搞出好的设计。

8.要数量、质量比较细致分析。

9.集中力量搞大馆。

10.设计师政治水平要高，顽强坚持政策，毛主席思想，要贯彻下去，节约方面不一样，节约基本原则一样，精神一样。建筑三条方针，经济、适用、美观。我们从实际出发，能节约就节约，不能节约就不节约。两万人不太合适，布置合理舒适三万人也成，我赞成人数少一些，跨度小一些，视线好一些，比乒乓球馆大一些就可以。按一万六千人做，没大错误，比一万六千人小不好，不能片面节约，要一万八千人再说，按一万六千人做。

11.练习服从结构需要，可以练习，舒适看结构需要，分析矛盾有把握可以做。

12.设计一丝不苟，要严谨，不马虎，严肃认真，要各方面看都满意，处处有明堂处，有道理，有分析，有看法。世界水平大大小小处有思想性，每一线条有名堂，为社会主义竖立纪念碑。设计图纸上写字要慎重，和设计无关可不写。

13.提问题从政策上提，小馆放西郊方便群众，放太阳宫，方便训练，不要从技术上提问题。

14.现在情况不全，生产线没有，工人没有，设计方案从实际出发。

15.花多少钱起多少效果，要看效果，花钱和效果比较。盖这个馆有政治效果。电器200多万不成，向各种不正确思想斗争，要注意从个人出发。

16.方案1放在那里，方案3规模一万六，看法明确，提得清楚，不隐晦矛盾，分析后搞出方案，尽快，意见要明确，不要形而上学。4内部具体问题，矛盾很多，要经过研究。

17.本周提出拆房情况。

1966年4月5日设计院地址拆房

郊区供电局74间 1360㎡ 140人左右办公

设计院宿舍16间 240㎡ 9户41人

三间宿舍15间 210㎡ 14户75人

居民9间 108㎡ 6户32人

图18 观众休息区

图19 室内篮球场时的状况

图20 由控制室看向室内空间　　　图21 设备控制柜

图22 看台结构

道路拆房

西城区煤场285㎡　14间（房）　家属23人

1289㎡　51间（棚）

市政二公司仓库216.5㎡11间

市政公司（南）120㎡　9.5间　5户

● 1966年5月11日工作小结

1.群众路线

①在太阳宫召开大型座谈会42单位86人（一次26单位56人，一次16单位30人）。②一般座谈会41次，274人（建27、结4、设5、电5共41次。建200人、结20人、设31人、电23人共274人）

2.调查

本地共28单位（建5、结3、设9、电11）

并到外埠（哈尔滨、天津、南宁、唐山、鞍山）

3.和工人结合共技协14单位（建4、结2、设2、电6）

4.一切通过试验

①冰场（氨及盐水平统试验）。②钢屋架（模拟试验、高强□□、节点耐力试验、实物组拼试验、喷砂面防锈试验）。③预制看台板荷载试验。④打桩试验。⑤活动看台。⑥钢吊顶。⑦观众座椅。⑧空心钢门窗。⑨活动地板升降台及活动地板。⑩灯具。⑪广播。⑫记分装置。⑬消音器

5.做了29个方案

①4个②3个③10个④3个⑤3个⑥3个⑦3个

6.四个有所

①钢屋架日本40m~50m　美国70m（70公斤/㎡）91m（73.23公斤/㎡）奥地利65m（95公斤/㎡钢桁架）。②抗震缝　人大132m　工人体育馆109m　规范50m。③空心钢门窗。④活动看台。⑤观众座椅。⑥活动地板。⑦钢吊顶。⑧建筑处理（空间利用、色彩材料、须弥座）。⑨广播方式。⑩大面积碘钨灯照明（亮度高40%，提高光效率、体积小、寿命长、一般1000小时，这个1700~1800小时）取消调光变压器，用扫描控制方式。⑪记分牌。⑫氨冷冻系统。⑬顶板送风。

7.学习

①"为人民服务"树立更好地为人民服务思想，团结反帝。②"自力更生""奋发自强"。③勤俭建国方针

● 1966年6月11月工地施工进度计划

土方 5月1日—10日

主馆 5月10日—2月28日—3月15日

图23 设计方案1

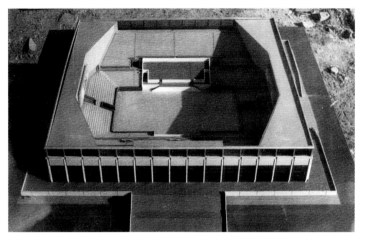

图24 设计方案2

图25 设计方案3

锅炉房 6月15日—10月30日

变电、冷冻机房 7月15日—2月

馆外管线 6月10日—12月30日

馆外道路 7月1日—9月30日—10月20日

馆外及停车场 10月1日—2月28日—3月10日

附属建筑 9月1日—2月28日

绿化 3月1日—3月30日

● 1966年7月14日在出图情况

至7月14出图情况 共出293张

建筑105张，结构101张，设备26张

电气61张

共计293张

未出图 共54张

建筑30张

结构7张

电气7张

设备10张

小计：541张

图26 设计方案4

● 1966年11月4日施工小结（乐志远）

4月13日订工程地点，15日抽水，4月完，已施工六个多月。

1. 上马急，准备差。上马急是客观需要，迎接新运会，准备差，可以由人的因素解决，靠毛泽东思想解决，决定是人的因素，开工前五边，边勘测，边规划，边拆迁，边设计，边施工，设计60多人，随出图随施工，地址未订就开始填土。5月5日出打桩图，5月7日打桩，基础图5月1日晚2时出图，6月1日施工，出图在施工计划之内，配合比较协调，结构完，图纸才完。设计准备施工配合很好，国际友人不相信施工这样快，是社会主义制度决定的。

2. 集中优势兵力打歼灭战，连续作战不怕牺牲，园林局，九天移5000多树，房管局拆迁，机械公司集中机械人力，每天土方2800~3000m³，填30多万方，等于比赛场空间。5月7日打桩，3台1.8t，1台1.2t打桩机，打2800多桩，有病不下现场，打桩司机

图27 竣工后的南大厅

图28 首都体育馆工程竣工合影

带病工作，下雨也不下现场，说："不是打桩是打帝国主义，修正主义和三家村黑帮，"6月1日结构工程开始，两班施工，各公司支援，有一、五、六构件厂支援，四个园林，一公司二个，六公司一个，构件厂一个，二个多月完成。装修工程比较快，11月底完成抹灰。屋顶9月13日开始，554榀，脚手架30%，1个多月完工。天上屋架打下来，下一步集中打地面，集中力量打歼灭战。转思想，是逐步认识的，最多有工人2200人，土建1800人，机械公司二处配合很好，但我们劳动力有所浪费。

3. 大协作的产物，全国全市配合很好，工地有十几个单位，七八个城市，60~70个单位配合，八个国家参观，设计自己创新，许多达到世界一流水平，设计人员下楼出院，和工人三结合□□□机，升降机，活动□重视调查研究，配合工地很努力，协作关系很协调桩加工一句话解决，横板7万多m²，材料公司、木材厂支持，宣武钢窗厂作空心钢门窗，钢筋1400多吨。北京市加工单位都参加，有很可靠的供应线材料公司，运输公司很努力。

4. 贯彻勤俭办企业的方针，备战备荒为人民。银行、体委、施工、设计都考虑，工程没预算，编概算控制，设计想了许多办法，削了些项目，降低了标准，改变作法，节约几十万元，打桩节约几千元，合理化建议省近百万元，对现场浪费提了意见。工程预算1500万元，今后还要努力。

缺点：质量差，要求达到六十年水平，质量比较稳定，装修，外管，水刷石不干净，高级抹灰有一定距离。

安全没出大事故，但有44起安全事故，八月份扎脚每天11个人。

● 1966年12月24日经济分析意见

四部分

（一）技术经济指标

1.用地面积；2.道路面积；3.停车场面积；4.绿化面积；5.建筑占地面积；6.建筑总面积（主馆建筑面积，附属房建筑面积）；7.比赛场面积8.固定看台面积；9.活动看台面积；10.练习场面积；11.观众休息厅面积；12.首长休息厅面积；13.运动员休息厅面积；14.小吃部面积（柜台尺度）；15.厕所淋浴面积；16.容纳总人数；17.每人平均占建筑面积；18.设备（暖气、卫生、通风、冷冻）；19.电气（照明、动力、变电、配电自动装置等）。

（二）造价经济指标

1.总结价；2.主馆造价（其中：土建、暖气、卫生、热水、通风、冷冻、照明、新影、动力、扩声、电话、电钟、信号记分、传播、传译）；3.附属房造价（其冷冻机房、变电所、锅炉房、售票房、单宿食堂）；4.附属工程造价（其中：围墙、道路、打井、绿化、土方、地下管线、场外照明、供电电缆）；5.其它造价（其中：试验费、拆迁费、冬季施工费、施工设施费）。

（三）分部分项造价

1.基础工程（分打桩及砼承台地梁）；2.砼框架；3.砼看台；4.钢屋架；5.铝板屋盖；6.大厅吊顶；7.活动地板（包括升降台）；8.金属看台；9.体操台；10.冰场地；11.钢窗；12.钢门；13.木门；14.观众座椅；15.首长贵宾座椅；16.休息厅观众座椅；17.沙发；18.地毯；19.家具（小吃部）；20.窗帘；21.五夹板吊顶；22.木屑板；23.钢板抹灰吊顶；24.木地板；25.美术水磨石地面；29.隔断水磨石；30.缸砖地面；31.马赛克地面；32.瓷砖护墙；33.水刷石；34.水磨石；35.刷假石；36.花岗石；37.砖墙；38.挑檐；39.雨罩；40.门廊；41.台阶；42.平台；43.坡道；44.排水；45.设备部分；46.电气部分。

（四）主要材料经济指标

1.钢筋；2.型钢；3.钢板；4.木材（分横板、木地板、龙骨及装修木材等）；5.水泥；6.砖；7.水磨石；8.钢板；9.木屑板；10.五夹板；11.铝板；12.设备部分；13.电气部分。

● 1967年3月8日

打乒乓球，开一半风机，场地风速0.2m/s以下，开全部时场地风速不均匀，西部0.5—0.6—1.0m向南偏，温度早上12℃，下午开一半风一小时上升1.5℃，开全部风机温度不升，下午温度由14~17℃。

进场时8℃，中午12℃，场上部16.5~17℃，送风温度9~10.5℃，出风口风速6~4m，有风吹头，观众席向上看有烟。

● 1967年12月7日体委意见

一、建馆方针：1.冰场不群众化，解决不了速滑，新运会无此项，花钱多，不利搞群众活动；2.不能解决多项运动队训练，只能解决2~3个项目队的运动，为少数几个队服务；3.造价高，花钱多，不符备战、备荒为人民的精神；4.看台，如搞两层的可省四万元。

二、设计上：1.练习房球类项目不能解决；2.主席台上屏幕太小；3.东西头都填了土方浪费；4.水不能利用；5.地下室及群众用厕所用马赛克浪费；6.油漆做磨□□太高级；7.小卖部、书店设计太高级；8.暖气罩是高级的；9.门地龙太多；10.雨漏管使用暗管不好修理；11.活动地板搞正块的浪费很大，能否适用还不知道；12.电缆反潮、铁钨灯太贵，路灯用荧光灯太贵、特别项目多，花钱多，以形式为主；13.水的消毒箱不适用，做铁皮的多漏，达不到紫外线消毒的目的；14.东西加铁栏杆浪费；15.地笼太多。

● 1968年5月6日（相传成）

设备经济分析材料要求

一、冷冻部分

1. 冷冻设备

氨压机和电机，贮液筒，冷凝器，油氨分离器、集油器、空气分离器、氨泵的造价。

2. 场地，管道（包括联箱，弯头），阀门（包括压力表等），较木保温的数量、重量（管道），造价。

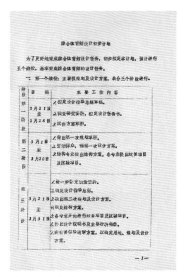

綜合体育館設计初步计划

为了更好地完成綜合体育館設计任务，初步拟定本计划，预计进行五个战役，基本完成綜合体育館的设计任务。

一、第一个战役：主要抓规划及设计方案。共分三个阶段进行。

阶段	日期	主要工作内容
第一阶段	2月21日至2月28日	1.拟定设计指导思想草稿。 2.调查研究资料，拟定设计任务书。 3.試作方案草图。
第二阶段	3月1日至3月20日	1.做出第一次规划草图。 2.发动群众，搞第一次设计方案。 3.結构专业提出結构方案，各专业提出过关项目及試验项目。
第三阶段	3月21日至3月31日	1.进一步补充调查资料。 2.确定设计指导思想。 3.提出第二次规划及设计方案。 4.确定結构方案。 5.各专业开始进行过关项目及試验项目。 6.提出设计說明书及主要材料概算。 7.向有关领导送审方案，以确定用地、规划及设计方案。

—1—

图29-1 工作计划1

二第二个战役：主要抓扩大初步设计。共分三个阶段进行。

阶段	日期	主要工作内容
第一阶段	4月1日至4月10日	1.继续深入调查研究。 2.根据批准方案，建筑专业完成扩大初步设计平、立、剖面等主要图纸。 3.各专业方案落实。 4.定过关项目及試验项目，定人、定进度。
第二阶段	4月11日至4月20日	1.各专业完成扩大初步设计图纸及做法说明书初稿。 2.做出概算。 3.各协作单位（如广播事业局、园林局、市政设计院等）开始分工进行设计。 4.向有关领导送审扩大初步设计
第三阶段	4月21日至4月30日	1.各专业完成关键部位的技术设计图。 2.做出主要材料指标。

—2—

图29-2 工作计划2

二第二个战役：主要抓扩大初步设计。共分三个阶段进行。

阶段	日期	主要工作内容
第一阶段	4月1日至4月10日	1.继续深入调查研究。 2.根据批准方案，建筑专业完成扩大初步设计平、立、剖面等主要图纸。 3.各专业方案落实。 4.定过关项目及試验项目，定人、定进度。
第二阶段	4月11日至4月20日	1.各专业完成扩大初步设计图纸及做法说明书初稿。 2.做出概算。 3.各协作单位（如广播事业局、园林局、市政设计院等）开始分工进行设计。 4.向有关领导送审扩大初步设计
第三阶段	4月21日至4月30日	1.各专业完成关键部位的技术设计图。 2.做出主要材料指标。

—2—

图29-3 工作计划3

三 第三个战役：主要抓开工图纸及加工订货，共分两个阶段进行。

阶段	日期	主要工作内容
第一阶段	5月1日至5月10日	1.各专业完成主要的技术设计图。 2.完成結构挖槽图。 3.继续进行过关项目及試验项目。
第二阶段	5月11日至5月31日	1.完成結构基础及主要构件图。 2.各专业完成技术设计图和部分施工图。 3.提供主要的加工订货图纸。 4.进一步落实材料及造价。

四 第四个战役：主要抓施工图，共分两个阶段进行。

阶段	日期	主要工作内容
第一阶段	6月1日至6月15日	1.工地正式开工，部分设计人下现场三結合。 2.各专业完成主要施工图纸。 3.重点项目继续試验。
第二阶段	6月16日至6月30日	1.完成各专业大样图。 2.过关项目基本完成。 3.一般試验项目完成，重点試验项目（如冷冻、結构試验）继续进行。

—3—

图29-4 工作计划4

革命委员会

最高指示

领导我们事业的核心力量是中国共产党。

指导我们思想的理论基础是马克思列宁主义。

北京市建筑设计院便函

（69）建设 字65□□号

兹介绍我院周治良、沈振平同志前往你处联系照摄首都体育馆照片，作为我院技术资料，请予以协助办理为荷，此致

国家体委军事接管委员会

北京市建筑设计院革命委员会

1969年9月30日

办公室

图30 介绍信

体育館設計工作簡报

第1号

一 从二月廿一日到三月卅一日設計組拟定了設計指导思想；会同国家体委提出了設計任务书；到廿一个单位进行了調查研究，发动群众初步提出了两个规划方案（复兴門内规划方案及动物园西側方案）和五种平面类型（方形、长方形、圆形、椭圆形、八角形）的綜合体育館設計方案十个。三月廿一日和廿三日院技委会組織有关人員討論了以上十个方案。廿三日上午向佟铮同志汇报规划及設計方案，根据领导指示及院内同志討論意見，归納成两种规划方案和方形、长方形、圆形三种設計方案。廿七日万里同志到现場指示将館址向西移，尽量少拆民房。廿九日上午向万里同志汇报。万里同志指示：规模不一定要两万人，超过一万六千人即可。不要超出批准造价。根据领导指示，又設計两种规划方案（复兴門内规划方案及动物园西側方案）和三种設計方案（观众厅带挑台的长方形方案：106×104×24M，結构跨度94M。观众厅不带挑台的长方形方案：115.4×107×22.3M，結构跨度95M。圆形方案：124M直徑，22M高，結构跨度112M。）并附設計說明及概算，已于卅一完成。

二 在設計方案的同时，各专业开始調查研究，进行技术过关项目，并为試驗项目进行准备工作。

三 小体育館已于廿六日，經国家体委通知不建，停止設計。水上俱乐部地点定在怀柔水庫，已去外地收集资料，調查研究。曲棍球

—1—

图31-1 工作简报 之一

場地点在太阳宮北京体育館附近，已开始方案設計。

四 綜合体育館全部設計任务预計按五个战役进行：

第一个战役，三月底完成规划及設計方案。

第二个战役，四月底基本完成扩大初步設計。

第三个战役，五月底完成开工图紙（如挖槽图、基础图等）。

第四个战役，六月初开工，六月底完成主要施工图紙。

第五个战役，七月底完成扫尾設計。

北京市建筑設計院体育館設計組

1966年4月1日

—2—

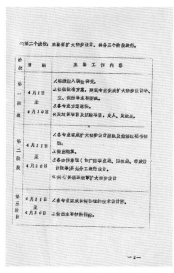

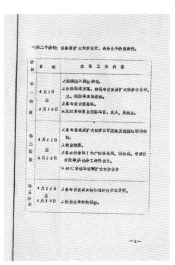

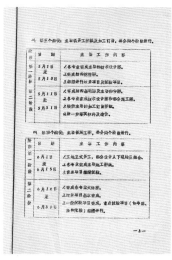

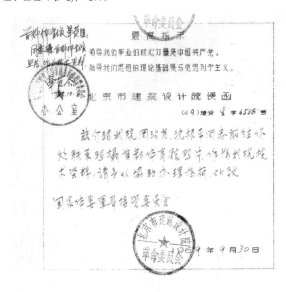

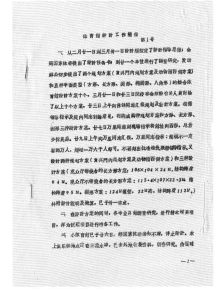

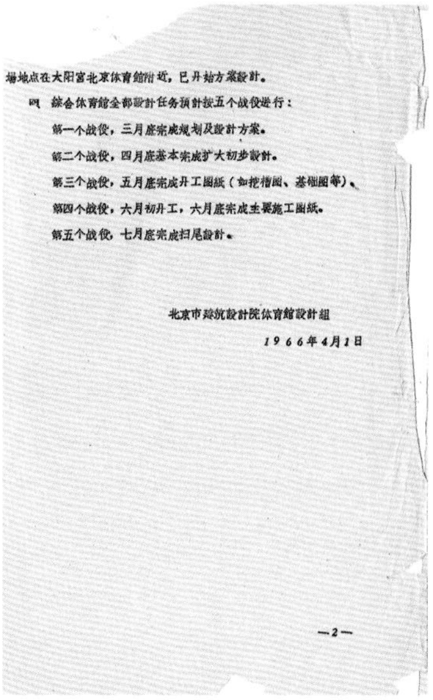

图31-2 工作简报 之二

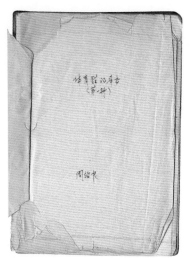

图32-1 周治良工作日记1封面

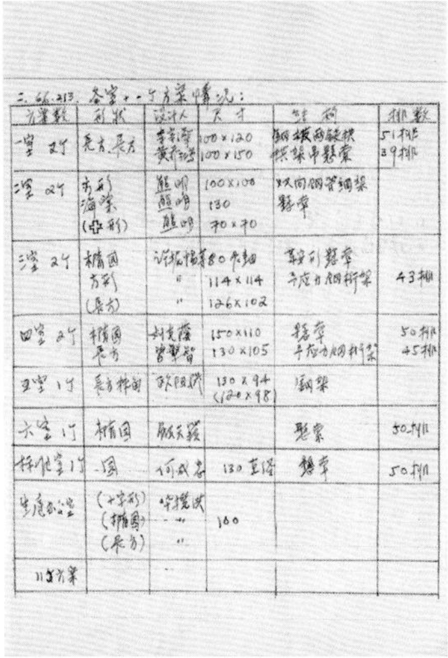

图32-2 周治良工作日记内容1

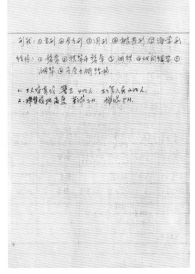

图32-3 周治良工作日记内容2

3. 冷冻机房管道、阀门（包括压力表等）较木保温的数量、重量（管道）造价。

4. 室外管道，较木保温的数量，重量，造价。

5. 油加热系统（地下加热防冻）的油泵，热交换器、管道、阀门（包括压力表、温度计）膨胀箱的数量造价。

6. 信号装置，遥测温度装置、温度计、热敏电阻温度遥测装置、压力式温度计。电接点压力计、断水报警器的造价。

二、通风部分

经济造价

风管耗钢量（薄钢板）

三、暖气部分

经济造价（暖气、卫生、锅炉房、外线）

暖气管道耗钢量（室内、室外）

上水管道耗钢量（室内、室外）

● 66年8月12日对测试的意见

一、测试的目的

1. 满场地板

①满场时温升情况。

②满场广播音响情况。

③校验第一次试运行后修复效果和继续发现问题。

④操作管理规程。

2. 满场滑冰

①冰场直接供氨，冰质，广播音响情况，满场观众对冰面影响，热油系统，热氨化冰。

②温度场及湿度情况，特别前几排温度（上次试验为16℃）。

③冰上照明测定，冰面对光度反射和对观众眩光影响。

④广播音响情况。

⑤冷冻对电负荷，最高时的全面观察。

⑥继续校验第一次试运转后修复效果和继续发现问题。

⑦操作管理规程。

二、试验方法和步骤

1. 满场地板

①观众人数约二万人，最好二次、一次侧送通风，一次乒乓球用顶棚送风。②满场扩声情况

2. 满场冻冰

①先直接供氨。②用扫冰车泼软化水冻冰。③试验扫冰车性能（七天到五天）试验。

刨刀阻力（1~2mm）

刨刀深度

牵引力

打滑系数

阀门二十几个开多大

输出量与立绞龙，横绞龙关系

洗冲真空度

压力泼冰和车速关系

浇水量和一次泼冰面积（1.8m³水）

冰面上光

负荷后汽车发动机性能

倾翻功能和最倾翻重量

不同冰质和扫冰机运行规律

单功能和综合功能情况

驾驶员管理熟悉过程

④满场观众对考核人、对温度、湿度、冰面影响，冰上照明，广播测定、最高电负荷情况。⑤热油系统情况。⑥热氨化冰。⑦制定操作管理规程。

三、组织人员

1.空调组 建研院空调所 11人

2.冷冻组 设计院 4人

3.冰车组 设计院天河厂 10人

4.照明测量 建研院 50人

5.声音测量 广播事业局、建研院、工业院、设计院 35人

6.系统测量 供电局、公安局 20人

7.厂家 80人

小计 210人

四、存在问题

1.领导系统，设计院统一对口，机电指挥口统一明确。

2.操作人员，冷冻谁操作，冰车驾驶员。

3.施工进度，应全部布置完再试。

不合格设备不能用，如冷冻电气起动装置，深井泵起动装置，通风起动电组，冰球□□装置，彩色灯泡，防雷塑料管安装公司应完成。

4.日期：九月初

①冰车8月25日完；②地板完不了；③组织人员工作；④全部工程要完成。

5.水的供应，上次冰质问题是：

①冰刀起白霜；②脆裂；③冰色不好，这次用软化水。

离子变换器72t水2000多元1.03m 迎宾馆，电力学校，西颐宾馆有水车，每次4t，水环卫局有。

6.观众组织，部队和群众，全场坐满

工人体育场307张 738厂50张

照明器材厂20张 广播事业局10张

西苑旅社153张 八一制片厂103张

迎宾馆53张 西冷503张

南冷20张 商业部设计院8张

工业院2张 建研院20张

总计240张

7.演出队：北京队和国家队主要是试验不是表演。

北京队：①上次试验过，有比较。

②是冰球队员又是技术人员，一直参加工作。

③开展群众活动。

④已有组织，节约。

⑤也有出国的，有试验时。

芭蕾舞可宣传毛主席思想，试音响，灯光追光灯等，对冰质和冰球要求。

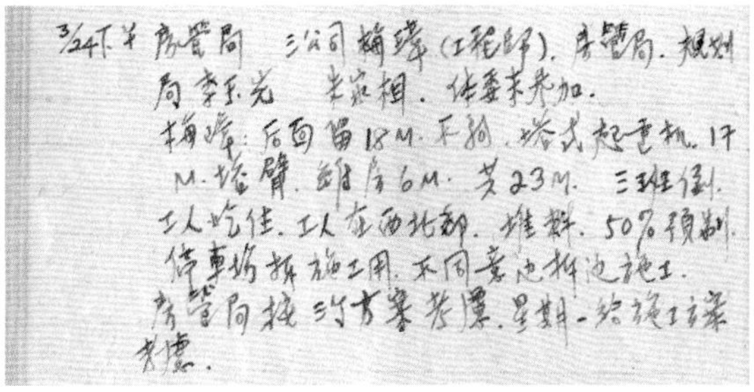

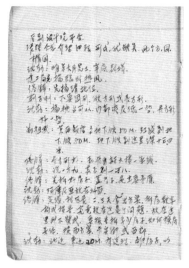

3/24下午 房管局 三公司梅瑋(工程师)、房管局、规划局李东光 米成相、体委未参加。
梅瑋：后面留18M。不够，塔式起重机17M。塔臂，锅炉房6M，共23M。三班倒。工人吃住，工人在西北部。堆料，50%预制。体育场拆施工用，不同意边拆边施工。
房管局提出方案。星期一给施工方案考虑。

图32-4 周治良工作日记内容3

浦克刚
3/27 上午 万里 全堯、沈勃、张镈、郑柏武、顾处长、荆子刚、建工局、肖西光 安维。
万里：①少拆房 ②实报告给万里，批示。③满足场地要求。④向西拆建筑。

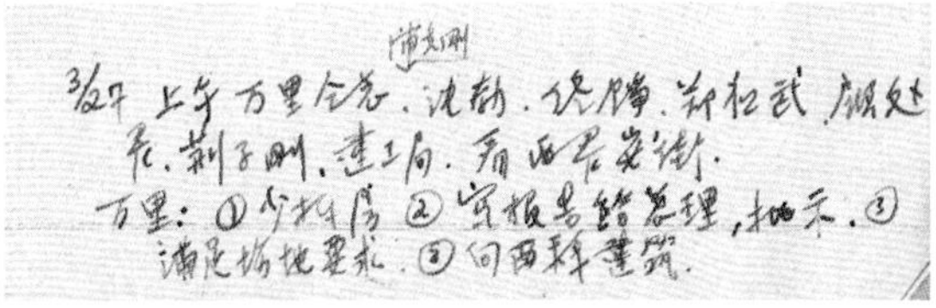

图32-5 周治良工作日记内容4

图32-6 周治良工作日记内容5

免迁阳。东边20M。西边到辅路18M。南边30M。
冷冻机房放东边。报告由老金执笔。一并拿走。
3/27 下午潘敏勤、浦克刚、周治良谈工作。
潘敏勤：①大事记 ②简报 ③设计资料。

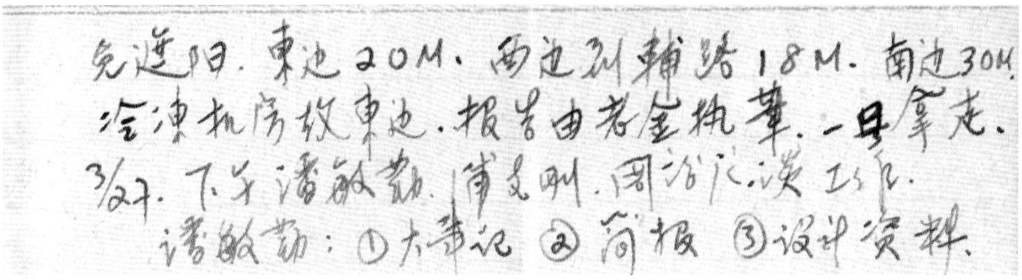

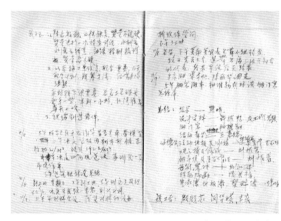

图32-7 周治良工作日记内容6

图32-8 周治良工作日记内容7

Study on Ancient Building Surveying and Mapping Drawings by Mr. Mo Zongjiang (III)
—Centennial Commemoration of the Birth of Mr. Mo Zongjiang

莫宗江先生古建筑测绘图考（下）
——为纪念莫宗江先生百年华诞而作

殷力欣*（Yin Lixin）　耿威**（Geng Wei）

摘要： 依据古建筑实例调查所获取的资料（测稿、草图、照片等）绘制古建筑测绘图（含足尺模型图）是中国营造学社的一项重要的工作，在某段时期内甚至是学社的核心工作，因为这项工作不仅仅是古建筑基础性资料的储备，其绘制过程本身就是研究的过程，许多问题、许多研究成果，都是在绘图过程中发现、取得的。辨析中国营造学社古建筑测绘图中莫宗江先生的作品及风格，对研究中国建筑史学史有着重要意义。

关键词： 中国营造学社，莫宗江，古建筑测绘图

Abstract: Preparing ancient building surveying and mapping drawings (including full-scale model diagrams) in accordance with data (survey drafts, sketches, photos and others) obtained from the practical investigations of ancient buildings is an important work of the Society for the Study of Chinese Architecture (SSCA) and even the core work of the society at a certain period, because it's not only the reserve of basic data of ancient buildings but also the process of research, during which many problems may be found and many research achievements may be attained. The analysis of Mr. Mo Zongjiang's ancient building surveying and mapping drawings from the SSCA and the style of his works are substantially significant to the research of the Chinese historiography of architecture.

Keywords: Society for the Study of Chinese Architecture, Mo Zongjiang, Ancient building surveying and mapping drawings

一、莫宗江先生之于营造学社大同古建筑测绘

本文之前二章，依据文献记录（如营造学社历年的调查报告、刘敦桢先生日记等）初步比对营造学社诸前辈的绘图笔迹，概要梳理了莫宗江先生从事古建筑调查、测绘工作的经历，为协助梁思成先生撰写《中国建筑史》《图像中国建筑史》而精心绘制大量测图的经历，并指出其在绘制古建筑图纸的过程中，逐步培养了他个人独特的研究方法——主要通过图像分析问题，展示其研究心得。有关这一点，还可列举1937年之前中国营造学社的一项重要工作——大同古建筑调查——当时营造学社田野考察工作的重点，显然是辽代木构建筑。此次考察的研究成果即刊载于《中国营造学社汇刊》第四卷第三四期合刊上的《大同古建筑调查报告》，系由梁思成、刘敦桢两位学科带头人执笔合撰（也可见学社对此的重视程度），它是学社历年发表在《中国营造学社汇刊》上的篇幅最长的考察报告——全文168页，图版36幅，插图197张（其中照片161张，绘图36张），堪称学社最重要的学术研究成果之一。

当时，中国营造学社成员中主持此次大同古建筑调查者为法式部主任梁思成先生、文献部主任刘敦桢先生，社员林徽因先生是重要的参与者，莫宗江、陈明达二人作为绘图生（后转为研究生）分别是两位主

* 《中国建筑文化遗产》副主编。
** 《中国建筑文化遗产》编委。

任的主要研究助手。在今天看来，作为这次考察主要助手的莫宗江先生，在这项工作中的贡献是十分突出的。

据记载：中国营造学社梁思成、刘敦桢、林徽因、莫宗江等人于1933年9月4日起在山西先后考察了大同华严寺、善化寺、大同城内明代建筑遗存、云冈石窟、应县木塔等，之后又有陈明达参加了补充调研。① 具体工作进程如下。

1933年9月5日下午，调查华严寺上寺之大雄宝殿，由梁思成摄影，刘敦桢、林徽因、莫宗江三人共测大殿平面，抄录碑文，记录结构特点。

9月6日上午，梁思成、刘敦桢、林徽因、莫宗江等四人测量薄伽教藏殿与海会殿平面，并摄影。

9月6日下午至9月9日中午，梁思成、刘敦桢、林徽因、莫宗江等四人赴云冈石窟考察。

9月9日下午，返回大同的梁思成、刘敦桢、林徽音、莫宗江开始考察善化寺。林徽因于当晚返京。

9月10—16日，梁思成、刘敦桢、莫宗江等三人依次搭架测量善化寺、华严寺各殿构架斗栱，用经纬仪测量两寺总平面及各殿高度。梁思成又在此期间拍摄城内明代遗构：钟楼、东门、南门、西门。

9月17—23日，梁思成、刘敦桢、莫宗江等三人赴应县考察木塔。之后，刘敦桢返京，梁思成、莫宗江返大同。

9月24日，梁思成、莫宗江在大同补充拍摄华严寺、善化寺两寺之各殿佛像，测量华严寺薄伽教藏殿内之壁藏。第一次调查结束。

之后，莫宗江、陈明达二人再赴大同（日期失记，约在1933年内），补测善化寺普贤阁、华严寺薄伽教藏殿壁藏，并补充拍摄。

此先后共两次考察大同古建筑，共计古建筑15座，建筑断代如下。

辽代建筑四座：华严寺薄伽教藏殿、海会殿，善化寺大雄宝殿、普贤阁。

金代建筑三座：华严寺大雄宝殿，善化寺三圣殿、山门。

明代建筑四座：大同东门、南门、西门、钟楼。

年代不详建筑四座：善化寺东西朵殿、东西配殿。

简略测量古建筑九座：华严寺大雄宝殿，善化寺东西朵殿、东西配殿，大同钟楼、东门、南门、西门。

详细测量古建筑六处：华严寺薄伽教藏殿、海会殿，善化寺大雄宝殿、普贤阁、三圣殿、山门。

从上述工作进程记录可知，莫宗江先生全程参加了这项考察工作，是实地测量工作的主力。

这次调研约历时一个月，其中林徽因未参加应县木塔考察，刘敦桢、梁思成提早回京，陈明达则最后赴现场，未及同往云冈、应县，故完整参加考察者为莫宗江。而实地调查之后的绘图工作，据《大同古建筑调查报告》所载图版之注明日期，则至少从1934年1月持续至是年6月（文中"图版壹-大同上下华严寺平面现状略图"之图签明确记载"民国廿三年一月制图"，"图版拾柒-山西大同善化寺大雄宝殿复古图"之图签明确记载"民国廿三年六月制图"）。文内所刊载的图版、插图均未署制图者姓名，今按照本文上、中篇的思路，对绘图者作初步判断，列表如下。

表1《大同古建筑调查报告》之图版统计

本文插图号	原图号	图 名	测量与绘图日期	初步判断绘图者
	图版壹	大同上下华严寺平面现状略图	民国廿二年九月实测，廿三年一月制图	梁思成
图1-1	图版贰	山西大同华严寺薄伽教藏殿平面（阶基、梁架仰视平面）	民国廿二年九月实测，廿三年四月制图	莫宗江
	图版叁	山西大同华严寺薄伽教藏殿正面立面	民国廿二年九月实测，廿三年四月制图	莫宗江
	图版肆	山西大同华严寺薄伽教藏殿当心间横断面	民国廿二年九月实测，廿三年四月制图	莫宗江
	图版伍	山西大同华严寺薄伽教藏殿当心间纵断面	民国廿二年九月实测，廿三年四月制图	莫宗江

① 梁思成、刘敦桢：《大同古建筑调查报告》，《中国营造学社汇刊》，第三四卷合刊，1933年12月。

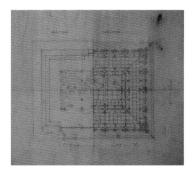

图1-1 中国文化遗产研究院藏原图版贰，薄伽教藏殿平面图之底稿

图1-2a 中国文化遗产研究院藏原图版拾，山西大同下华严寺海会殿正面立面（水彩渲染）

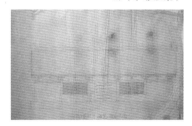

图1-2b 中国文化遗产研究院藏原图版拾，山西大同下华严寺海会殿正面立面图之底稿

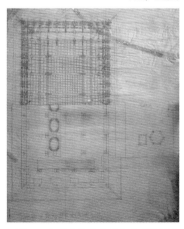

图1-3 中国文化遗产研究院藏原图版拾陆，善化寺大殿平面图之底稿

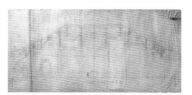

图1-4 中国文化遗产研究院藏原图版拾玖，山西大同善化寺大雄宝殿次间横断面图之底稿

图1-5 中国文化遗产研究院藏原图版贰拾，山西大同善化寺大雄宝殿纵断面图之底稿

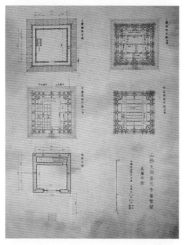

图1-6 中国文化遗产研究院藏原图版贰拾壹，山西大同善化寺普贤阁各层平面（阶基、梁架仰视平面。民国廿二年九月实测，廿三年五月制图）莫宗江绘

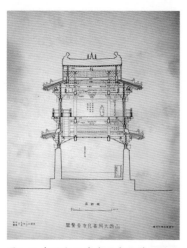

图1-7 中国文化遗产研究院藏原图版贰拾贰，山西大同普贤阁正面立面（民国廿二年九月实测，廿三年五月制图）莫宗江绘

续表

本文插图号	原图号	图名	测量与绘图日期	初步判断绘图者
	图版陆	山西大同华严寺薄伽教藏殿壁藏北立面	民国廿二年九月实测，廿三年四月制图	莫宗江、陈明达
	图版柒	山西大同华严寺薄伽教藏殿壁藏南立面	民国廿二年九月实测，廿三年四月制图	莫宗江、陈明达
	图版捌	山西大同华严寺薄伽教藏殿壁藏西立面	民国廿二年九月实测，廿三年四月制图	莫宗江、陈明达
	图版玖	山西大同下华严寺海会殿平面（阶基、梁架仰视平面）	民国廿二年九月实测，廿三年四月制图	莫宗江
图1-2	图版拾	山西大同下华严寺海会殿正面立面（水彩渲染）	民国廿二年九月实测	莫宗江
	图版拾壹	山西大同下华严寺海会殿山面立面	民国廿二年九月实测，廿三年五月制图	莫宗江
	图版拾贰	山西大同下华严寺海会殿横断面	民国廿二年九月实测，廿三年四月制图	陈明达
	图版拾叁	山西大同下华严寺海会殿纵断面	民国廿二年九月实测，廿三年四月制图	莫宗江
图1-3	图版拾肆	山西大同华严寺大雄宝殿平面（阶基、梁架仰视平面）	民国廿二年九月实测，廿三年四月制图	莫宗江
	图版拾伍	山西大同善化寺平面现状总图	民国廿二年九月实测，十二月制图	莫宗江
	图版拾陆	山西大同善化寺大雄宝殿并朵殿平面（阶基、梁架仰视平面）	民国廿二年九月实测，廿三年四月制图	莫宗江
	图版拾柒	山西大同善化寺大雄宝殿复古图	民国廿二年九月实测，廿三年六月制图	梁思成、莫宗江
	图版拾捌	山西大同善化寺大雄宝殿山面立面	民国廿二年九月实测，廿三年四月制图	莫宗江
图1-4	图版拾玖	山西大同善化寺大雄宝殿次间横断面	民国廿二年九月实测，廿三年四月制图	莫宗江
图1-5	图版贰拾	山西大同善化寺大雄宝殿纵断面	民国廿二年九月实测，廿三年六月制图	莫宗江
图1-6	图版贰拾壹	山西大同善化寺普贤阁各层平面（阶基、梁架仰视平面）	民国廿二年九月实测，廿三年五月制图	莫宗江
图1-7	图版贰拾贰	山西大同普贤阁正面立面（水彩渲染图）	民国廿二年九月实测，廿三年五月制图	莫宗江
图1-8	图版贰拾叁	山西大同普贤阁山面立面	民国廿二年九月实测，廿三年五月制图	莫宗江
图1-9	图版贰拾肆	山西大同普贤阁横断面	民国廿二年九月实测，廿三年五月制图	陈明达
	图版贰拾伍	山西大同普贤阁纵断面	民国廿二年九月实测，廿三年五月制图	陈明达
	图版贰拾陆	山西大同善化寺三圣殿平面（阶基、梁架仰视平面）	民国廿二年九月实测，廿三年五月制图	陈明达
	图版贰拾柒	山西大同善化寺三圣殿正面立面	民国廿二年九月实测，廿三年五月制图	莫宗江
	图版贰拾捌	山西大同善化寺三圣殿山面立面	民国廿二年九月实测，廿三年五月制图	莫宗江
	图版贰拾玖	山西大同善化寺三圣殿当心间横断面	民国廿二年九月实测，廿三年五月制图	莫宗江
	图版叁拾	山西大同善化寺三圣殿次间横断面	民国廿二年九月实测，廿三年五月制图	莫宗江
	图版叁拾壹	山西大同善化寺三圣殿纵断面	民国廿二年九月实测，廿三年五月制图	莫宗江
	图版叁拾贰	山西大同善化寺山门平面（阶基、梁架仰视平面）	民国廿二年九月实测，廿三年四月制图	莫宗江

续表

本文插图号	原图号	图名	测量与绘图日期	初步判断绘图者
图1-10	图版叁拾叁	山西大同善化寺山门正面立面	民国廿二年九月实测，廿三年四月制图	莫宗江
图1-11	图版叁拾肆	山西大同善化寺山门东面立面	民国廿二年九月实测，廿三年四月制图	莫宗江
图1-12	图版叁拾伍	山西大同善化寺山门横断面	民国廿二年九月实测，廿三年四月制图	莫宗江
图1-13	图版叁拾陆	山西大同善化寺山门纵断面	民国廿二年九月实测，廿三年四月制图	莫宗江

36张图中除了梁思成绘图1张、梁思成与莫宗江合绘1张、陈明达绘图4张、莫宗江与陈明达合绘3张，其余27张均为莫宗江独立完成。

今中国文化遗产研究院尚存若干原图及底图（与刊载之原图版有差异），相互对照，可知绘图过程是一个多次修改、反复推敲的过程。

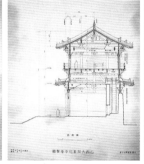
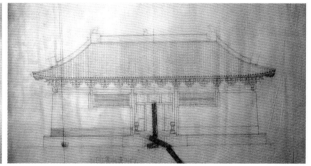

图1-8 中国文化遗产研究院藏原图版贰拾叁，善化寺普贤阁山面立面　图1-9 中国文化遗产研究院藏原图版贰拾肆，善化寺普贤阁横断面　图1-10 中国文化遗产研究院藏原图版叁拾叁，山西大同善化寺山门正面立面图之底稿

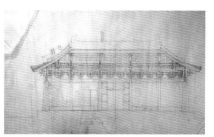

图1-11 中国文化遗产研究院藏原图版叁拾肆，山西大同善化寺山门东面立面图之底稿　图1-12 中国文化遗产研究院藏原图版叁拾伍，山西大同善化寺山门横断面图之底稿　图1-13 中国文化遗产研究院藏原图版叁拾陆，山西大同善化寺山门纵断面图之底稿

插图部分分摄影、手绘图两种，现其中的36张手绘图也作绘图者的初步判断，统计如下。

值得注意的是，对比梁思成、刘敦桢等之前的调查报告，此篇加强了做法实例的比较、归纳研究。表2所列36张插图中，半数以上（25张）是对实例的测绘，尤其是对各实例斗栱做法的图示；有11张则偏重于实例记录对照典籍的比较研究。这11张插图是：

《大同古建筑调查报告》原插图五，材栔（薄伽教藏殿，营造法式）（莫宗江绘，见插图2-1）；

《大同古建筑调查报告》原插图一〇八，辽宋推山之异同（陈明达绘，见插图2-14）；

《大同古建筑调查报告》原插图一七〇，宋金之月梁比较（梁思成绘，见插图2-17）；

《大同古建筑调查报告》原插图一八一，辽宋金元明清平面比较（梁思成绘，见插图2-18）；

《大同古建筑调查报告》原插图一八二，唐辽宋材栔之比较（莫宗江绘，见插图2-19）；

《大同古建筑调查报告》原插图一八三，辽宋金栌斗散斗比较（莫宗江绘，见插图2-20）；

《大同古建筑调查报告》原插图一八四，辽宋金各种栱长度比较（莫宗江绘，见插图2-21）；

《大同古建筑调查报告》原插图一八五，辽金斜栱平面布置比较表（莫宗江绘，见插图2-22）；

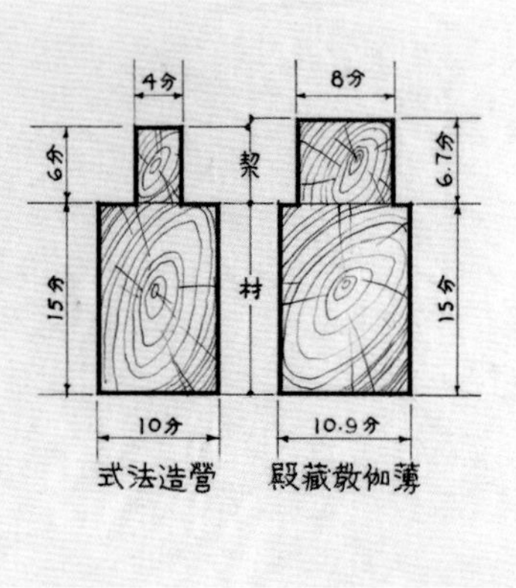

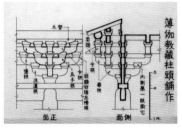

图2-1 中国文化遗产研究院藏原插图五，薄伽教藏殿材栔，法式材栔

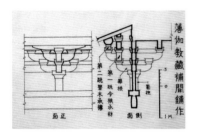

图2-2 图2-2.中国文化遗产研究院藏原插图七，薄伽教藏殿柱头铺作

图2-3 中国文化遗产研究院藏原插图八，薄伽教藏殿补间铺作

表2《大同古建筑调查报告》之手绘插图统计

本文插图号	原插图序号	图　名	测量与绘图日期	初步判断绘图者
图2-1	插图五	材栔（薄伽教藏殿—营造法式）	未署日期。下同	莫宗江
图2-2	插图七	薄伽教藏柱头铺作（正面、侧面）	同上	莫宗江
图2-3	插图八	薄伽教藏补间铺作（正面、侧面）	同上	莫宗江
图2-4	插图九	薄伽教藏转角铺作（立面、平面仰视）	同上	莫宗江
图2-5	插图十二	薄伽教藏内檐斗栱1（柱头铺作内面、柱头铺作侧面）	同上	莫宗江
图2-6	插图十四	薄伽教藏内檐斗栱2（补间铺作内面、补间铺作侧面）	同上	莫宗江
图2-7	插图十五	薄伽教藏内檐斗栱3（补铺作内面立面、转角铺作侧面A-A、转角铺作侧面B-B、转角铺作平面）	同上	莫宗江
图2-8	插图五十七	薄伽教藏殿壁藏勾栏（立面、断面、栏板纹样）	同上	莫宗江
图2-9	插图五十九	海会殿外檐斗栱（柱头铺作侧面、柱头铺作正面、补间铺作正面）	同上	莫宗江
	插图七十六	华严寺大雄宝殿柱头铺作侧面	同上	陈明达
	插图八十	华严寺大雄宝殿补间铺作侧面	同上	陈明达
图2-10	插图九十三	善化寺大雄宝殿斗栱（柱头铺作正面、侧面）	同上	莫宗江
图2-11	插图九十五	善化寺大雄宝殿斗栱（转角铺作立面、平面仰视）	同上	莫宗江
图2-12	插图九十八	善化寺大雄宝殿斗栱（当心间补间铺作正面立面、仰视平面）	同上	莫宗江
图2-13	插图一〇〇	善化寺大雄宝殿斗栱（次间补间铺作立面、平面仰视）	同上	莫宗江
图2-14	插图一〇八	辽宋推山之异同	同上	陈明达
	插图一二七	善化寺普贤阁平坐前后面柱头铺作（正面、侧面）	同上	莫宗江
	插图一二九	善化寺普贤阁平坐山面柱头铺作（侧面）	同上	莫宗江
	插图一三〇	善化寺普贤阁上檐斗栱（柱头铺作侧面、正面立面、平面仰视）	同上	莫宗江
	插图一三九	善化寺三圣殿柱头铺作（正面、侧面）	同上	莫宗江
	插图一四一	善化寺三圣殿补间铺作侧面	同上	莫宗江
	插图一四二	善化寺三圣殿次间补间铺作（侧面立面、平面仰视、内面立面、外面立面）	同上	莫宗江
	插图一四五	善化寺三圣殿转角铺作（外面立面、内面立面、平面仰视）	同上	莫宗江
图2-15	插图一六一	善化寺山门柱头铺作（正面、侧面）	同上	莫宗江
图2-16	插图一六五	善化寺山门补间铺作侧面	同上	莫宗江
图2-17	插图一七〇	宋金之月梁比较	同上	梁思成
图2-18	插图一八一	辽宋金元明清平面比较	同上	莫宗江
图2-19	插图一八二	唐辽宋材栔之比较	同上	莫宗江
图2-20	插图一八三	辽宋金栌斗散斗比较	同上	莫宗江
图2-21	插图一八四	辽宋金各种栱长度比较	同上	莫宗江
图2-22	插图一八五	辽金斜栱平面布置比较表	同上	莫宗江
图2-23	插图一八六	辽宋金要头比较	同上	莫宗江
图2-24	插图一八七	辽宋金元明清阑额普拍枋之比较	同上	莫宗江
图2-25	插图一八八	辽宋金屋顶举折之比较	同上	莫宗江
	插图一八九	大同东门南门城楼平面	同上	莫宗江
	插图一九五	大同城内鼓楼下层平面	同上	莫宗江

注：此表所列手绘36张插图中莫宗江先生绘图32张，接近绘图量的百分之九十。

《大同古建筑调查报告》原插图一八六，辽宋金耍头比较（莫宗江绘，见插图2-23）；

《大同古建筑调查报告》原插图一八七，辽宋金元明清阑额普拍枋之比较（莫宗江绘，见插图2-24）；

《大同古建筑调查报告》原插图一八八，辽宋金屋顶举折之比较（莫宗江绘，见插图2-25）。

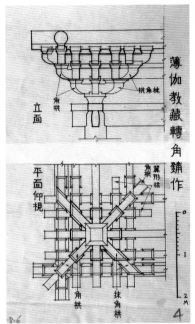

图2-4 中国文化遗产研究院藏原插图九，薄伽教藏殿转角铺作

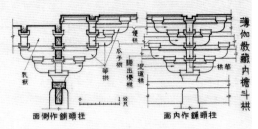

图2-5 中国文化遗产研究院藏原插图十二，薄伽教藏内檐斗栱1

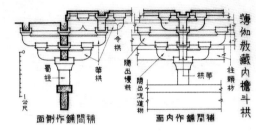

图2-6 中国文化遗产研究院藏原插图十四，薄伽教藏内檐斗栱2

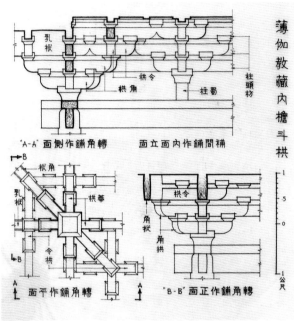

图2-7 中国文化遗产研究院藏原插图十五，薄伽教藏内檐斗栱3

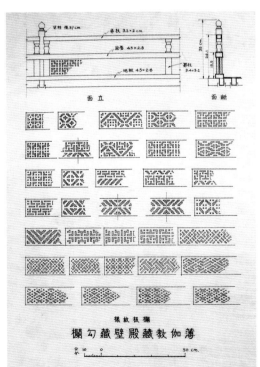

图2-8 中国文化遗产研究院藏原插图五十七，薄伽教藏殿：壁藏勾栏

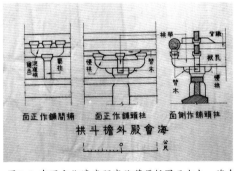

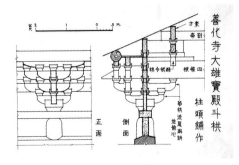

图2-9 中国文化遗产研究院藏原插图五十九，海会殿外檐斗栱

图2-10 中国文化遗产研究院藏原插图九十三，善化寺大雄宝殿柱头斗栱

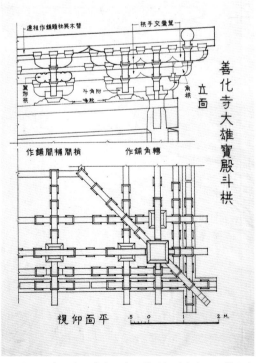

图2-11 中国文化遗产研究院藏原插图九十五，善化寺大殿斗栱

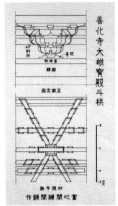

图2-12 中国文化遗产研究院藏原插图九十八，善化寺大雄宝殿斗栱：当心间补间铺作

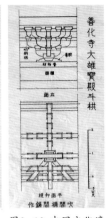

图2-13 中国文化遗产研究院藏原插图一〇〇，善化寺大雄宝殿斗栱：次间补间铺作

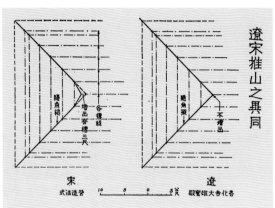

图2-14《大同古建筑调查报告》原插图一〇八，辽宋推山之异同（陈明达绘）

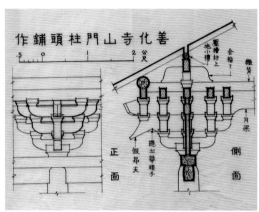

图2-15 中国文化遗产研究院藏原插图一六一，善化寺山门柱头铺作

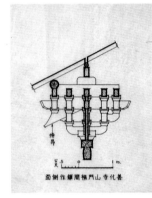

图2-16 中国文化遗产研究院藏原插图一六五，善化寺山门补间铺作

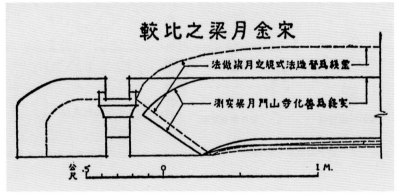

图2-17《大同古建筑调查报告》原插图一七〇，宋金之月梁比较（梁思成绘）

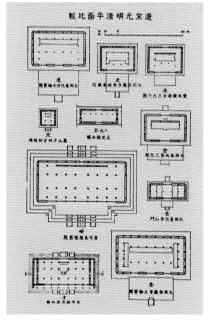

图2-18《大同古建筑调查报告》原插图一八一，辽宋金元明清平面比较（梁思成绘）

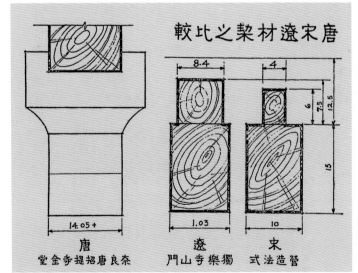

图2-19《大同古建筑调查报告》原插图一八二，唐辽宋材栔之比较（莫宗江绘）

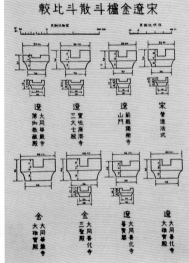

图2-20《大同古建筑调查报告》原插图一八三，辽宋金栌斗散斗比较（莫宗江绘）

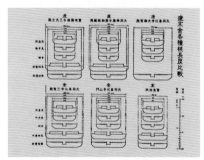

图2-21《大同古建筑调查报告》原插图一八四，辽宋金各种栱长度比较（莫宗江绘）

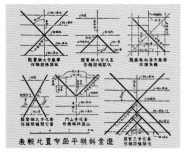
图2-22《大同古建筑调查报告》原插图一八五，辽金斜栱平面布置比较表（莫宗江绘）

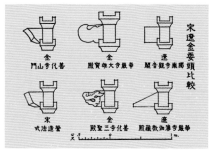
图2-23《大同古建筑调查报告》原插图一八六，辽宋金耍头比较（莫宗江绘）

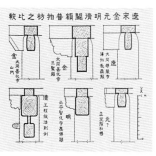
图2-24《大同古建筑调查报告》原插图一八七，辽宋金元明清阑额普拍枋之比较（莫宗江绘）

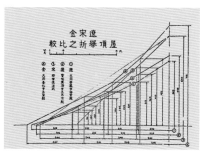
图2-25《大同古建筑调查报告》原插图一八八，辽宋金屋顶举折之比较（莫宗江绘）

其中梁思成所作原插图一七〇：宋金之月梁比较，似是导师对学生的指导、示范，其余10张中莫宗江完成了9张（另有1张为陈明达所绘）。这些研究性质的插图，也如本文中篇所述，既是文论的配图，本身也是研究过程不可或缺的环节。

《大同古建筑调查报告》"华严寺薄伽教藏殿"一章中云：

"**材栔** 宋式建筑之大小比例。以材为祖见李明仲《营造法式》卷四大木作一章。与北宋同期之辽建筑，亦以'材'为标准单位……今按此殿'材'之大小，据实测所得，广（即材高）二十三至二十四公分不等，平均数为二十三.五公分，厚十七公分，合材高十五分之一〇.九分，虽较'法式'三与二之比稍大，大体比例，可云相同。"（参阅原插图五）

《大同古建筑调查报告》"善化寺大雄宝殿"一章中云：

"……（乙）'法式'阳马条注谓'于所加脊槫尽处，别施角梁一重'即在平面上，除原有四十五度角梁，自下而上，相续至脊槫下外，复于脊槫两端增三尺处，至山面最上缝之两端，增角梁一重。今大雄宝殿系十七椽七间四阿殿而实测结果，山面各椽架皆相等，而脊槫之两端亦未增出三尺，故最末一架，只有平面四十五度之角梁两根，足证辽建筑中，尚未有用推山之法者。"（参阅原插图一〇八）

《大同古建筑调查报告》"结论"中之"殿之平面"一节有云：

"惟大同辽建筑之补间铺作，每间皆一朵，较宋式尤为舒朗。其后金初善化寺三圣殿之当心间与山门之当心间、次间，各用补间铺作二朵，似其时已受《营造法式》之影响……惟明清二代柱之配置，渐成呆板固定之方式……"（参阅原插图一八一）

《大同古建筑调查报告》结论中之"材栔"一节有云：

"……辽宋金三代材之比例，大体符合，而栔之比例，则辽金较宋式稍大，乃唐宋间结构变迁极可注意之事项……"（参阅原插图一八二）

《大同古建筑调查报告》结论中之"斗栱"一节有云：

"……辽金栱之高厚—即材之广厚—与宋式大体一致……惟其栌斗之长高比例，与个栱长度、出跳分数等，以较《营造法式》未能尽合。"（参阅原一八三、一八四、一八五、一八六）

《大同古建筑调查报告》结论中之"梁架"一节有云：

"……大同辽金阑额，除金初善化寺三圣殿于阑额之下加由额外，其余皆仅阑额一层。额之高厚比例，以华严寺薄伽教藏殿所用五比二为最高，其余皆升降于二比一至八比五之间，大体与'法式'接近，惟元以后，逐渐加阔至清几于柱径相等，耗费材料而不合结构原理，可谓退化甚矣……"（参阅原插图一八七）

《大同古建筑调查报告》结论中"屋顶"一节有云：

"……辽代建筑之屋顶坡度，比较甚低。除壁藏系小木作可置不论外，余若华严寺薄伽教藏殿为二十四度，海会殿二十五度，善化寺大雄宝殿与普贤阁二十七度四分之三，与独乐、广济二寺皆在二十八度以内，可谓为辽建筑特征之一……"（参阅原插图一八八）

对比中国营造学社在《大同古建筑调查报告》之前之后的一些同类文章，如梁思成先生之《正定古建

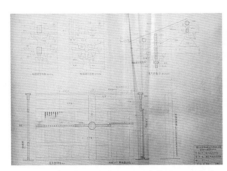

图3-1 古建筑实例模型图之雨花宫平面图壹贰

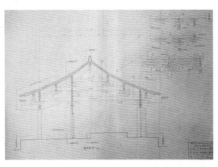

图3-2 古建筑实例模型图之雨花宫断面图甲ABC

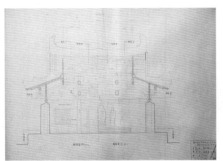

图3-3 古建筑实例模型图之雨花宫断面图乙丙

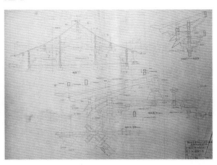

图3-4 古建筑实例模型图之雨花宫断面图丁戊

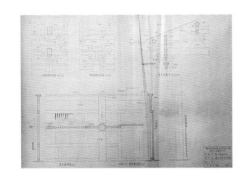

图3-5 古建筑实例模型图之雨花宫铺作门窗足尺详图

① 建筑史料编纂委员会制"中央博物院古代建筑模型图"第32号；雨花宫8张（原图无绘图者署名,初步判断为莫宗江绘制）。

图3-6 永寿寺雨花宫全景

筑调查纪略》、刘敦桢先生之《河北省西部古建筑调查记略》等，可知测绘分析图稿—图像分析—工作的重要性。而对莫宗江先生而言，与学社同事陈明达、刘致平等不同，图像分析始终是其研究生涯的主干。

二、莫宗江先生独立完成的几项工作

本节简述几项莫宗江先生独立完成的工作——榆次雨花宫、成都前蜀王建墓、宜宾旧州坝白塔与宋墓、涞源阁院寺，其中前三项的配图毋庸置疑为莫宗江测绘图，第四项的配图则是由晚年的莫宗江先生指导下的学生之作。本文的重点是辨析未署名的中国营造学社绘图作者，对本节所述作者无争议的图稿，因为篇幅有限，而尽量简写。

1. 莫宗江著《山西榆次永寿寺雨花宫》

该文刊载于《中国营造学社汇刊》第七卷第二期（1946年油印版），系中国营造学社1937年6月榆次北宋建筑遗存永寿寺雨花宫的研究报告，虽发表于1946年，但似乎其写作时间早于刊载于《中国营造学社汇刊》第七卷第一期的《四川宜宾旧州坝白塔与宋墓》，很可能是莫宗江先生独立完成的第一篇学术论文。将此文对照前述《大同古建筑调查报告》，此文的研究对象为规模较小的北宋实例，而文章的篇幅也较为简短，但观察之细致入微，剖析之深入，不逊色于前篇，尤其是文图并茂的学理分析，充分展现了图像形对比参照在建筑历史研究中所发挥的至为关键的作用。

文内附图6帧：

（1）山西榆次永寿寺雨花宫平面图；

（2）山西榆次永寿寺雨花宫南立面；

（3）山西榆次永寿寺雨花宫东立面；

（4）山西榆次永寿寺雨花宫断面图甲；

（5）山西榆次永寿寺雨花宫断面图丙；

（6）山西榆次永寿寺雨花宫断面图乙。

对照抗战时期中国营造学社的其他工作，可知系在绘制"古代建筑模型图"工作的基础上的浓缩。当时中国营造学社与中央博物院合作，曾绘制1/20之重要古建筑实例模型图数十例①，其中山西榆次永寿寺雨花宫模型图8帧：

（1）永寿寺雨花宫正立面（见前文）；

（2）永寿寺雨花宫侧立面；

（3）永寿寺雨花宫平面图壹贰（图3-1）；

（4）永寿寺雨花宫断面图甲ABC（图3-2）；

（5）永寿寺雨花宫断面图乙丙（图3-3）；

（6）永寿寺雨花宫断面图丁戊（图3-4）；

（7）永寿寺雨花宫铺作门窗足尺详图（图3-5）；

（8）永寿寺雨花宫铺作分件详图。

《山西榆次永寿寺雨花宫》文中另有插图14张：

原插图1，永寿寺雨花宫全景（图3-6）；

原插图2，永寿寺雨花宫前檐柱头铺作（图3-7）；

原插图3，永寿寺雨花宫外檐转角铺作-补间铺作；

原插图4，雨花宫前外檐柱额铺作，外檐转角铺作，内转角铺作（图3-8）；

原插图5，雨花宫外转角铺作后尾，山面前柱头铺作后尾；

原插图6，雨花宫"内转角铺作"外面透视，内面透视；

原插图7，雨花宫仰视平面；

原插图8，雨花宫四椽栿，脊槫（图3-9）；

原插图9，雨花宫脊槫下题字；

原插图10，营造法式与雨花宫的举折比较（图3-10）；

原插图11，雨花宫用梁与营造法式的比较（图3-11）；

原插图12，雨花宫直檽窗详图；

原插图13，雨花宫前檐柱头铺作（图3-12）；

原插图14，雨花宫外檐转角铺作前面、后面；柱头铺作仰视平面；内槽柱头铺作侧面、仰视平面。

　　这些插图的尺幅较小，笔法也较随意自由，但图像分析的意味似乎更浓重一些。例如，文章写

道："廊内的构架是这座建筑最精美的部分。所使用的每根材木可说都有它结构上的意义。这部分构架主

要的是从内外槽的柱头上横向搭架'乳栿'，承担'下平槫'所托住的屋顶"，这句话如果参照文中原插

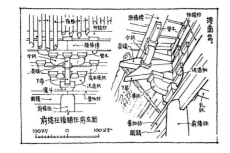

图3-7 永寿寺雨花宫前檐柱头铺作

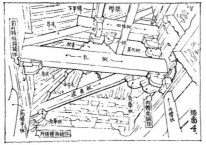

图3-8 永寿寺雨花宫外檐柱额铺作，外檐转角铺作，内转角铺作

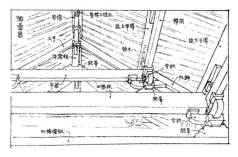

图3-9 永寿寺雨花宫四椽栿、脊槫

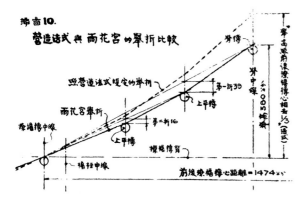

图3-10 营造法式与雨花宫的举折比较

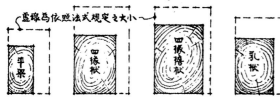

图3-11 雨花宫用梁与营造法式的比较

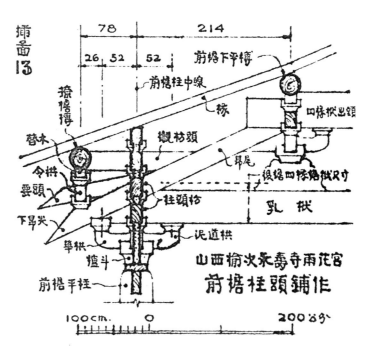

图3-12 永寿寺雨花宫图前檐柱头铺作

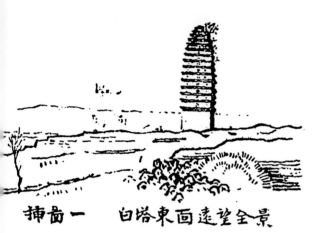

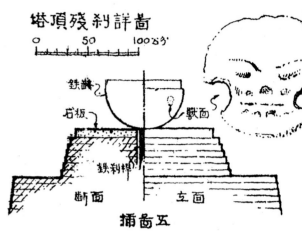

图4-1《四川宜宾旧州坝白塔与宋墓》原插图1，白塔东面远望全景

图4-2《四川宜宾旧州坝白塔与宋墓》原插图2，檐部砌法

图4-3《四川宜宾旧州坝白塔与宋墓》原插图5，塔顶残刹详图

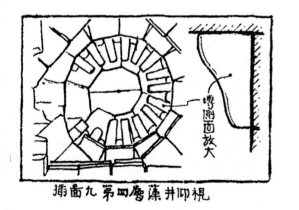

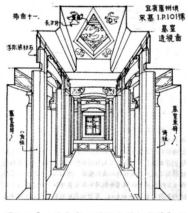

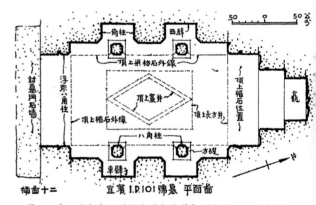

图4-4《四川宜宾旧州坝白塔与宋墓》原插图9，第四层藻井仰视

图4-5《四川宜宾旧州坝白塔与宋墓》原插图11，宜宾旧州坝宋墓Ⅰ.P.101号墓室透视图

图4-6《四川宜宾旧州坝白塔与宋墓》原插图12，宜宾Ⅰ.P.101号墓平面图

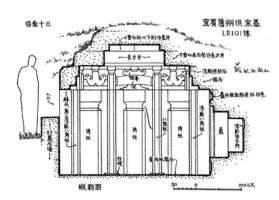

图4-7《四川宜宾旧州坝白塔与宋墓》原插图13，宜宾旧州坝Ⅰ.P.101号墓纵断面

图2、图4，则即使是初学者，也能领略其精当的分析，进而感知这座建筑的力学之美。

需要说明的是，《中国营造学社汇刊》第七卷第一、二期均系条件最艰苦的时期所为，文图均主要为莫宗江先生刻蜡版油印而成。以刻蜡版的方式印刷而能保证绘制的建筑图稿如此精美，也从一个侧面印证了莫宗江先生的美术功力之深。

2. 莫宗江著《四川宜宾旧州坝白塔与宋墓》

据本篇作者附记，大致可知作于1942年3月至1944年10月[①]。

文中附图16张，仅1张称为"图版"，即"四川宜宾旧州坝白塔立面、断面"（正式图稿已收录于梁思成著《图像中国建筑史》，见前文），其余15张为插图：

原插图1，白塔东面远望全景（图4-1）；

原插图2，檐部砌法（图4-2）；

原插图3，宜宾旧州坝白塔各层平面图；

原插图4，内部砌法；

原插图5，塔顶残刹详图（图4-3）；

原插图6，第一层藻井仰视；

原插图7，第二层藻井仰视；

原插图8，第三层藻井仰视；

原插图9，第四层藻井仰视（图4-4）；

原插图10，第五层藻井仰视；

① 参阅《中国营造学社汇刊》第七卷第一期。

原插图11，宜宾旧州坝宋墓Ⅰ.P.101号墓室透视图（图4-5）；

原插图12，宜宾Ⅰ.P.101号墓平面图（图4-6）；

原插图13，宜宾Ⅰ.P.101号墓纵断面（图4-7）；

原插图14，宜宾Ⅰ.P.101号墓横断面（图4-8）；

原插图15，藻井仰视平面（图4-9）。

此文的后半部是关于旧州坝宋墓的调查，或可视为不久之后参加成都前蜀王建墓发掘研究工作的前期准备。

3. 莫宗江"四川成都前蜀王建墓"图稿

据目前所掌握的文献记载，即莫宗江先生生前口述历史，莫宗江曾于1942年参加冯汉骥先生主持的成都前蜀永陵（王建墓）的发掘，并撰写了发掘报告《成都前蜀永陵建筑》，但文稿遗失，仅留下了测绘图稿。这份图稿先后分别藏于莫宗江家中和清华大学建筑学院资料室，总计64张，其中基本可视为定稿者大致可列举下列32张：

（1）成都抚琴台前蜀永陵（总图，含"永陵位置图""永陵附近地形略图""玄堂平面图"）（图5-1）；

（2）成都抚琴台前蜀永陵纵断面；

（3）成都抚琴台前蜀永陵横断面"甲""乙""丙"；

（4）成都抚琴台前蜀永陵横断面"丁""戊"；

（5）四川成都前蜀永陵玄堂内部透视图（图5-2）；

（6）四川成都前蜀永陵玄堂中室石床束腰乐伎浮雕甲；

（7）四川成都前蜀永陵玄堂中室石床束腰乐伎浮雕乙（图5-6）；

（8）四川成都前蜀永陵玄堂中室石床束腰乐伎浮雕丙；

（9）四川成都前蜀永陵玄堂中室石床束腰乐伎浮雕丁；

（10）四川成都前蜀永陵玄堂中室石床束腰乐伎浮雕辰（图5-7）；

（11）前蜀永陵玄堂中室石床复原图（草图）（图5-3）；

（12）前蜀永陵玄堂中室石床平面图（草图，有批改文字多处）；

（13）前蜀永陵内部结构现状图（草图）；

（14）前蜀永陵中室石床束腰断面及乐伎浮雕（草图）；

（15）前蜀永陵隧内雕饰、彩画（草图）；

（16）前蜀永陵内部全景（草图）；

（17）前蜀永陵玄堂北壁现状及券弧复原图1（图5-4）；

（18）前蜀永陵玄堂北壁现状及券弧复原图2；

（19）前蜀永陵玄堂中室石床面上敷石详图；

（20）玄堂中室石床断面（须弥座制度详图）（图5-5）；

（21）玄堂顶上及地面现状实测图；

（22）玄堂木门制度复原图；

（23）玄堂木门铁锁及钩环；

（24）玄堂木门攒花铜饰叶甲；

（25）玄堂木门攒花铜饰叶乙；

（26）玄堂木门攒花铜饰叶丙；

（27）玄堂木门门钉-附环门钉-六瓣铜片；

（28）玄堂木门门靴；

（29）中室出土铁装件；

（30）前蜀永陵棺椁残迹平面图；

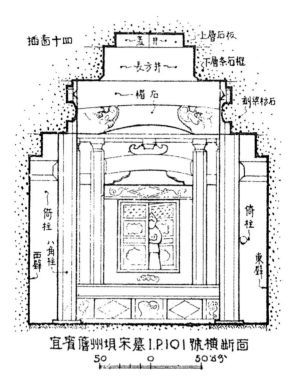

图4-8 《四川宜宾旧州坝白塔与宋墓》原插图14，宜宾旧州坝宋墓Ⅰ.P.101号墓横断面

图4-9 《四川宜宾旧州坝白塔与宋墓》原插图15，藻井仰视平面

（31）前蜀永陵中室石床束腰浮雕伎乐全部乐器详图（图5-8）；

（32）唐宋期中幞头制度演变诸例。

今有幸浏览这份《王建墓测绘图》者，无不赞叹其测量之细致、绘图之精美外——实为兼工程学之精准与建筑图像之艺术感悟于一体。就学术史研究而言，也似可据此推测莫宗江遗失文稿的立意与学术观点。但此工作也非本文之篇幅所能容纳，在此仅记录一点：前蜀永陵玄堂中室石床束腰乐伎浮雕无疑是五代十国时期的雕刻精品，莫宗江所绘的水彩渲染描图本也具有非常高的艺术水准，尤其值得注意的是，这批测图中的"唐宋期中幞头制度演变诸例""前蜀永陵中室石床束腰浮雕伎乐全部乐器详图"等，显示出了莫宗江先生独特的研究方法：以图像考证图像。

4. 莫宗江著《涞源阁院寺文殊殿》

此文刊载于1979年出版之《建筑史论文集》第二辑，是作者生前发表的最后一篇学术论文。文中所配图版、插图如下。

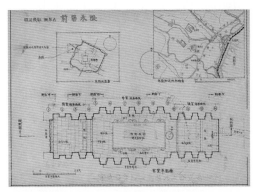

图5-1 莫宗江"四川成都前蜀王建墓"图稿选1，成都抚琴台前蜀永陵

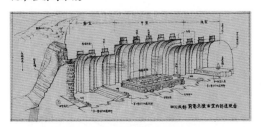

图5-2 莫宗江"四川成都前蜀王建墓"图稿选2，前蜀永陵玄堂内部透视图

图5-3 莫宗江"四川成都前蜀王建墓"图稿选3，前蜀永陵玄堂中室石床复原图（草图）

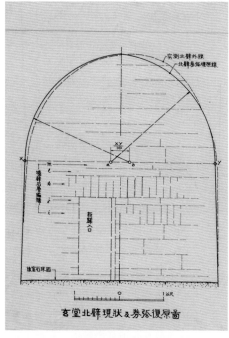

图5-4 莫宗江"四川成都前蜀王建墓"图稿选4，前蜀永陵玄堂北壁现状及券弧复原图

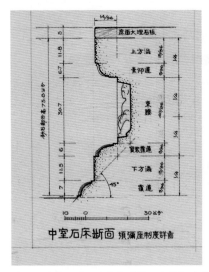

图5-5 莫宗江"四川成都前蜀王建墓"图稿选5，前蜀永陵玄堂中室石床断面须弥座制度详图

图5-6 莫宗江"四川成都前蜀王建墓"图稿选6，前蜀永陵玄堂中室石床束腰乐伎浮雕乙

图5-7 莫宗江"四川成都前蜀王建墓"图稿选7，前蜀永陵玄堂中室石床束腰乐伎浮雕辰

图5-8 莫宗江"四川成都前蜀王建墓"图稿选8，前蜀永陵中室石床束腰浮雕伎乐全部乐器详图

图5-9 莫宗江"四川成都前蜀王建墓"图稿选9，唐宋期中帻头制度演变诸例

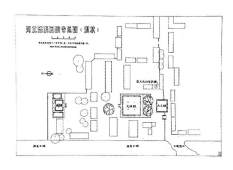

图6-1《涞源阁院寺文殊殿》原图1，河北涞源阁院寺总图（现状）

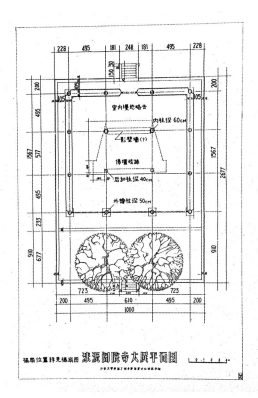

图6-2《涞源阁院寺文殊殿》原图2，涞源阁院寺大殿平面图

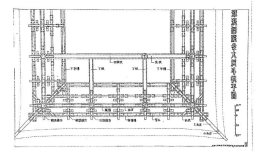

图6-3《涞源阁院寺文殊殿》原图3，涞源阁院寺大殿斗栱平面

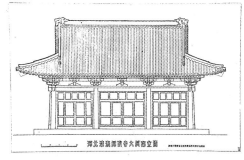

图6-4《涞源阁院寺文殊殿》原图4，河北涞源阁院寺大殿南立面

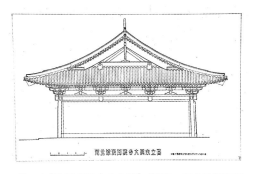

图6-5《涞源阁院寺文殊殿》原图5，河北涞源阁院寺大殿东立面

《涞源阁院寺文殊殿》图版目录（图6-1至图6-9）如下：

原图1，河北涞源阁院寺总图（现状）；

原图2，河北涞源阁院寺大殿平面；

原图3，河北涞源阁院寺大殿斗栱平面；

原图4，河北涞源阁院寺大殿南立面；

原图5，河北涞源阁院寺大殿东立面；

原图6，河北涞源阁院寺大殿纵剖面图；

原图7，河北涞源阁院寺大殿横剖面图；

原图8，河北涞源阁院寺大殿门窗大样图1；

原图9，河北涞源阁院寺大殿门窗大样图2。

《涞源阁院寺文殊殿》插图目录如下：

原插图1，河北涞源阁院寺文殊殿梢间斗栱立面（图6-10）；

原插图2，河北涞源阁院寺文殊殿内补间、转角铺作（图6-11）；

原插图3，蓟县独乐寺山门外檐梢间斗栱立面（图6-12）；

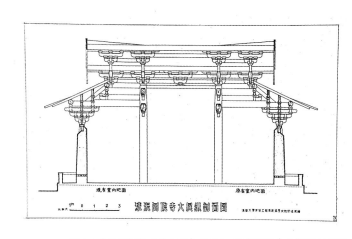

图6-6《涞源阁院寺文殊殿》原图6，涞源阁院寺大殿纵剖面图

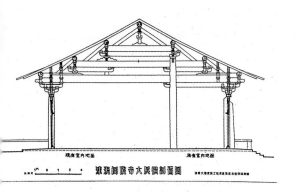

图6-7《涞源阁院寺文殊殿》原图7，涞源阁院寺大殿横剖面图

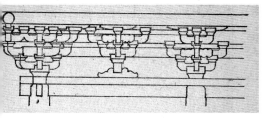

图6-10《涞源阁院寺文殊殿》原插图1，河北涞源阁院寺文殊殿梢间斗栱立面

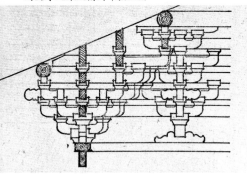

图6-11《涞源阁院寺文殊殿》原插图2，河北涞源阁院寺文殊殿内补间、转角铺作

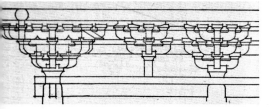

图6-12《涞源阁院寺文殊殿》原插图3，蓟县独乐寺山门外檐梢间斗栱立面

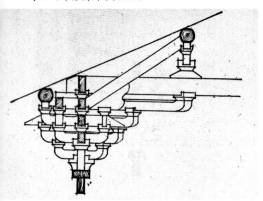

图6-13《涞源阁院寺文殊殿》原插图9，蓟县独乐寺山门补间、转角铺作

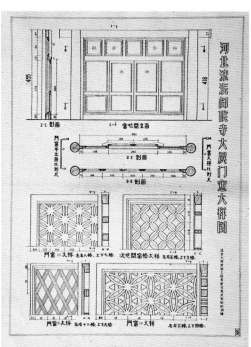

图6-8《涞源阁院寺文殊殿》原图8，河北涞源阁院寺大殿门窗大样图1

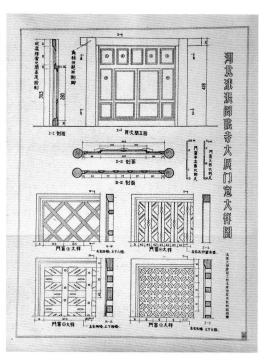

图6-9《涞源阁院寺文殊殿》原图9，河北涞源阁院寺大殿门窗大样图2

原插图4，蓟县独乐寺山门补间、转角铺作；

原插图5，蓟县独乐寺山门转角铺作；

原插图6，宝坻广济寺三大士殿外檐梢间斗栱立面；

原插图7，宝坻广济寺三大士殿补间、转角铺作；

原插图8，新城开善寺大殿外檐梢间斗栱立面；

原插图9，新城开善寺大殿梢间补间、转角铺作；

原插图10，大同华严寺薄伽教藏殿梢间斗栱立面；

原插图11，大同华严寺薄伽教藏殿梢间补间、转角铺作（图6-13）；

原插图12，应县木塔第五层内槽补间外跳立面-副阶梢间铺作立面；

原插图13，应县木塔第五层内槽补间铺作；

原插图14，蓟县独乐寺观音阁上层内槽补间铺作。

今观这23张图稿，大致可知均非莫宗江先生亲笔所绘，而是在其指导下的学生手笔。

至此，莫宗江先生以指导学生绘图的方式，展示其学术生涯的另一面——建筑历史教学。

三、莫宗江先生古建筑测绘图的价值和意义

本文分为上、中、下三篇对莫宗江先生所做图纸进行了一次梳理，以辨析未曾明确作者和未曾发表的图纸为主，虽不是先生所做图纸的全部，不过也是相当主要的部分了，我们在此可以对莫宗江先生所做的图纸有一个基本全面的了解。本文涉及的这些图可以大致分为三个部分：一部分可以称之为专业插图类，这部分是为了《中国图像建筑史》一书的出版而做，另外两部分分别是用于学术论文与研究的图纸和测绘工作中的草图。

从内容来说，第一部分图纸是建立在后两部分的基础之上，按照书籍出版的考量而绘制的。如果说学术重要性，是一样的，如谈到制图的美学和艺术成就，则以这一批"插图"为最高。从图面上看，不难发现这些图受到《佛莱彻建筑史》中插图的影响。《佛莱彻建筑史》这部首版于1901年的书于1921年出版了第6版，正是从这一版开始，书中的插图风格成熟稳定并且一直延续

下来，这个时间就在中国营造学社创办的前面几年。这从另一个角度说明，那时的西方建筑史界也是刚刚摸索并总结了新的表达方式，这些最新的成果在中国营造学社得到了借鉴。据说当年梁思成先生正是指着这部书鼓励莫宗江先生，画出一套中国建筑史的插图，并且"我们出的成果一定要达到世界的最高新水平"。这一点可以说是做到了。达到世界最高水平的第一步就是要借鉴原有的世界最高水平，《弗莱彻建筑史》插图中饱满紧实的布图风格、标注和字体的特点、比例人的安排等等，这些在莫先生的图里都有体现。不过毕竟中西建筑本来就风格不同，中西文化的审美也不同，在莫先生这里，所有的插图变得更有东方风骨，比如所有插图都增加了一个图框边线，使得整个画面更加聚气提神，犹如我们中国人讲究的"三分画七分裱"给画面增加了空间的层次感，并且这个图框也不是一味地框严，结合图面的内容，有时候图框会断开，允许图面的线条或气韵"破框而出"，框内的构图也不是一味地填满，也会注意气息的留白，比如莫先生对于佛像的简笔，就是既交代了问题，又留给人遐想。比较有意思的是在描绘佛教建筑的时候，可以发现作为比例的小人就是身穿袈裟的僧人，可以说是带着满满的现场感，让人不禁会心一笑。当时中国营造学社还借鉴了日本学者的研究成果，应该对日本的建筑制图风格也有所借鉴，日本的《日本建筑史参考图集》（1930年）和《东洋建筑史参考图集》（1936年）是前后同一时期，不过较之莫先生图纸的线条和构图都逊色不少，可见真的是达到了当初和梁先生约定的"世界最高新水平"。当然，这些制图的成就也是离不中国传统图学成就的基础，离不开当时对《营造法式》和"样式雷"图档的研究，不过这些图纸和文献插图还是有本质的飞跃是显而易见的，那就是和世界同步的图学原理的应用。在"样式雷"图档中虽然也有平面图、立面图、剖面图、轴测图这样的表现形式，但是还保留着很多自发但并不准确的传统表达方式。在梁思成先生的指导之下，在莫先生独特的天赋和努力之中，这批以营造学社集体成果的名义保留下来的《中国图像建筑史》插图，达到了那个时代的最高水平，到今天依然是人们心中中国营造学社学术成就的象征。

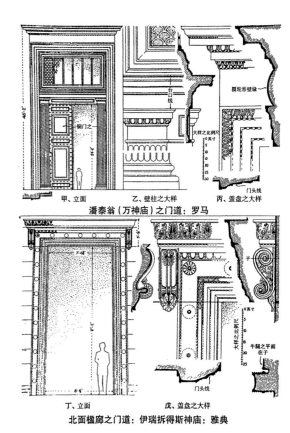

图7《弗莱彻建筑史》插图举例（选自沈理源汉译本）

另外两部分的建筑制图和测绘手稿，虽然离开公众的视线稍远，但是具有更为基础的学术价值。特别是在莫先生存世的手稿和文章不多的情况下，通过研读这些图纸可以辨认出莫先生用图纸思考的过程，体会那一代人治学的踏实与严谨。莫先生还留下了诸如《王建墓伎乐图》这种看似和建筑研究关系不大的手稿，这固然和他本人的多才多艺与博学有关，但是我们更需要体会莫先生一贯的治学思想，那就是追求传统建筑背后的"道"，从这个"道"出发，建筑史和艺术史是一体的，而不仅仅是工程技术的历史。

四、结语

本文以辨析新出版的《梁思成〈图像中国建筑史〉手绘图》一书中莫宗江先生所做的图纸为发端，依次梳理了莫宗江先生在《图像中国建筑史》的插图绘制（1939—1942年）、应县木塔的测绘与研究（1935—1936年）、大同的古建调研与测绘（1933—1934年）等中国营造学社集体劳作中所做的图纸目录，以及莫先生独立完成的山西榆次雨花宫、成都前蜀王建墓、宜宾旧州坝白塔与宋墓、涞源阁院寺等研究中做图纸的目录，虽然这个目录可能有尚未完善之处，但在目前尚无莫宗江先生文集行世的情况下，也算是为了纪念莫先生一百周年诞辰，我们这些后辈力所能及的第一步吧。由于特定历史中的偶然原因，莫先生的手稿在生前就几次遗失，虽然他本人对此已经释然，但是他所做的努力与贡献毕竟不能也不应模糊在历史中。不可否认，莫先生是在中国营造学社这个集体中，在梁思成先生的领导下，在同社的其他学者的共同工作中完成的这些工作，但是他所做的图纸数量之丰、内容之重要、图面之优美都是历史必须铭记的。

最后，让我们回顾美国学者费慰梅独具慧眼的评价："……古代的建筑设计工具是文字，如宋代的《营造法式》和模型，如清代的烫样，支持着前面古代建筑不可画的观察。当不可画的还是被画了的时候，便导致了革命。当莫宗江建筑师制成应县木塔立面图的一刻，古典的经验建筑开始向造型建筑转化……"[1]诚如是言。

① （美）费慰梅：《林徽因与梁思成》，北京，法律出版社，2010年。

The Great Wall's Cognition and Protection Practice in the 20th Century (II)

20世纪长城认知与保护实践（下）

李大伟*（Li Dawei）　张依萌**（Zhang Yimeng）

摘要：长城是我国古代伟大的军事工程，有着两千多年的建造历史，随着其原始功能的逐渐消失，长城作为文物的认知和保护在20世纪开始兴起。在长城百年的研究史中，通过历次的调查和研究，我们对长城的认知也经历了一个不断深化的过程，从单纯墙体逐渐被视为完整的防御体系。从文化遗产价值角度看，长城被视为军事、地理、经济和文化的多元一体文化遗存，是历史与现实交融的人类共同遗产。如今，长城不仅是民族的象征，更是我们生活的家园。1987年，长城以其无与伦比的突出普遍价值，被列入联合国教科文组织《世界遗产名录》，成为人类共同的文化遗产。

长城的保护实践始于中华人民共和国成立之日，距今已有70年的时间。随着文物保护事业日益受到重视，在党和国家领导人的关心下，长城保护经历了3次高潮，保护原则、理念和工艺也不断更新和发展。长城保护原则经历了从恢复原状或保存现状并存到全面复建占主导再到原状保护占主导地位的变化；在工艺措施上，经历了从以传统古建筑修缮技艺为主到与考古等多学科相结合的转变，从传统材料到传统和现代材料和工艺相结合的转变。

关键词：长城，认知，保护

Abstract: The Great Wall is a great military project in ancient China. It has a history of more than 2,000 years. However, with the gradual disappearance of its original function, the recognition and protection of the Great Wall as the cultural relic began to rise in the 20th century. The Great Wall has a century of research history, and our understanding of the Great Wall, through previous investigation and research, has also undergone a deepening process, from the wall to be gradually regarded as a complete defense system. From the perspective of cultural heritage value, the Great Wall is regarded as a multi-cultural heritage of military, geographical, economic and cultural integration, and a common heritage of human history and reality. Nowadays, the Great Wall is not only a symbol of our nation, but also our home of life. In 1987, the Great Wall was listed on the UNESCO *World Heritage List* and became the common cultural heritage of mankind because of its outstanding universal value.

The practice of protecting the Great Wall began with the founding of the People's Republic of China, and it has been 70 years. The protection principle of the Great Wall has undergone changes from restoring the original state or preserving the existing state, overall restoration to original protection; in terms of technological measures, it has gone through from traditional ancient building repair techniques to combining with archaeological and other disciplines, and from using traditional materials to bonding traditional and modern materials and processes.

Keywords: the Great Wall, cognition, protection

*陕西省文物保护研究院副研究馆员，研究方向为长城保护管理研究、文化遗产基础理论研究。
**中国文化遗产研究院副研究馆员，研究方向为长城考古与研究。

一、长城的功能——军事、地理、经济、文化多元一体

长城是中华文明的伟大成就，是中华民族先民在2400余年的漫长历史中，在险恶的自然环境和较低的生

产力条件下，创造的伟大人类工程奇迹；长城是数量巨大、类型丰富、分布范围宽广的各类遗存与其所处自然环境共同构成的、具有突出普遍价值和独特文化景观特征的文化遗产。在我国各个历史时期，长城发挥着保卫国家长治久安、维护人民生活稳定、促进多元文明交流的重要作用。

1.坚固防线

作为军事防御工程而存在的长城，是战争的产物。在不同历史时期，长城修建的目的、修建能力、长城的功能与防御对象不尽相同。例如，在北方游牧民族活动比较频繁的时期，战国秦、赵、燕在北部地区修筑的长城，主要是防御戎、楼烦、林胡、东胡等游牧民族；秦、汉、明等统一王朝以及其间北魏、东魏、北齐、北周、辽、西夏、金等北方地区各政权也广泛修筑长城，以防御匈奴、柔然、突厥、蒙古等游牧民族的侵扰。冷兵器时代，长城坚固的防御体系不但有效地阻滞了草原民族对中原的侵扰，其宏大的建筑形态更对长城以北的民族和政权产生了战略威慑力，在保卫国家长治久安上发挥了不可替代的重要作用。

2.边界标识

长城修筑的地理位置，基本限定了东亚大陆农耕民族同游牧、渔猎民族两种不同政治、经济形态和生活方式的分布区域。"边界"和"内外"的概念因此而清晰起来。《汉书·西域传》谓："秦始皇攘却戎狄，筑长城，界中国。"《后汉书·乌桓鲜卑列传》云："天设山河，秦筑长城……所以别内外，异殊俗也。"长城的修筑，拓展了"中国"的地理和政治概念。

3.发展保障

长城在发挥军事防御功能的同时，有效地调整了农耕与游牧经济的关系，削弱了战争对社会经济的负面影响。长城一方面阻挡了草原骑兵对农业生产的侵扰和破坏；另一方面，长城也限定了农耕文明的边界，避免了农耕民族对草原的不当开发，农业生产方式对草原经济、生态与文化的破坏。长城两侧的文明因此都能够在较为和平、安宁的环境中得到持续发展。

4.文明桥梁

长城并没有真正阻断民族、经济与文化的交流，而是为二者的交流和相互补充提供了场所和边界，起着调解两种经济生活方式和民族关系、促进文明之间和平交往的作用。特别是位于交通道口、山口等处的关、堡还为不同地区人群贸易、交流提供了庇护，成为重要的贸易市场和物资供求、集散基地，客观上有利于长城沿线游牧、农耕民族对话交流、民族团结和文化融合，形成农耕民族与游牧、渔猎民族既内外有别，又"你中有我、我中有你"的关系。

此外，汉武帝时期，丝绸之路贯通之后，汉、唐等古代政权在西域地区修筑了大量烽燧、驿站、屯堡等设施，也在客观上保障了丝绸之路的畅通与往来使节、客商的安全和贸易的稳定。

二、长城的价值——历史与现实交融，人类的共同遗产

20世纪以来，长城成为中华民族精神的象征，也是中国和中华民族形象的代表，在世界范围内具有广泛的影响力。

长城历经成百上千年自然环境变化与社会时代变迁，各类遗存蕴含着丰富的历史信息，包括"材料、工艺、设计及其环境和它所反映的历史、文化、社会等相关信息"[1]。长城"在历史深化过程中形成的包括各个时代特征、具有价值的物质遗存都应得到尊重"[2]，保有敬畏之心。保护长城，是"对其价值、价值载体及其环境等体现文物古迹价值的各个要素的完整保护"[3]。保护长城的根本目的不是要重现长城当年的辉煌，而是要真实、完整、客观地保存长城承载的历史信息，保护其古朴和沧桑感，传承和发扬它在历史、艺术、科学等方面无与伦比的价值。

（一）历史价值

1.历史见证

长城是中国历史上一系列重大事件的物质见证。春秋战国时期，列国长城的修筑，见证了中原各地人口与资源关系的变化，从地广人稀到因争夺资源而进行战争；秦筑"万里长城"，见证了中国从分裂走向统

① 国际古迹遗址理事会中国国家委员会：《2015中国文物古迹保护准则》，第10页。
② 同上。
③ 同上。

一；河西汉塞与西域汉唐烽燧的修筑，见证了汉武帝"断匈奴右臂"的战略、汉与匈奴势力的消长与丝绸之路的开拓；金界壕的开挖见证了蒙古的崛起；明长城见证了古代中原文明走向保守和衰落；20世纪30年代"长城抗战"，长城见证了中华儿女抵御外敌的不屈精神。

2.科技集成

长城，作为延绵数万公里、层级丰富、构成复杂的庞大建筑体系，其建筑和维护需要先进的测绘技术、建筑技术和科学的管理体系加以支撑。长城各时代、各地区遗存丰富，全面记录着2400多年来各类、各地区建筑技术不断发展演变的过程。

军事科学方面。长城的修筑经历了多个历史阶段，从春秋战国时期各诸侯国在各自边界修建"列燧"或"列城"并逐步通过墙体将它们联结形成区域性连续防线，到秦统一后将北方各诸侯国的长城连为一体，再到汉代逐步发展形成完备的军事防御体系和网络，体现了积极防御的军事思想，也见证了古代中国军事防御工程不断发展、完善的过程。

长城的管理由国家统一组织实施。从汉代的"都尉—候官—部—隧"，到明代的"镇—路—关堡—台"军事管理体系，从《塞上烽火品约》到明代的烽火燃放制度，长城的管理采用了分段、分级原则，这种管理模式不仅权责明晰，同时能够高效准确地传递敌情信息，支撑了长城维护与战争的需要，对于当代军事管理科学有重要的参考作用。

此外，明长城敌台的建设，巧妙地将火药的应用与长城建筑结合在一起，见证了冷兵器时代到热兵器时代的过渡。

地理科学方面。至秦始皇时期，长城修筑技术形成"因地形，用险制塞"重要原则。长城在修筑中注意充分利用自然山险、水险，并根据地形地貌灵活选择尺度、形制和做法，有效控制工程整体规模，降低管理维护成本。长城的防御节点通常选址在重要道口、山口等往来必经之地和山海交界等处，形成既便于交通，又有利于防守的布局。这些规划经验和做法在当时世界范围内都具有较为先进的水平，并对其后两千余年里历朝历代长城及其他军事防御工程的勘探、选址和建设产生了直接影响。

建筑技术方面。长城建筑类型丰富，包括墙体、单体建筑、关堡等多种形制，以及砖、石、土、木等多种材料和多种制作工艺。作为国家统一组织实施的军事防御工程，长城修筑过程中汇集了大量各地工匠，集中体现了我国古代各地区建筑技术的发展水平。此外，长城所在地多属山地、戈壁、沙漠、草原等交通不畅、地形复杂的险恶之地，施工及后期管理维护难度大，各地在实施长城修筑过程中，往往就地取材、因地制宜地采用砖石混筑、土石混筑、土木混筑、夯土版筑等多种做法，使得各类长城建筑成为各地同类建筑形制的典型代表。

3.文学灵感

长城建筑形象高大雄伟，空间尺度延袤壮阔，与崇山峻岭、草原荒漠、河流湖泊共同形成伟大的文化景观，具有独特的美学特征，成为充满诗意的文化形象与符号，以及古今中外无数文学、艺术作品的重要元素。一生从未到过中国的奥地利著名作家弗兰兹·卡夫卡写下了《中国长城修建时》。在国内，至迟在汉代，已有文学作品将长城作为表现题材，表达民间疾苦、边塞生活的萧肃，体现家国情怀。其中，"边塞诗"作为古代诗歌的一种重要形式，与长城密切相关。"男儿宁当格斗死，何能怫郁筑长城"；"秦时明月汉时关，万里长征人未还"；"塞上长城空自许，镜中衰鬓已先斑"等均是耳熟能详、脍炙人口的名句。

图1 作为现代人生活家园的山西省山阴县明长城旧广武堡（严欣强拍摄）

图2 作为城镇中心的明长城宣府镇城（今张家口市宣化区）（张依萌拍摄）

（二）现实价值

1.生活家园

在防御功能日益衰退后，长城沿线许多关口、城堡逐渐发展成为重要的城镇，如明长城九边十三镇的部分镇城，包括广宁（今辽宁省北镇市）、东宁（今辽宁省辽阳市）、山海关（今秦皇岛市山海关区）、三屯营（今河北省迁西县三屯营镇）、昌平（今北京市昌平区）、宣化（今河北省张家口市宣化区）、正定（今石家庄市正定县）、保定（今河北省保定市）、大同（今山西省大同市）、偏关（今山西省偏关县城）、宁武（今山西省宁武县城）、绥德（今陕西省绥德县）、榆林（今陕西省榆林市）、宁夏（今宁夏回族自治区银川市）、固原（今宁夏回族自治区固原市）、甘州（今甘肃省张掖市），以及数量庞大的城堡，绝大部分发展成为现代城镇或村庄，至今仍然有大量人口居住其中，与当代人的生活融为一体。保护长城，就是保护我们的生活家园。

2.国家象征

孙中山先生撰写的《建国方略》有专门的段落对长城的概念及其与中华民族的关系进行论述，并称长城为"世界独一之奇观"。

20世纪30年代，爆发了著名的"长城抗战"。1933年3月至5月，时国民政府指挥国民革命军在长城的义院口、冷口、喜峰口、古北口、罗文峪、界岭口等地抗击侵华日军的进攻。这是"九一八"事变后我国军队在华北进行的第一次较大规模的抗击日本侵略者的战役。"长城抗战"表现了中国广大爱国官兵反抗侵略者的高尚的抗战热情和顽强的抵御能力。此后，1937年9月中旬，八路军第115师在师长林彪、副师长聂荣臻指挥下在长城平型关地区集结待机，伏击日军辎重队，打破了日军不可战胜的神话，高涨了全国人民的反侵略志气，打击了日军的侵略气焰，震动全国，意义深远。

作为中国军民抗击日本侵略者的重要战场，长城与民族兴亡、国家兴衰联系在一起，成为鼓舞全国人民奋勇抗敌的精神支柱和坚韧不屈的民族精神象征。《义勇军进行曲》的歌词——"把我们的血肉筑成我们新的长城"，就是在这一形势下写成并广为流传的。新中国成立之后，随着《义勇军进行曲》成为中华人民共和国的国歌，长城作为中华民族的形象象征，在国家层面得到了正式确认。

在长城的象征意义得到不断深化和强调的同时，长城的形象也逐渐走入中国百姓的日常生活，人们自觉或不自觉地通过多种方式宣传和利用长城。在世界范围内，作为中国知名度最高的文化遗产，长城是世界了解中国的重要窗口，多国政要、社会名流都登过长城。此外，1991年北京亚运会以长城形象为会徽元素，2008年北京奥运会、2010年广州亚运会等重大体育赛事都在长城上传递火炬，长城见证了中国体育事业腾飞和民族伟大复兴。

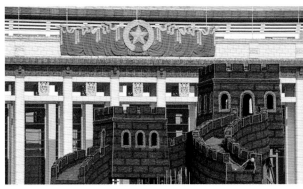

图3 2015年抗战胜利日大阅兵现场的长城花坛（图片来源：新华网）

① 本节未注释的引文出处为联合国教科文组织：《世界遗产第二轮定期报告》，*Periodic Reporting The Great Wall (Section II)*，2012年。

3.人类遗产

1987年，长城正式列入联合国教科文组织《世界遗产名录》。世界遗产委员会对长城价值的阐释为："长城反映了中国古代农耕文明和游牧文明的相互碰撞与交流，是古代中国中原帝国远大的政治战略思想，以及强大的军事、国防力量的重要物证，是中国古代高超的军事建筑建造技术和建筑艺术水平的杰出范例，在中国历史上有着保护国家和民族安全的无与伦比的象征意义。"

根据《实施保护世界自然与文化遗产公约的操作指南》要求，一项文化遗产要想列入《世界遗产名录》，首先要具有"突出的普遍价值"（outstanding universal value）。世界遗产委员会认为，长城符合其中的(i)、(ii)、(iii)、(iv)、(vi)五条标准（表1），具备突出的普遍价值。世界遗产委员会将长城的突出普遍价值描述为：

"明长城是绝对的杰作，不仅因为它体现出了军事战略思想，更因为它是完美建筑。作为从月球上能看到的唯一人工建造物，长城分布于辽阔的大陆上，是建筑融入景观的完美范例。"

"春秋时期，中国人运用建造理念和空间组织模式，在北部边境修筑了防御工程，修筑长城而进行的人口迁移使民俗文化得以传播。"

"保存在甘肃修筑于西汉时期的夯土墙和明代令人赞叹和闻名于世的包砖城墙同样是中国古代文明的独特见证。"

"这个复杂的文化遗产是军事建筑群的突出、独特范例，它在2000年中服务于单一的战略用途，同时它的建造史表明了防御技术的持续发展和对政治背景变化的适应性。"

"长城在中国历史上有着无与伦比的象征意义。它防御了外来入侵，也从外族习俗的入侵中保留了自己的文化。同时，其修造过程的艰难困苦，使它成为中国古代文学的重要题材。"①

具有"真实性"（authenticity）与"完整性"（integrity）也是世界遗产的价值判断标准。

长城世界遗产的真实性概括为："长城的现有遗存真实地保持了其原有的位置、材料、形式、工艺、结构。组成长城防御体系的各相关要素仍保持原有的布局构成，长城与地形地势的完美结合，其蜿蜒于大地上的景观特征，以及其中体现的军事理念都得以真实地保存。"

长城世界遗产的完整性概括为："长城完整地保存了承载其突出普遍价值的全部物质、精神要素，以及历史文化信息。长城约2万千米的整体线路，以及历代修建的，组成其复杂防御体系的墙体、城堡、关隘、烽火台等各要素完整地保存至今，完整保存了不同时期、不同地域长城修建的工程做法，长城在中华民族中无与伦比的国家、文化象征意义传承至今。"

三、纪念碑乎——长城需要回归现实

我们可以建立一个时间轴，从而观察对于长城的各种观念是什么时候产生的。首先要谈的自然是古代中国人。实际上中国人一直以来并不喜欢长城。

"直接或明显地与具有突出普遍重要意义的事件、生活传统、信仰、文学艺术作品相关"是长城的"突出普遍价值"之一。

孟姜女的故事家喻户晓，它所折射的是人民对于沉重劳役和残酷统治的强烈不满。

再比如中国的"边塞诗"，字里行间所透露出来的无不是戍边生活的艰苦和连年征战的凄惨。此后与长城有关的诗歌基本持相同的观点。

(

① 联合国教科文组织保护世界文化与自然遗产的政府间委员会：《实施〈世界遗产公约〉操作指南》，2015：11。
② 联合国教科文组织：《长城世界遗产第二轮定期报告》，*Periodic Reporting: The Great Wall (Section II)*，2012：1。
③【比】南怀仁. *Voyages de L' Empereur de la Chine dans la Tartarie*, Paris: Estienne Michallet, 1685: 51.
④ 孙中山：《建国方略》，辽宁人民出版社，1994：40。
⑤ 中国文化遗产研究院：《大遗址保护行动跟踪研究》，北京，文物出版社，2016年，第722页。

表1 长城的"突出普遍价值"描述

世界文化遗产遴选标准①	世界遗产委员会对长城的价值评价②
(i)人类创造性的智慧的杰作	明长城是绝对的杰作，不仅因为它体现出了军事战略思想，更因为它是完美建筑。作为从月球上能看到的唯一人工建造物，长城分布于辽阔的大陆上，是建筑融入景观的完美范例
(ii)一段时间内或文化期内在建筑或技术、艺术、城镇规划或景观设计中一项人类价值的重要转变	春秋时期，中国人运用建造理念和空间组织模式，在北部边境修筑了防御工程，修筑长城而进行的人口迁移使民俗文化得以传播
(iii)反映一项独有或至少特别的现存或已经消失的文化传统或文明	保存在甘肃修筑于西汉时期的夯土墙和明代令人赞叹和闻名于世的砖砌城墙同样是中国古代文明的独特见证
(iv)是描绘出人类历史上一个重大时期的建筑物、建筑风格、科技组合或景观的范例	这个复杂的文化遗产是军事建筑群的突出、独特范例，它在2000年中服务于单一的战略用途，同时它的建造史表明了防御技术的持续发展和对政治背景变化的适应性
(vi)直接或明显地与具有突出普遍重要意义的事件、生活传统、信仰、文学艺术作品相关	长城在中国历史上有着无与伦比的象征意义。它防御了外来入侵，也从外族习俗的入侵中保留了自己的文化。同时，其修造过程的艰难困苦，使它成为中国古代文学的重要题材

这是20世纪之前，中国人对长城普遍的看法。

有意思的是，对长城最早的正面描述，并不是来自中国，而是西方。在17—18世纪的欧洲文献中，我们能够查阅到很多关于长城的夸张描述。比如这些言论中的代表，17世纪，西方来华传教士南怀仁（Ferdinand Verbiest，1623—1688）曾说过，"世界七大奇迹放在一起，也抵不过（长城）这项工程，欧洲人当中流传的有关它的所有名声与我亲眼所见的比起来相去甚远。"③

我们惊奇地发现，长城竟然还对法国的启蒙思想家产生了影响。伏尔泰（1694—1774）在《风俗论》和《哲学词典》中将长城称为"一桩伟大的工程"，在他的另一部著作《中国书信》中第一次将其称之为丰碑。

在精神领域，长城第一次具有了世界意义。

然而，1793年，马戛尔尼爵士率领一个庞大的使团来到中国，并称赞长城之时，中国人却依然对这些"蛮夷"对长城的热情表示不解。

另一方面，西方人对长城的夸张观念的影响持续到当代。1987年，长城列入《世界遗产名录》，在"突出普遍价值"评语中，我们仍然读到长城是唯一能从月球上看到的人工建筑。

东西方对长城的看法有如此强烈的反差，主要是因为他们解读长城的背景和目的有根本区别。中国人出于对现实的不满，汉代以来儒家思想"节省民力"思想的影响，以及后世王朝对秦朝暴虐形象的刻意塑造，而有意将长城宣传成为一个负面的东西，而西方人的赞美，多是来自后文艺复兴时代的欧洲对神秘东方的向往，和对思想解放的理论准备，对未知的憧憬，对秩序的追求。

实际上，关于长城的理性声音大约出现在17世纪前后。1644年，明朝灭亡。一些曾经参与反抗新王朝斗争的人士，在失败之后转而开始关注边疆历史地理，考证长城的走向、关口等，进而检讨旧王朝的边防政策。

19世纪末，西方人用工业文明成果打开了中国的大门，并发现那个曾让他们向往的中国是如此贫弱不堪，失望之余，对长城的热情也开始转变为理性研究和实地考察。斯坦因来华正是在这个时期。与此同时，中国人对长城的观念却因新的边疆危机而发生了相反的转变。

孙中山在《建国方略》中将长城誉为"世界奇观"④，这说明中国人在20世纪的第一个十年，对长城的印象已经改变。而到了20世纪30年代，随着日本侵略加剧，长城沿线发生了一系列战斗，长城迅速从人人诅咒的地狱，转型为民族精神的象征和坚持抗战的动力。

在抗战时期的民族主义情绪之下，中国人对长城近乎狂热，这种热情持续至今。

毛泽东在他的诗中说"不到长城非好汉"；邓小平和习仲勋则在20世纪80年代提出"爱我中华，修我长城"的口号。在这个口号的指引下，我们复建了山海关老龙头。这种保护方法，显然是违背文物保护原则的，但如果我们把它作为一个纪念碑来看，就合理得多。

如果我们稍微观察一下，会发现，长城的元素在中国人的生活中无处不在，我们有长城牌的汽车、红酒、牛奶、润滑油，以长城命名的公司，长城甚至进入警察和军队的徽章。根据我们的统计，以长城保护和研究为名义的民间社团在中国已经超过30家。

长城在全球范围内的这种受关注度，在世界遗产中是绝无仅有的，同时也表明，大多数中国人并没有把它作为文化遗产看待。

与这种热情相比，公众对长城的认识却少得可怜。一份2014年的调查显示，长城沿线的居民中，仅有40%的人知道自己的家乡有长城⑤，知名度与认识的极度不平衡，也成为当前长城认知的一个突出现象。这种不平衡，对于长城的科学保护显然是有很大负面影响的。

四、长城保护实践历程——从恢复原貌到原状保护

长城文物认知有百年历史，但真正的保护直到新中国成立后才开展，并延续70年。在长城保护实践过程中，三次国家顶层设计和推动的保护行动尤其值得注意，因为对这种跨区域、跨时代、体量庞大的文物而言，国家层面的顶层设计和推动有利于保护实践的开展。实践过程也反映出了长城保护实践的原则与方法变化：长城保护原则经历了从恢复原状或保存现状并存，到全面复建占主导，再到原状保护占主导地位的变化；在工艺措施上，经历了从以传统古建筑修缮技艺为主，到与考古等多学科相结合，从传统材料到传统和现代材料、工艺相结合的转变。

长城保护工程的开展是新中国保护工作不同于之前晚清、民国时期的主要区别之一。随着我国文物保护形势的发展，长城保护工程的实施在长城保护工程数量、程序、原则、技术措施等方面都经历了不同的发展阶段，各有特点。从新中国成立初期的全面修复，到20世纪80年代出现"原状保护"，进入21世纪以来，随着文物保护技术的发展，多种保护方式相继出现。

1.20世纪50、60年代——重点修复为主，原状保护兼存

1950年5月24日,中央人民政府政务院先后颁布了禁止珍贵文物出口、保护古建筑、考古发掘、征集革命文物等一系列的法令，其中《古迹、珍贵文物、图书及稀有生物保护办法》明确指出："今后对文化遗产的保管工作，为经常的文化建设工作之一。"①1950年中央人民政府政务院《关于保护古文物建筑的指示》提出："凡全国各地具有历史价值及有关革命史实的文物建筑，如革命遗迹及古城廓、宫阙、关塞、堡垒、陵墓、楼台、书院、庙宇、园林、废墟、住宅、碑塔、雕塑、石刻等及以上述各建筑物内之原有附属物，均应加意保护，严禁毁坏。"②正是在这一形势下，1952年开始讨论重点文物建筑维修名单，时任政务院副总理郭沫若提出修复长城的建议。文化部文物局委派罗哲文先生主持这项工程，这一时期由于是新中国成立初期，经济比较紧张，保护修缮数量较少。罗先生经过艰苦细致的勘测，最终选择了八达岭、居庸关、山海关三处首先进行修缮。此外，1950年酒泉县政府也对残破的嘉峪关城楼进行了修缮，1958—1959年又重新进行了全面修缮。

1952年山海关城楼修复时，存在保持原状与修复建筑历史原貌的两种争论。一种认为历史古迹，不能动，动了就不真了，要求保持原状，不要再加以人为的修理；另一种观点认为离开了利用开发的价值，单纯的"保"是没有意义的。在不破坏原有风格的前提下，只有将保护与利用开发结合起来，才能真正实现古建筑的存在价值③。当时第二种观点占据上风，这与当时视长城为中华民族精神象征，试图再现万里长城雄壮景观，利于对外展示的思想不谋而合。在这一思想指导下，当时的辽西省拨款对山海关"天下第一关"箭楼进行大修工程，四面墙体全拆全修，木构件加固，油漆彩画；1956年5—6月，河北省文化局又拨款对"天下第一关"箭楼两侧外墙体、关城南水门、罗城东门进行修复；1958年国家文物局拨款对"天下第一关"箭楼彩画、姜女庙等建筑进行维修④。此后山海关还相继开展了其他修复工程。

此时的八达岭长城历经沧桑，已经大面积损毁和坍塌，在勘察设计方案审定阶段得到梁思成先生的指导，梁先生提出长城维修的三项基本原则。第一，古建筑维修要有古意，要"整旧如旧"，按原状维修。他特别强调修长城要保存古意，不要全部换成新砖、新石，千万不要用水泥。有些残断的地方，没有危险，不危及游人的安全就不必全修，"故垒斜阳"更有味道。第二，长城上的游客休息座位的布置，也要讲究艺术性。不能在古长城下搞"排排坐，吃果果"的布置，要有野趣，讲究自然。第三，在长城边上种树，不能种高大乔木，以免影响观看长城的效果。另外，树过于高大，离长城的距离过近，对长城的保护也是不利的⑤。梁先生的意见也成为长城保护工程实施的一项重要指导思想，对今后的长城保护维修工作产生了深远影响。

根据这一原则，对"居庸外镇"城台及南四楼城墙进行了修复。当时主持修建工程的罗哲文先生广泛搜集原有的城砖，尽可能多地利用原来坍塌下来的城砖修复。1953年八达岭、居庸关长城修缮完成，并在当年国庆节对游人试开放，并与1957年重修"居庸外镇""北门锁钥"二门及南北各四个敌台，1958年正

① 中央人民政府政务院令（一九五○年五月二十四日），国家文物局：《中国文化遗产事业法规文件汇编（1949—2009）》（上册），北京，文物出版社，2009年，第3页。

② 中央人民政府政务院《关于保护古文物建筑的指示》，国家文物局：《中国文化遗产事业法规文件汇编（1949—2009）》（上册），北京，文物出版社，2009年，第7页。

③ 刘剑.《罗哲文与山海关》，北京，作家出版社，2004年，第12页。

④ 国家文物局：《全国重点文物保护单位记录档案——万里长城山海关》（内部资料）。

⑤ 文爱平：《新中国成立60年来的长城保护工作》，《北京规划建设》，2009（6）:77-79。

图4 嘉峪关（甘肃省文物局供图）

图5 山海关（河北省文物局供图）

图6 八达岭长城(八达岭长城管理处摄)

式对外开放。

这是近代以来首次对长城进行的文物保护修缮工程，在长城保护历史上具有里程碑式的意义。本次长城维修主要采取了修复的方式，对残损的长城首次进行了文物修缮，保障了长城文物本体的安全。

但两种保护原则的争论也是那时文物保护思想的反映。在对长期文物保护实践经验进行总结的基础上，1961年国务院颁布了《文物保护管理暂行条例》，其中第十一条就规定"在进行修缮、保养的时候，必须严格遵循恢复原状或者保存现状的原则"[1]，允许原貌复原和原装保存两种方式。

1957年，郑振铎先生在第一届全国人民代表大会第四次会议上总结了八年以来的古建筑保护工作，指出："在精打细算、不浪费、不铺张的方针下，八年来基本上保护了古代重要的寺庙、宫殿、城墙、桥梁、石阙、砖塔、木塔等。像长城、山西五台寺的唐代建筑……，等等，不仅予以坚决的保护，妥善的保存，而且加以必要的修缮。"[2]这表明，此时长城已经成为国家文物保护的重要对象。

2.20世纪80、90年代——从大规模复建到原状保护原则的确立

20世纪80年代，长城保护维修工作重新得到重视，长城保护的新原则和新方法出现。这一时期的行动纠正了"文革"时期大肆破坏长城的错误，充分抽调全社会力量，保护长城，促进了全民保护意识，具有开创意义。此时长城保护出现了大面积复原的浪潮，但随着国际保护理念的引入，原状保护的做法受到好评，为今后的保护奠定了基础。

1976年粉碎"四人帮"之后的三年中，主要是总结历史经验，从各个方面进行拨乱反正，努力从思想上、制度上消除十年动乱造成的严重后果，并开始采取措施抢修那些濒危的文物单位。十一届三中全会以后，文物保护工作和其他战线一样，得到了党中央、国务院的高度重视[3]。1982年11月，全国人大常委会公布了《中华人民共和国文物保护法》，为文物保护管理提供了法律武器，开创了我国历史文化遗产保护的新局面。正是在这种形势下，重新推动了长城的保护工作。

这一时期长城也正遭受巨大破坏。1978年春，滦平县两间房公社民办教师贾云峰对长城被破坏的状况颇感痛心，给国务院领导写信反映自己看到的长城现状，时任国务院副总理李先念当即批示"长城不能拆，要保护好"。北京市委和北京市革命委员会遵照指示对长城沿线四个县提出了坚决制止毁坏长城并做好保护工作的三项措施，得到中央批准。1978年5月，国家文物局事业管理局下发了《关于加强对长城保护的通知》将这三条措施转发北京、辽宁、吉林、黑龙江、河北、内蒙古、陕西、宁夏、甘肃、山西、新疆、湖北、山东、河南等14个省、自治区和直辖市，要求：一、加强领导，做好宣传教育；二、长城沿线的各县、社、队认真遵守文物保护的规定，坚决制止乱拆长城的行为，过去发生的，一般以教育为主，今后如再发生，则要严肃处理；三、对阶级敌人的破坏活动要坚决打击[4]。随后由国务院组织了五批调查人员去各省市调查长城状况[5]，并开始纠正"文革"中破坏长城的做法。正是这位普通教师的一封信改变了长城遭受大面积破坏的命运，并重新得到重视和保护。

1979年，第一次长城保护和研究工作座谈会在呼和浩特召开，与会学者形成共识"首先就要把长城的实物保护好，不然进行任何研究、发挥任何作用都会成为空话。"会上也提出了保护建议："一些重要的

① 国家文物局：《中国文化遗产事业法规文件汇编（1949—2009）》，北京，文物出版社，2009。
② 《人民日报》，1957年7月22日版。
③ 谢辰生：《新中国文物保护50年》，《当代中国史研究》，2003年第3期，65，61-70。
④ 国家文物事业管理局：《关于加强对长城保护的通知》（78文物字第61号），国家文物局：《中国文化遗产事业法规文件汇编（1949—2009）》（上册），北京，文物出版社，2009年，第83页。
⑤ 调查结果在1980年由文化部、国家文物事业管理局上报国务院，并由国务院办公厅转发河北、北京、天津、内蒙古、山西、陕西、宁夏、甘肃。参见《国务院办公厅转发文化部、国家文物事业管理局关于长城破坏情况的调查报告的通知》，国家文物局：《中国文化遗产事业法规文件汇编（1949—2009）》（上册）北京，文物出版社，2009，第116-119页。

长城地段和关口地方，被破坏了的要予以修复，如像北京古北口是一处非常雄伟的关口，敌楼耸立在河水之中，景色优美壮观，又是从北京到承德旅游线上的中途站，把它按原状修复了既可以保存此一重要长城地段，又可开辟新的旅游点。"[①]会上明确提出要对长城进行保护，并提出了修复的基本原则。1983年在滦平县召开了全国长城保护工作会议，会后由国家财政拨款启动了金山岭长城的保护修缮工作。这两次会议的召开，理清了长城保护思路，明确了保护目标和方法，极大促进了长城保护工作的开展，也为长城保护高潮的到来奠定了基础。

1984年7月，北京的新闻媒体发起了"爱我中华，修我长城"的社会募捐活动。中共中央政治局委员习仲勋同志给予了大力支持，并写下"爱我中华，修我长城"的题词，后来，中共中央顾问委员会主任邓小平同志又为这次活动题词"爱我中华，修我长城"，使修复长城的社会活动进入了高潮。民间自下而上的自发活动获得了中央领导和政府的支持，也拉开了20世纪80年代维修长城的序幕。1987年12月，长城被列入《世界遗产名录》，长城受到更多的关注。此后对八达岭长城、嘉峪关关城、司马台长城、慕田峪长城、黄崖关长城、九门口水关等长城线上著名的关隘等都进行了复建，对残损的建筑和倒塌的墙体进行了修缮，并进行了对外开放。

1983年秋，金山岭长城在朱希元主持下开始试修，此后在"恢复原貌、修新如旧"思想指导下，从1985—1987年，又对从库房楼到沙岭口，沙岭口到小金山，小金山到大金山的墙体、敌楼、关隘和烽燧进行了修复[②]。八达岭长城从1984年完成了长城修复一、二期工程，修复敌楼19座，城墙3000多米。天津黄崖关长城从1985年春至1987年，分三期工程重新修复，共修复墙体3025米，楼台20座，八卦城1座，正关楼1座，寨堡1座[③]。居庸关在1992—1997年修缮了残毁长城墙体4142米，复建了部分长城墙体上的敌楼、角楼、铺房、烽火台等附属建筑，同时复建了关内门楼、城楼、牌坊、庙祠等建筑，并修缮了云台[④]。

与此同时，司马台长城以原状保护为主的修缮工程在当时以复建为主导的长城保护浪潮中独树一帜，也开启了长城原状保护的时代，具有标志性意义。1982年11月，全国人大常委会公布了《中华人民共和国文物保护法》，规定："核定为文物保护单位的革命遗址、纪念建筑物、古墓葬、古建筑、石窟寺、石刻等（包括建筑物的附属物），在进行修缮、保养、迁移的时候，必须遵循不改变文物原则的原则。"1986年下半年北京市人民政府决定对司马台长城进行保护性修缮，开辟为旅游景点。司马台长城在保护方案设计过程中，恰逢我国在1985年加入《保护世界文化与自然遗产公约》，世界遗产保护的一些理念和原则也随之被国内的文物保护工作者所认识和接受。司马台长城修缮方案在尊重《威尼斯宪章》等国际宪章的前提下，结合1986年7月文化部颁布的《纪念建筑、古建筑、石窟寺等修缮工程管理办法》，提出原状保护的修缮原则：（1）把保护风貌放在首位；（2）长城建筑的修缮要服从环境风貌的要求，以"整旧如旧""整残如残"的原则进行修缮，能不动的尽量不动，能不补的尽量不补，必须添加的，只限于保证安全和有助于强化古旧风貌，凡补添的部分，要求在总体上与原有建筑谐调，要求古今分明；（3）明确规定文物建筑的功能效益首先要注重社会效益，司马台长城应定位于属于高层次的文化旅游对象；（4）立足于显示社会经济条件。在司马台长城保护中，首先要区别原状保护与修缮保护两种对象，力求把修缮保护的工作量限制在非修不足以保证安全，不足以发挥基本效益的范围以内，而大部分则以禁止攀登的措施进行现状保护。在具体施工过程中，采取"原状保护"做法，尽可能保留长城遗迹遗存[⑤]。此举得到了国内外专家的好评。

1988年3月，联合国教科文组织赴中国考察《世界遗产名录》项目时对司马台长城予以高度评价："保存了历史原貌，没有任何现代建筑的痕迹，环境保护得好，这里的修复符合国际上文化遗产的修复原则。修复的原则和设计的指导思想对头，使用传统材料、传统方法来修复文物建筑，对敌楼残墙断壁的加固措施与原墙体明确区别，使后人一目了然，这样处理是正确的。"对于这段长城修复过程中的做旧处理，称赞其是"一种神奇的方法"。1989年，北京市人大常委会组织代表视察北京市文物工作，代表们对司马台长城按照文物原貌以"修旧如旧"的原则进行修复，保持了明长城原有风貌的做法，表示赞赏和肯定[⑥]。虽然施工中仍有未尽如人意之处，但是这种"原状保护"的长城维修理念和方法确实值得称道。

此后，金山岭长城在修缮过程中，也借鉴了这种修缮方式，正是这种长城保护维修理念的实施，才使

图7 习仲勋和邓小平同志题词（山海关长城博物馆供图）

图8 居庸关（北京市文物局供图）

图9 黄崖关（天津市文物局供图）

① 《长城保护、研究工作座谈会侧记》，《文物》，1980（7）:30—31。
② 《金山岭长城的"发现"是我们永久的记忆》，承德在线。
③ 《天津蓟县着力保护重点文物，逐步进行古迹修复》，北方网综合，2014年10月26日。
④ 高小华：《居庸关修复工程概要》，《明长陵营建600周年学术研讨会论文集》，北京，科学文献出版社年，2010年，第702—713页。
⑤ 王世仁：《文化遗产保护知行录》，北京，中国建筑工业出版社,2015。
⑥ 王世仁：《文化遗产保护知行录》，北京，中国建筑工业出版社,2015年，第319—321。

金山岭长城没有真正成为"第二八达岭"除部分1986年复建段落之外，大部分维修后的长城仍保留了长城原有的雄壮和苍凉。

九门口长城修复过程中则首次将长城保护修复与考古发掘结合起来，以考古成果作为长城修复的依据，起到了很好的结合和支撑作用。1986年4月，九门口长城修复工程一期开工，至1989年11月结束，一期主要是修复南段长城(过河城桥)。在工程实施过程中，考古工作始终在进行。为了长城修复能符合历史原貌，经国家文物局批准，由辽宁省文物考古研究所冯永谦先生任领队进行考古发掘，以便根据地下出土文物遗迹进行修复。发掘工作从1986年6月开始，历时四年，至1989年结束。主要对九门口长城九江河的水门进行考古发掘，发掘了水门和一片石古战场遗存[1]。在九江河建筑遗址发掘过程中，不仅考订了一片石战场的确切地点，还发现了长城的跨河城桥，桥下有长23米、宽5.7米、高8.5米，水下基础深达3米有余的桥墩八座。在八个桥墩与两岸的边台之间，形成高8.5米、宽5.7米，顶为拱券式的门道九孔。发掘中还发现，在券门东端还装有双扇外开的巨型木质栅门[2]。考古工作极大支撑了九门口长城尤其是过河城桥的修复工作，使得这次复建工作有据可依。1998年9月—1999年8月进行了九门口北段长城的二期修复工程。

虎山长城修复是考古工作与长城修复有机结合另一案例，并且是在长城修复工程之前开展考古工作的，更具指导性。1990年春，丹东市有关部门动议修复这段长城，为明确明长城东段起点的具体位置、经行路线，了解建筑结构、施工特征，给修复工程提供依据，丹东市邀请专家进行了调查，并确定明长城遗址。经国家文物局批准，对虎山长城遗址进行了考古发掘。考古发现虎山长城有较为完整的防御设施，但多数地面建筑已经坍塌残毁，仅存基埕[3]。遗存情况表明："长城在虎山南北通过，均为石筑，兼或有山险墙，长城墙体与墙台遗迹明显，结构清楚"[4]1992年虎山长城修复设计方案通过，根据考古发掘，在遗址上修复了虎山长城，墙体1250延长米，包括过街城楼、敌楼、站台、马面等12座，烽火台1座。虎山北麓按照考古发现恢复了山险墙[5]。

3.21世纪长城保护的延续——确定原状保护原则，新技术和新材料得到应用

进入21世纪，随着长城沿线经济开发活动增加，人为损毁趋势也不断加剧。2003年，李长春、陈至立等中央领导同志批示"要加强长城保护"。2003年，国务院七部委联合下发了《关于进一步加强长城保护管理的通知》，明确规定要加强对长城保护维修工作的管理，坚决杜绝"保护性""建设性"破坏事件的发生。国家文物局报国务院批准，颁布了《长城保护工程（2005—2014年）总体工作方案》，明确目标是"争取用较短的时间摸清长城家底、建立健全相关法规制度、理顺管理体制，在统一规划的指导下，科学安排长城保护维修、合理利用等工作，并依法加强监管，从根本上遏制对长城的破坏，为长城保护工作的良性发展打下坚实基础。"在国家顶层设计下，长城保护工作全面展开，大量残损长城得到保护和修缮，这一阶段长城"原状保护"的原则占据主导地位，全面复原的方式逐渐减少。

国家实施了一大批长城墙体、界壕、烽火台、关堡等保护维修项目。启动、实施长城保护项目160余项。项目类型包括长城文物本体维修加固，长城周边环境整治和遗产展示。项目范围覆盖了长城沿线全部15个省、区、市，以及明、秦汉等各个时代，维修、加固的长城墙体长度358千米单体建筑688处。

2006年《长城保护条例》颁布实施，这是我国首次针对单一文物类型制定专项保护法规，具有重要里程碑式意义。其中第二十三条明确规定："长城的修缮，应当遵守不改变原状的原则。长城段落已经损毁的，应当实施遗址保护，不得在原址重建。"这是对半个世纪以来长城保护的经验总结，明确了长城"原状保护"的基本原则。

在此原则下，大部分复原式保护工程方案被否决。虽然在保护措施上更多强调"四原"（原材料、原形制、原工艺、原做法）保护，但随着文物保护技术的发展，长城的保护手段呈现多样化趋势。随着长城保护范围的扩大，不同时代、不同

① 国家文物局：《全国重点文物保护单位记录档案——九门口》（内部资料）。
② 薛景平：《辽宁省境内明长城考察发掘的重大成果》，《辽宁大学学报》，1995(6)，79–82。
③ 任鸿魁：《虎山长城的遗存情况与保护对策》，《长城国际学术研讨会论文集》，北京，中国长城学会，1995: 208–212，208。
④ 虎山明长城考古发掘队：《丹东虎山明长城遗址考古发掘概要》。
⑤ 罗哲文：《长城》，北京，清华大学出版社，2008年，第109页。

图10 司马台长城（北京市古代建筑研究所摄）

图11 金山岭长城（金山岭长城管理处供图）

材质的长城被纳入保护范围，并采取了具有针对性的保护措施。 尤其通过与美国盖蒂保护所、日本东京文化财研究所等国际保护机构的合作而产生的新技术应用于长城保护，如土遗址表面防风化加固、锚固技术等已得到普遍应用。

对近12年长城保护工程分析的结果显示，目前长城保护主要解决稳定性和表面防风化问题，其次解决生物破坏和环境整治问题。砖结构长城解决结构稳定性主要采取土坯砌筑、裂隙灌浆、灰土补夯、布置防腐木锚杆、加固松动砖砌体砖券、归整等方式；防风化主要采取表面化学溶液渗透防风化加固、风化凹进处补砌或补夯、砖缝灌浆等方式；生物治理主要采取清除表面植被等方式。

石结构长城结构稳定性控制主要采取修补、重砌复原、灌缝修补、补夯加固、归砌、补砌坍塌缺失的砖砌体及坍塌外皮砖、裂缝剔补灌白灰浆等方式；防风化主要采取表面化学溶液渗透防风化加固、风化凹进处补砌或补夯、砖缝灌浆等方式；生物治理主要采取清除表面植被、植草保护、乔木清理等方式。

土结构长城结构稳定性措施主要采取夯筑加固、裂缝修补、土坯填补、回填窑洞、锚杆加固、局部坍塌体工字钢支顶加固等方式；防风化主要采取表面化学溶液渗透防风化加固等方式；生物治理主要采取植被整治等方式。

随着国际文物保护理念的传入，长城保护方法不断改进。随着新技术的出现，长城保护不再局限于"四原"原则，新材料和新技术得到应用，虽然效果尚待验证，但值得继续探索。

五、小结

长城的始建不晚于公元前5世纪，从那时起，其兴建过程几乎贯穿整个中国历史。长城有着百年的研究史，我们对长城的认知，也经历了一个不断深化的过程。

自清末以来，国家层面开展了六次文物普查，其中五次将长城纳入其中。民国时期对长城的文物属性和价值认知仍处于初级阶段。1949年以来的三次全国文物普查和全国长城资源调查，基本调查清楚了我国境内的长城资源数量，为长城保护奠定了坚实的基础。国家长城资源调查与认定结果显示，现存长城遗迹分布于我国北方15个省（自治区、直辖市）的404个县域。

长城不仅具有军事防御功能，也是边界的标识，同时扮演了贸易口岸和文化交流的角色。长城见证了中国历史无数的重大事件，其建造集中国古代建筑工艺之大成，也是无数文人墨客的灵感源泉。

如今，长城不仅是民族的象征，更是我们的生活家园。1987年，长城以其无与伦比的突出普遍价值，列入联合国教科文组织《世界遗产名录》，成为人类共同的文化遗产。

长城有着伟大的象征意义，但首先是文化遗产，应当按照文物保护的原则进行修缮和保护。长城的高知名度和社会的普遍低认知水平成为当前长城研究与保护工作的突出问题。

中国的长城保护事业随着我国近现代文物保护事业的发展而起步。虽然在民国时期长城已经被纳入国家文物保护体系，但保护范围很小，只有在河北、山东、山西等部分地区长城得到人们的认识，而且没有采取任何保护措施，长城在很长时间内处于自生自灭的状态。

随着中华人民共和国成立，文物保护工作受到党和国家的重视，长城保护也逐渐步入快速发展时期。在文物保护事业的发展大趋势下，在党和国家领导人的关心下，长城保护经历了三次高潮，20世纪50年代郭沫若倡导维修了八达岭、居庸关、山海关长城；20世纪80、90年代李先念、习仲勋、邓小平等倡导的"爱我中华，修我长城"行动，掀起了全社会保护和维修长城的热潮。

长期以来，长城的保护维修沿袭了古建筑修缮的方式方法，对于残损的长城墙体、敌台、关堡等采取复建的方式，以恢复其历史风貌。直到1986年司马台长城维修时，随着国际文物保护理念的传入，"原状保护"成为一种新的保护方式，并且逐渐得到普遍认可，《长城保护条例》更是将"原状保护"作为长城保护的基本原则确定下来。随着新技术的出现，长城保护不再局限于"四原"原则，新材料和新技术得到应用，虽然效果尚待验证，但值得进一步探索。

图12 九门口长城
（九门口长城管理处供图）

图13 修缮后的河防口长城
（李大伟摄）

图14 修缮后的天盛成段长城
（李大伟摄）

图15 甘肃省嘉峪关市野麻湾段
长城保护维修工程墙体加固施工
（李大伟摄）

The Application of Fengshui in Traditional Chinese Folk House

中国传统村镇民居中的风水运用

黄续*（Huang Xu）

TIONAL

摘要：风水是我国古代的建筑规划理论，具有丰富的内涵和外延。本文通过对中国传统村镇民居中具体风水运用进行研究，总结了风水运用的原则和方法，探求蕴含其中的风水设计思想及其文化价值，以期对当前民居的保护与改造提供有益的借鉴。

关键词：风水，民居，传统村镇

Abstract: Fengshui is an ancient architectural planning theory in China, which has rich connotation and extension. Through the research on the application of fengshui in traditional folk house, this paper summarizes the principles of the application of fengshui, and reveals the ideas of fengshui design and its cultural value, so as to provide useful references for the current protection and reconstruction of folk house.

Keywords: Fengshui, folk house, traditional villages and towns

　　风水，又称地理、阴阳、卜宅、相宅、图宅、形法、青囊、青乌、青鸟、堪舆等，它来源于卜宅、相宅，在中国历经数千年之演变，虽几经兴衰，但仍在传承践行。中国风水中包含着深刻而系统的思维理念，是我国古代建筑活动的指导原则和实用操作技术。它不仅是影响我国传统村镇和民居形成和发展的重要因素，也是指导中国传统村镇建设和发展的主要原则，甚至当代村镇的建筑与布局中仍存有风水的影子。因此研究中国传统村镇民居中蕴含的风水设计思想，对于当前传统民居的保护与改造具有重要的实践价值。值得注意的是，我们在研究中国传统民居风水的时候，应该区分风水和风水术两个概念。风水术是在特定环境中对风水的具体操作方法，它随着时代、地域的发展而各有不同，不可避免地混杂了一些迷信的成分。而风水中比较有价值的部分是风水的设计思想和文化价值，它根植于中国传统文化，和中国传统哲学一脉相承，与儒家文化也有诸多联系，是风水的精髓所在。

　　民居是村落形态最主要的构成元素，中国传统村镇中民居的朝向、形式、布局及相互关系几乎都受到风水观念的控制和影响。汉代刘熙《释名》认为"宅，择也，择吉处而营之也"，并强调"夫宅者，乃是阴阳之枢纽，人伦之轨模，非博物明贤者未能悟斯道也。"在风水理论看来，人类生存基本行为之一的居住环境经营，概称为"宅"，它是人与自然的中介，"宅是外物，方圆由人，有可为之理，犹西施之洁不可为，而西施之服可为也。"（《答释难宅无吉凶摄生论》）风水理论认为，宅居环境的经营，最根本的就是要顺应天道，以自然生态系统为本，来构建宅的人工生态系统。这些观念与现代生态建筑设计理念不谋而合，强调住宅注重生态环境，满足人们的生理和心理需求。因此本文通过分析中国传统民居中的风水运用方法和原则，探讨蕴含其中的风水设计思想，更重要的是研究风水的深层文化价值，这对于理解传统村镇的生态建筑，改造和保护传统民居，都具有重要的意义。

一、民居的环境选择

　　《阳宅十书》中的"论宅外形"讨论的就是传统村镇中民居的环境选择问题。书中认为："人之居处，宜以大地山河为主，其来脉气势最大，关系人祸福最为切要。若大形不善，总内形得法，终不全吉。"这实

* 中国艺术研究院建筑研究所副研究员。

图1 宏村远眺

际上探讨的是理想的民居环境，即地基宽平、山环水抱、环境优美，这与中国传统村镇追求"玄武垂头，朱雀翔舞，青龙蛇蜒，白虎驯俯"的"四神地"理想原则是一致的。"凡宅左有流水，谓之青龙；右有长道，谓之白虎；前有污池，谓之朱雀；后有丘陵，谓之玄武，为最贵地。"这种"四神地"的景观模式形成了中国风水的理想景观模式，它是一个三面环山、水口紧缩、中间微凹、山水相伴、朝抱有情的，较为完整的微观地理单元，阐明了微地形、小气候、生态和自然环境的依从关系，具有一定的合理内核，反映了中国传统"天人合一"最高生存环境追求，形成一种理想的、优美的、赏心悦目的自然环境和人为环境的和谐景观。而在实际操作层面，中国传统村镇和民居的选址和构筑还受到功利性的约束（如交通条件、邻里关系等），自由度有限，理想风水模式的实现程度相对阴宅要低。譬如徽州传统民居建筑一般在山水之间建造，总体呈现出背山面水、山环水绕之势。民居建筑在色泽、体量、架构、形式、空间上，都与自然环境保持一致的格调，建筑与环境相互渗透，人类与自然融为一体。

中国传统村镇中民居的环境选择除了村落的布局、道路的形态、居住的需求等，还会考虑一些具体风水问题。比如，住宅中"风易柔和""阳光充足"。最理想的居住环境应空气清爽、风较柔和、阳光充足。风水讲究藏风聚气，如果房屋附近风力强劲，会有碍旺气凝聚。若是房屋阳光不足，往往阴气过重，会导致家宅不宁，不宜居住。从在现代科学角度来说，宅如果建在风口附近，人很容易得中风之类的病疾。而不通风则会使植物生长不良，人体呼出的废气过多，空气不易得到净化。同时，阳光有杀菌消毒等作用，若阳光不足，人们长期居住在此，身体抵抗力会下降，容易生病。因此现代民居的设计也要充分考虑光、风等自然因素，这些风水观念有一定的内在合理性。

另外，"衙前庙后不宜"也是古代民居环境选择的重要原则之一。府衙门(特别是警署及军营)的前面，以及寺院道观的后面均不宜居住。原因是古人认为衙门杀气重，倘若住在它的对面，便会首当其冲，承受不起便会有人口伤亡；寺庙是阴气凝聚之处，住得太近则并不适宜。这主要是考虑到人们的心理承受能力，研究表明，总是见到形容凄惨、凶神恶煞的人，时日一久，往往会产生压抑情绪，使人的反应能力变差，身体免疫力下降；而常见到悦人的场景、画面，人的免疫力会有所提高。这就是环境景观对人类产生的种种物理、生理、心理效应，人们趋向于选择居住在环境优美，身心愉悦的场所内，这也是人类更自然、更本性的体现。

图2 宏村承志堂

图3 西递村中的牌坊门

二、"向阳而治"的建筑朝向

中国的村镇民居一般都是坐北朝南，这是源于《周易·说卦》中的"向明而治"，即"向阳而治"，是中国古代一种特有的"面南文化"。中国传统民居"坐北朝南"，实际上是在风水观点和实际生活实践中形成的。

首先是根据中国风水里面的五行学说，南方为火，色为红，主热；北方为水，色为黑，主寒。因此，南方主阳，北方主阴，建筑的朝向要向阳避阴。坐北朝南的建筑吉利方向有三个，即东南生气方(上吉)，正南延年方(上吉)，正东天医方(中吉)。今天我们看到的许多古建筑，其朝向多是南偏东，南偏西的。同时风水中理想的"四神地"的景观模式，以玄武为靠山，象征稳如泰山；左有青龙蜿蜒，右为白虎踞蹲，前方是朱雀翔舞飞升，充满生气，从而构成一个典型的吉祥地，这也是中国古建筑坐北向南的一个原因。

而另一方面，中国的地理环境也决定了应该采用这种建筑朝向。中国地处北半球，常年的主导风向一个是偏北风（冬季风），一个是偏南风（夏季风）。《黄帝内经》中讲的"八风"，将北方的寒风、西北的厉风、西方的飂风、西南的凄风，均列为寒冷之风。因此，中国古代建筑不仅在环境上要求北、东、西三面要环山、南面略微敞开，而且为了避免寒风，建筑的朝向也选择了坐北朝南。

虽然坐北朝南是住宅最理想的取向，但是也有一些传统村镇因为政治、经济、文化等因素并没有完全遵照此原则。譬如安徽西递村民居有一个显著特点：大门不朝南开。这主要是由商业的因素造成的。在封建社会，经商被视为贱业。西递胡氏家庭兴旺，得益于经商，在所建宅第上尽显商人财大气粗的气魄，但其虔诚笃信古代传统的"商家大门不宜南向"之说。在阴阳五行中，商属金，南向属火，火克金，商人宅门朝南就犯忌了。因为为了讨吉利，西递居宅大门不仅不朝南，而且特意在大门上造一元宝形门罩。这成为徽商住宅的一大特色，并演变为徽派民居建筑形制。

另外，中国是一个多民族的国家，地理环境复杂，各民族之间的生活习俗又有诸多差异。因此，中国古代建筑在一些少数民族地区不都是坐北朝南的，这不仅是地理环境决定的，而且与他们的风俗习惯有关。比如满族尚右，即以西为上，这与汉族以北为上不同，因此，其习俗是依山而居，门皆东向。屋内北、西、南三面是围炕，西炕是供神祖之处，来客不能坐西炕。南北两炕又以南为上，长辈睡南炕，晚辈睡北炕。这种房屋的格局和生活习俗，与东北地区的地理形势和气候有很大关系。

三、民居的空间布局

《金氏地学粹编·归厚录阳基章》中记载："阴宅穴在地中，止穴内一气，阳宅穴在地上，不专以地气为用，兼取门气，盖清虚之上，气本横行。门户一启，气即从门而入，其力与地气相致。须得门、地两旺，然后可以招诸福。门地之外又看道路，道路局势朝归者，作来气断。横截者作止气断，朝路比来龙，横路比界水，所谓三街，桥梁同断。"比如安徽宏村传统民居，在建筑内外环境关系上，有缜密细腻的考虑，既兼及宅居私密性、识别性，也"忌背众""阳宅外形"，在村落选址、坐向、门户、墙垣、屋角等处细致讲究，有效调节了居住聚落建筑环境空间的和谐性。风水常常根植于中国传统文化中，古人讲究建筑人文环境与自然环境的"天人合一"，在理论和实践两方面表现出美学特征，显示出中国传统文化的鲜明特色。

1.完整对称的空间布局

中国传统民居的特点是以"间"为单位构成单座建筑，再以单座建筑组成庭院，进而以庭院为单元，组成各种形式的组群。民居建筑的基本单元和组合形式基本不变，最普遍的形式是围绕天井呈三合院或四合院式布局，平面有"凹"形、"回"形、"H"形、"日"形等多种形制。庭院与组群布局，大都采用均衡对称的方式，多以中轴线为主，横轴线为辅。传统居民中轴线的确定有几种方法：一是正南北向，即直接以北极星为参考点；二是以"龙脉"（即山脊走向）所在为中轴线，但门不开在龙脉上；三是以"正穴"所在的中心点确定中轴线；四是依地形确定中轴线，即沿着地势方向延伸。

整个民居往往采用对称的布局，以徽州民居为例，采用轴线取中，两厢对称，正房面阔三间，厢房两侧设廊屋。以天井为连接点，以厅堂为主轴线，点线围合成多样组合的形式，这种形式具有向心性、整体性、封闭性和秩序性等特点。天井还具有外在展开性，以其为中心形成合院，作为一个居住单位，可沿纵、横方向延展成组群。纵向为进，以天井连接，在"凹"形、"回"形平面基础上组合成"H"形、"日"形等平面。横向为列，以狭弄（亦称火巷）连接，狭弄则联系街道。比如郑村西溪和义堂建于明末清初，三进三列，平面呈九宫格状，有16个天井，20座厅堂，近50间房屋，另有11间厨房，是现存较大的一幢住宅。

"屋式要四周端正整齐，不可尖偏斜"这是风水对住宅外形和布局的要求。浙江传统住宅绝大多数都呈规则方正的合院布局，特殊形式的宅基很少见到。住宅的堂前原先一般设祖先牌位，因此都不开窗，这亦迎合了风水中"香火要居中，香火堂前不可开天窗"之说。风水认为"凡阳宅须地基方正，间架整齐，入眼好看为吉。如太高、太阔、太卑小，或东扯西拽、东盈西缩，定损人财"，传统民居建筑平面的方正整齐就与此说有一定的对应关系。它强调屋宇以方正平衡，一眼看到令人觉得舒适愉快为佳，屋形端正肃穆、气象豪迈、整齐为吉利住宅。一栋好房子一定上下左右都很均衡，太高、太宽阔或过于低矮、卑小，都不是理想的住宅。

2.主次分明的空间序列

在因地制宜地经营宅居环境时，风水理论还主张以"人心巧契于天心"，结合自然环境包括其山水胜景，巧加人工裁成并"通显一邦，延差一邦之仰止，丰饶一邑，彰扬一邑之观瞻"（《管氏地理指蒙》）。民居是整个村镇有机组成部分，单体建筑要和周围建筑以及整个村镇的自然环境相适应，也应该顺应周围"山水之势"。同时等级分明、主次有序、对称平衡的风水规划秩序也体现在民居建筑中，一般强调所在以堂、院为中心，视堂为天地交汇点(贡桌、祖牌、尊位)，再通过院落向外辐射。民居屋宇的高度有严格要求，遵循"前不宜高，后不宜空"的原则进行布局，即后屋比前屋要高，从后往前逐渐降低，既保证了采光，又使视线不受阻碍。规模较大的民宅，以前面的屋为案山，以左右两侧的厢房为护卫，中设天井为明堂，整个房屋的排列从后往前次第下降，成错落有序之势。拥有数重的民宅，常从后面的主屋开始，将前各重屋分做一、二、三重案山，中间分大、中、小三种明堂，表现出特有的空间组合，这在很大程度上左右了中国传统民居的空间布局。

3.气口的流畅

中国传统民居讲究气流的通畅，内气和外气要阴阳调和。内气是宅内场所氛围，外气注重的是宅外环境围合的质量。风水学上有"一地、二门、三衢、四峤、五曰空缺"的"五机"之说。其中地气指宅基大小高卑、土质、地温、湿度等因素对人生理、心理的影响。地气过强或过弱，会使人在生理、心理上感到不适，需要用门气进行调节。街气指宅外道路交通导向及道路对室内产生影响因素。既要考虑交通便利，识别性强，又要避免外界的不良干扰。衢气指宅外道路交通导向及道路对宅内产生影响的各种因素。以高屋为屏障，围合适度，会产生场所安定感，围合过紧会有压抑感，称为峤气。空缺之气是指宅内外环境空间流通渗透产生的影响。宅院布局，从大门的开向，到建房的位置，哪里通透，哪里阻陌，都必须合乎进"气"、聚"气"的方向。房屋尺寸，院落大小，都有一定的吉祥步数，前檐高而后檐低，以及细至服壁、屏风的高宽尺寸、安排位置，也适宜"气"的进入与回转，天井、灶位、仓库、树木等配置也尽在考虑之列，各有详则。

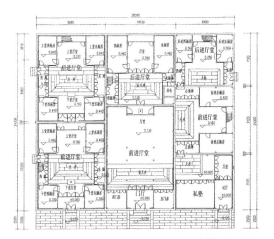

图4 宏村程家大屋平面

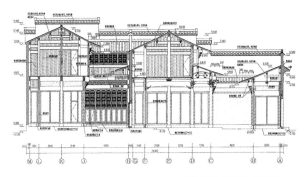

图5 宏村程家大屋剖面

图6 灵山村民居的斜门　　　　　　　　　　　图7 宏村松鹤堂水榭　　　　图8 天井

古人认为，在这五种气中，门气是宅院的咽喉，门不仅为宅内外的交通要道，还涉及居住者的出入平安、防卫、门第尊卑等。门气不宜过强或过弱，门气过盛会冲淡地气。

门在风水中具有特殊的精神意义，阳宅中"三要"和"六事"都有门，门的修造有种种禁忌，民居中的斜门和永不开的门都是吉凶观念的具体表现。中国传统村镇民居对门的开法有严格要求。凡是坐北朝南的住宅，门一般开在东南方或南方，东南方为多。现在我国北方地区的民宅仍延续了这个传统做法，门基本都开在东南方。只是现存少数的明代民居，门开在南方，如山西丁村民居。中国传统民居讲究"幽曲通径"，往往在大门前设置屏墙一类的障碍，如影壁及房门前设的屏墙，宅门不可开在一条直线上，否则"漏气"。常用的做法是将门错开，"重重宅户，三门莫相对"。这样一是不使入门之气一通到底，二是保证各房间的私密性。古建筑中要求"门不宜多开，多开则气散"。民宅后墙不宜开正门，最忌东北方向开门。传统建筑在门的相对位置上禁忌众多，使得住宅组群相互关系受到制约和影响。

4.虚实结合的空间

在中国传统民居中，从南到北都具有一个共同的模式"庭园"。这种庭院空间与民居围合的空间形成对比，一阴一阳，虚实结合，相互协调。传统村镇中民居庭院的做法根据实际条件的差异而有所不同。在宏村民居中，村民将圳水引入宅院内，宅内的水园又经地下进入循环水道，形成宏村所特有的"宅园""水院"式水榭民居风格。如汪顺风宅中天井水园，将一方池水设在正房前院内，一进门就能感到水的存在，依水而筑的美人靠，天井中的盆景花木，透过东墙的券门和圆窗隐约可见的桑园和菜地，屋连着水，水连着天，有限的空间因无垠的自然而扩张，静态的居室因流动的生命而获得情趣和生机。

传统民居中还有一种比较典型的江南天井院，通常是由四合院变形的合院式建筑，四周房屋连接在一起，中间围成一个小天井。四面的屋顶均坡向天井，这种将雨水集中于住宅之内的做法被称之为"四水归一"，以便"肥水不流外人田"。因为在风水中以水为财，四水归堂有聚财的吉祥喻义。天井不仅可以加强室内的自然通风、采光，而且还具有调节小气候的作用。天井内铺设的青石板之间的缝隙很大，地下是较粗的沙石，有很好的蓄水和渗水功效，这样在炎热多雨的夏季就可以有效地降低室内的温度。

四、结语

舒适的自然风、开合交错的视线、充足的阳光、良好的环境，强调人与自然的和谐是中国传统民居风水的主题，也是现代生态建筑追从的目标。在风水指导下的传统民居，从选址、设计、营造到空间和细部的技术处理都能体现节能、节地的可持续发展观念。传统住宅在营造中以获取充足的阳光、利用季节的主导风向趋风避寒。平面多成矩形，大多开间小进深大，并以庭院或天井作为平面的连接，这样就使建筑的外墙传热面减少，降低了能耗。营造一般也是就地取材，价廉物美，节约了采购运输的成本。

风水把中国古老的"天人合一"的理论引入建筑，其注意力不是放在人类行为如何制约环境上，而是注重人类对环境的感应，并指导人如何按这些感应来解决建筑的选址乃至建造，从而使人与住宅、自然环境融为一体，从而取得心理上的平衡，所谓"天时、地利、人和"，建筑也因此得到了一种勃勃生机。中国传统民居中的风水理论和实践，虽受到当时科学和技术的局限，但其中人与自然和谐相处，有节制地改造和利用自然的指导思想，是与现代生态建筑学完全一致的。在这种思想的指导下所采取的低技术和低投入的生态手段，也是现代生态建筑学研究课题的重要组成部分，十分值得当今人们的借鉴与发扬。

当前迅猛兴起的城市化进程，使我国许多城镇原来的地形地貌、乡土特征、文化特色被淹没了，换来的是"千村一面"的无个性村镇空间。风水是我国传统建筑规划理论的重要组成部分，对中国传统村镇与民居的解读往往离不开它，因此研究中国传统民居中的风水运用，总结风水运用的基本原则和设计思想，对我国当前传统民居的保护具有重要的指导意义，对中国传统民居中的风水文化，我们应该辩证地看待，其中迷信的部分我们应该坚决摈除，而其中合理的部分，我们也应该予以批判地继承。中国传统民居风水运用中蕴含的风水思想，与中国的传统文化相辅相成，如上述风水的亲近自然、阴阳调和、寻求自然秩序的谦逊态度，应该在当前民居保护中予以继承发展。

图9 黟县南屏村门神

参考文献

[1] 陈志华. 诸葛村[M]. 石家庄：河北教育出版社，2003.

[2] 汉宝德. 风水与环境[M]. 天津：天津古籍出版社，1996.

[3] 何晓昕. 风水探源[M]. 南京：东南大学出版社，1990.

[4] 侯仁之. 城市历史地理研究与城市规划[J]. 地理学报，1979, 34(4).

[5] 亢亮，亢羽. 风水与建筑. 天津：百花文艺出版社，1999.

[6] 刘敦桢. 中国古代建筑史[M]. 北京：中国建筑工业出版社，1988.

[7] 刘沛林. 风水:中国人的环境观[M]. 上海：上海三联书店，1995.

[8] 汪双武. 宏村西递[M]. 北京：中国美术学院出版社，2005.

[9] 汪森强. 山脉宏村[M]. 南京：江苏美术出版社，2005.

[10] 俞孔坚. 理想景观探源:风水的文化意义[M]. 北京：商务印书馆，1998.

[11] 于希贤. 中国古代风水的理论与实践[M]. 北京：光明日报出版社，2005.

The Conservation, Renewal, Development and Utilization of Beijing Gubei Saliva Town and Jiangxi Wuyuan Huangling

北京古北水镇与江西婺源篁岭保护与更新及开发利用

崔 勇*（Cui Yong）易 晴**（Yi Qing）

摘要：本文以北京古北水镇与江西婺源篁岭历史建筑保护与更新及利用的成功案例为例证，既阐明历史建筑保护传承与发展的工程技术性的系列问题，同时又探讨历史村镇保护过程中所涉及的地域性、原真性、生态性、产品创意性、文化与旅游互动性、文化创意综合性等方面的新情况与新问题及其解决措施。为新时期历史情形下中国特色社会主义建设道路上历史名村名镇保护与更新发展提供事实依据与历史参照。

关键词：古北水镇，婺源篁岭，历史建筑，保护与更新，开发利用

Abstract: This paper takes the conservation and renewal of historic buildings and utilization of Beijing Gubei saliva and Jiangxi Wuyuan Huangling as successful cases for example, both about historical building protection of heritage and development of engineering series of technical problems, and also discusses the process of historical towns protection involved in regional, original, ecological and cultural products creative, culture and tourism comprehensive aspects of the new situation and new problems and solving measures.It provides a factual basis and historical reference for the protection and renewal development of historic villages and towns on the road of socialist construction with Chinese characteristics in the new era.

Keywords: Gubei Saliva town, Wuyuan Huangling, historical buildings, conservation renewal, development and utilization

引 言

20世纪末以来，伴随着改革开放的历史潮流，中国的政治、经济、文化得到极大发展，历史建筑保护与传承发展已然成为弘扬并推进民族文化大发展的重要组成部分，并因此成为显学。城市建设遗产、工业建筑遗产、乡镇建筑遗产、文化历史遗址、长城遗址、大运河遗址等成为历史建筑保护与更新事业的热门话题与焦点问题。如何有力地保护历史建筑与合理地更新发展，并结合中国的实际情况推进中国文化和旅游的发展是文化建设事业的当务之急。北京古北口水镇与江西婺源篁岭历史建筑保护与更新及开发利用可视为成功的典范，其中所蕴藉的观念与方法及开发利用理路的经验教训与得失可供轰轰烈烈的乡镇建设参考，同时对一些毫无文化生态根基与历史文脉基础的特色小村镇盲目开发也是一种有益的警示。

一、中国古村镇保护与开发利用的现状及存在的问题

1. 中国古村镇保护与开发利用的现状

1）原地修缮或复建的封闭/半封闭的古村镇

目前我国主流的古村镇开发模式主要是原地进行修缮或复建，即通过对原有古镇进行查勘、设计、维

* 中国艺术研究院建筑艺术研究所。
** 中国艺术研究院工艺美术研究所。

修、更新、修葺等措施对历史遗址、文保单位加以保护，使之成为封闭式或半封闭式的景区。例如被誉为"中国第一水乡"的江苏周庄，是我国第一个被列为世界文化遗产的古镇。我国古代以水运为主，京杭大运河沟通南北，意义重大。大运河沿岸的周庄在历史上曾经非常兴盛。随着中国改革开放和工业化的兴起，陆路交通日益发展，地方经济的发展都是以公路、铁路等陆路交通为骨架的，以水运为主的周庄日益没落，但也因此躲过了被拆掉以发展乡镇企业的"厄运"，有幸保留了江南水乡古镇的独特风貌。周庄是在原地基础上修缮型或复建型古镇的典型代表，其他诸如山西平遥古城，浙江乌镇、鲁镇等也大致如此。

2）凭空打造的开放型古村镇

伴随现代化来临我国古村镇范围日益有限，不少地方便依托古村镇悠久的历史、良好的生态环境和深厚的文化底蕴，在周边类似区域进行科学规划，以旅游开发促进古村镇保护和发展为目标，实行古村镇扩建工程，使新增部分成为原有古镇的拓展和补充，甚至完全凭空打造。云南丽江侧畔的束河古镇是"茶马古道"上保存完好的驿站之一，有老区和新区之分，中间隔着一条小河。束河古镇的新区建设完全按老区的风貌凭空建造，沿街景致均为纳西风格的石桥、石板路、上马石、豪宅、店铺以及店铺中琳琅满目的马鞍、马铃、皮口袋、皮鞋、酥油桶、银器、铜器等，让人难以区分新建与旧有，感觉到的是原汁原味的古村镇气息。

3）具有复制性的主题公园型古村镇

我国幅员广大，地大物博，古村镇对中外的吸引力可谓与日俱增，为了满足大众需求，各地陆续出现主题公园型古村镇，这种做法是以古村镇为文化载体，根据某个特定的主题，采用现代科学技术和多层次活动设置方式，打造集合诸多娱乐活动、休闲要素和服务接待设施于一体的现代旅游目的地。例如乌镇二期工程就是一个古村镇形态的主题公园，因其买断了产权，把原住居民迁出，然后把原来的房子拆后重修，这实际上是按照原来文化遗存的风貌和结构及材料的复建物，模拟古村镇生产、生活场景，并大量配置了表演节目、观光景点和度假酒店。

图1 古北口水镇1

4）所谓特色村镇的规划与设计创新发展

21世纪以来，随着中国城市建设不断地向高、大、上发展以及雄安新城区的崛起，北方环渤海湾区京津冀政治、经济、文化综合发展，东部环长江三角洲的金融发展，环珠江三角洲的开放发展备受关注的同时，中国乡镇建设的现代化也提上议事日程。近年来备受关注的建筑现象——特色村镇规划建设备受关注。中国传统乡镇是数百年甚至是上千年间，基于"天人合一"的生存之道，"与天地和合其德""与日月合其明""与四时合其序"，是讲究自然环境与人为环境有机结合的结果，特色小城镇是可以规划设

图2 古北口水镇2

图3 古北口水镇3

计的吗？而规划的特色村镇与设计会导致千村一面，"山重水复疑无路，柳暗花明又一村"的中国特色的美丽乡镇或许因此而消失殆尽。

2. 中国古村镇保护与开发利用存在的问题

1）承载压力过大

我国古村镇面临的最大压力是游客流量迅速增加,超过了目前古村镇旅游允许容量的限度而导致两个超负荷的矢量：一方面古村镇景区游客承载压力过大，尤其在旅游旺季，古村镇内经常陷入拥挤混乱，人们摩肩接踵，不仅无法正常游览,也对古迹与历史建筑等造成破坏；另一方面旅游业的飞速发展造成了景区商业设施的大幅增加,特别是主要游览路线上各类商店层出不穷，大幅度改变了古村镇房屋的建筑功能，各式各样的广告标牌或杂乱无章，或千篇一律，无特色旅游商品的泛滥和商业气息的过分浓重破坏了古村镇的文化脉络。

2）规划保护的滞后

随着人们生活水平的不断提高，生活方式也不断发生变化，老百姓不满足于传统的居住条件，新材料和新样式在民间房屋建造过程中得以大量采用，新式楼房、老式木屋以及一些历史遗迹交错呈现，在一定程度上破坏了古村镇的整体风貌。同时在商业利益的驱使下，群众自发性的商业开发势不可挡。这些问题往往都是在出现之后才引起各方重视，然后有关部门才采取措施加以保护。然而我国目前普遍缺少专业的修复人才，

图4 古北口水镇4

图5 古北口水镇5

图6 古北口水镇6

图7 古北口水镇7

图8 古北口水镇8

致使很多房屋处于既不能翻新重建又不能正常发挥其使用功能的状态，给居民的日常生活带来困扰。总之，没有预先做好保护规划或规划没严格落实，必将导致无序设施的充斥，进而错失古村镇的保护良机。

3）文化创意乏力

客观上我国古村镇具有先天的旅游资源优势，在完善相应旅游基础设施和服务设施的基础上就可以发展古村镇旅游，这也是导致我国古镇旅游产品开发设计较多停留在观光层面而缺乏深度旅游产品开发的一个重要因素。另外，我国古村镇旅游往往基于同一区域开发而来，自然、历史、文化、风俗等都具有相似之处，主题单一或重复的同质化现象比较普遍，具有地方特色的旅游产品开发不足，缺乏有价值的纪念品以及旅游产品，加之对古村镇文化挖掘不深，缺乏能留住游客的深度景点，不能拉长游客在古镇的停留时间，就难以带动相关产业链，产生足够大的经济价值。这些都在一定程度上制约了古村镇旅游资源的进一步开发利用。

图9 古北口水镇9

4）经营管理不善

经营管理不善其实是全国各地多数景区普遍存在的问题，而不仅仅发生在古村镇。古村镇作为景区，应按照有关标准进行规范，树立明确的管理目标，厘清景区管理相关主体的权责关系，制定详细的考核评价标准，加强体制内外监督的力度。景区管理不善集中在"对物"和"对人"两个方面。对物，即对古村镇内基础设施维护不及时，或者存在让游客不舒服的情况，甚至是安全隐患；对人，即景区经营和监管中存在不当行为，未能保质保量向游客提供其已经购买的服务，造成游客在游览过程中许多需求难以满足，服务质量不高，后续效应不强。以上管理不善的两方面表现给和谐典雅的古村镇蒙上了阴影。

图10 古北口水镇10

二、北京古北水镇的保护与开发利用

古北水镇位于北京市密云区古北口镇，坐落于司马台长城脚下，与河北省交界，坐拥鸳鸯湖水库，素有京师锁钥之称，是历史上重要的屯兵驻军之地。明隆庆年间，因边关贸易兴起，日月岛呈现一片热闹繁荣景象。现拥有43万平方米精美的明清及民国风格的山地合院建筑。有着千年历史的古北水镇景致古朴、典雅、风景如画，鳞次栉比的房屋、青石板的老街、悠长的胡同，无不展现了北方民国时期的古镇风貌。水镇内河道密布，古老的汤河支流绕行其间，古建、民宅依水而建，在清风、蓝天、白云、绿水、杨柳的映衬下，宛如塞上江南。

如此古朴典雅的古北水镇如何推陈出新并合理开发利用？水镇人的创新发展理念是"乌镇模式"，以"整体产权开发、复合多元运营、度假商务并重、资产全面增值"为核心，观光与休闲度假并重，门票与经营复合，以实现高品质文化型综合类出游目的地的建设与运营。

图11 古北口水镇11

1. 合理规划和创制优质产品

在基础设施方面，古北水镇以近项目总投入的1/3用于生态环保建设。为了较完整地保存古朴原貌，使地面免遭破坏，度假区的街道全部采用长条青石板铺设，并在地下设有长1.7 km、高2.5 m、宽2.6 m的综合管廊，热力管道、中水管道、直饮水管道等均埋于地下，不仅有效地保护了地面，对于建设原汁原味的历史文化旅游目的地也起到了重要作用。在外部整治方面，古北水镇是在原司马台三个自然古村落的基础上聚合而成的，拥有原生态的自然环境、珍贵的历史遗存和独特的文化资源。在古北水镇的开发建设过程中，始终将文物保护、古建筑修缮和基础设施的重建列为首要任务。为了保护原有古

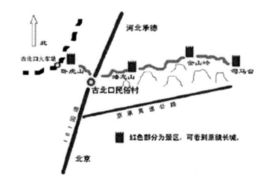

图12 古北水镇地理位置

图13 古北口水镇12

图14古北水镇景区规划图

建筑，不破坏原始风貌，本着"修旧如故，整修如故"的原则，采用了大量的古建材料和传统修缮手法，力求真实还原一个长城小镇的繁华旧貌。在内部改造方面，"外形传统风貌，内核现代功能"，在保留原貌的同时大胆创新，对修复后的民居建筑进行内、外特色装饰和水电等配套设施改造，对历史街区进行功能重塑与再利用，使得改造好的古建筑更适合现代城市人的居住。在社区配套方面，古北水镇按照现代居住社区的标准，配套包括公共场所、社区休闲活动空间、人文活动设施及旅游配套设施，涵盖食、住、行、游、购、娱旅游六要素，不用出景区就能够满足游客的基本需求，并建立了戏楼、祠堂、书院、镖局等激活古镇文化生活。

2. 主动掌握产权和社区优势

古北水镇人吸取国内其他古镇开发利用中成功的经验与失败的教训，在开发时就坚决采取全资买断所有原商铺和住家的房屋产权的形式，并在此基础上实现整个景区开发的主体一元化，从而使得对古镇的统一规划和统一经营管理成为可能。与此同时，古北水镇人改变了一般古镇开发中的社区关系，对于一般古镇而言是外来者的游客在古北水镇是真正的"镇民"，原来的居民却成为进入景区务工的外来者，原住居民通过承租景区公司的房屋进行经营。正是这种颠覆式的社区关系重构，给游客带来了对古镇的深度感受和极佳的旅游体验。

3. 充分利用经营和管理优势

古镇管理行家与旅游业巨头强强联手的专业化运行团队是古北水镇成功开发的制胜法宝。他们将方便游客、人性化服务等理念融入其中，避免了规划建设与经营管理"两层皮"的现象，保证了景区的品质。对于古北水镇来说，门票只是进入景区的门槛，景区内包括餐饮、住宿、娱乐等多业态复合经营才是营收的主力，这会使得收入的增长幅度远大于游客量的增速。在业态上实施复合经营的基础上，古北水镇在管理上实施统一管理。

在古北水镇开发利用的具体操作过程中，古北水镇人依托司马台遗留的历史文化进行深度发掘，将9平方千米的古北水镇度假区整体规划为景区主体和司马台长城两大板块及"六区三谷"，分别为老营区、民国街区、水街风情区、卧龙堡民俗文化区、汤河古寨区、民宿餐饮区与后川禅谷、伊甸谷、云峰翠谷。使得古北水镇成为集观光游览、休闲度假、商务会展、创意文化等旅游业态为一体、服务与设施一流、参与性和体验性极高的综合性特色休闲国际旅游度假目的地。度假区内拥有43万平方米精美的明清及民国风格山地合院建筑，包含2个五星标准大酒店，6个小型精品酒店，400余间民宿、餐厅及商铺，十多个文化展示体验区及完善的配套服务设施。为便于景区的开发利用，将原住居民全部迁至异地居住，借助新农村惠民开发政策，使村民获得较高的拆迁补偿收益以及舒适的安置房，安家乐业。聘请高素质工作人员保证服务质量，而原住居民可通过培训成为景区工作人员，这样的社区重构使得一般古镇开发中的居民与游客的矛盾不复存在，也提供了原住居民的就业发展机会。借鉴"乌镇模式"以"整体产权开发、复合多元运营、度假商务并重、资产全面增值"为核心，观光与休闲度假并重，门票与经营复合，实现了高品质文化型综合类出游目的地的建设与运营。以旅游公司主要股份的，集政府、企业和基金公司为一体开发主体。

古北水镇商业业态主要分两种：一是散状分布的特色小吃、图书、服装等店铺，此类店铺多集中在民宿周边，通过购物加深游客对水镇风情的情感体验。二是老北京特色商业街商铺，此为古北水镇最大的特色。开发公司负责所有经营权的审批，整体管控，并吸纳原住居民作为公司工作人员，解决其收入，其中客栈及店铺是主要就业领域。

古北水镇开发利用过程中重视开发和保护相结合，为了处理好旅游开发与生态环境保护的关系，保证度假区与周围自然环境的和谐统一，古北水镇国际旅游度假区在基础设施的建设中以近项目1/3的总投入，斥资12亿元用于生态环保建设，投入资金与规模在国内景区首屈一指。古北水镇建设以前，自然村落中没有自来水厂、污水处理厂和供暖设施，古北水镇公司投资建造了高品质(欧盟标准)的自来水厂、污水(中水)处理厂；新增改造了各种高压、低压线路；打造应用生物质环保煤的集中供暖中心、液化气站；增加了大量的绿化面积；景区内河道疏浚拓宽，使水系流畅。古北水镇景区的建设者，不仅仅是在单一地做开发旅游目的地的工作，更将自身定位于人文旅游的开发者和保护者。为了保护村落和长城风貌，建设团队强调保护性施工，避免植被的移植与破坏。为了营造自然、人文和环境的和谐发展，古北水镇的建设团队在对古建原貌进行修复的同时，将现代化的设施融入到古建当中。引入了国际领先的配套技术，主地下综合管廊长近3km，高2.2m，宽2m，并分设二级、三级管网，将供暖、弱电、用水等管线全部隐藏地下，整个景区全覆盖高速无线网络，车、行人分流，通过全方位的现代设施，全面保证游人在景区的饮食、住宿和游览方面的安全。

三、江西婺源篁岭的保护与开发利用

江西婺源篁岭景区地处婺源县江湾镇东南石耳山脉，面积15平方千米。篁岭古村始建村于明代中叶，距今有500多年历史，是清代"父子宰相"曹文埴、曹振镛的故里。因其地多竹，修篁遍野，故名篁岭。古村属典型山居村落，民居围绕水口呈扇形阶梯状错落排布，周边千棵古树环抱，万亩梯田簇拥。挂在山崖上的篁岭古村，地无三尺平，数百年来，村民早已习惯用平和的心态与崎岖的地形"交流"。自然条件的局限却激发了先民的想象和创造力，从而在无意间造就了一处中国绝无仅有的"晒秋人家"风情画。每当日出山头，晨曦映照，整个山间村落饱经沧桑的徽式民居土砖外墙与长长木架上、圆圆竹匾里五彩缤纷丰收果实组合，绘就出世界独一无二的"晒秋"农俗景观——春晒水笋、夏晒山珍、秋晒果蔬、冬晒乡俗，不同的时节呈现出不同的色彩。村内官邸民居相邻相间，客馆、官厅、绣楼鳞次栉比，徽派古建镶嵌点缀，各具特色，一条天街似玉带般将这些古建串接。街旁商铺林立，品种繁多，前店后坊，构成一幅缩写版流动着的《清明上河图》。近五百米的"天街"古巷两旁徽式商铺林立，茶坊、酒肆、书场、砚庄、篾铺，古趣盎然。篁岭保存良好的徽式古村落格局，有原汁原味古村落风貌及民情民风，篁岭村庄的房屋结构开式特殊，农家一楼大门前临大路，大门后是厅堂；户户二楼开后门可到达更高处的另一大路，二楼前门拦腰上下砌墙，与屋外搭建的水平木头架连成一体，用以晾晒农副产品，较好地解决了坡地建村，无平坦处晒农作物的问题。晒晾农作物使用竹晒簟，既不占地方，又便于收藏。每年的收获季节，房屋间成了晒簟的世界，五颜六色的农作物与黑色屋顶层层叠叠，甚是壮观。不仅如此，篁岭村借助千亩梯田打造一年四季的花卉呈现，每年三四月，近千亩的油菜花集中开放，与桃花、梨花、杜鹃花等交相辉映，美不胜收。为进一步延展花卉主题，突破季节限制，在千亩梯田上种植四季花卉，并以两个月为周期更换主题花卉，营造花海景观、大地艺术。

中国最美丽乡村之一的篁岭村在开发利用之前可不是如此令人流连忘返的地方。多少年来，篁岭村因交通不便、缺水断电、自然灾害、人口外迁等，一度成了空心村。因存在地质灾害隐患，婺源篁岭村一直是上饶市重要地质灾害监测点之一。1993年6月，2名村民因突发性的山体滑坡掩埋身亡；2010年7月，连续降雨致使无人居住闲置的房屋倒塌，巷道排水不畅导致当地一天内连发3起地质灾害。为了解决地质灾害对村民生命财产造成的威胁，早在1978年，政府就鼓励部分村民搬迁下山；

图15 篁岭1   图16 篁岭2

图18 篁岭4

图19 篁岭5

图17 篁岭3

图20 篁岭6

图21 篁岭7

图22 篁岭8

图23 篁岭9

图24 篁岭10

图25 篁岭11

图26 篁岭12

1978年和2002年，婺源县委、县政府及江湾镇政府曾先后两次动员全村集体搬迁，然而由于资金问题搬迁工作未能完成，山上仍有七十多户村民居住。一边是村里大部分闲置房屋年久失修，腐烂倒塌；一边是篁岭"晒秋"独特的景观资源逐年消失。面对严峻的考验，如何在发展中寻找出路，成为篁岭人的困扰。2009年，婺源县乡村文化公司的介入才使得篁岭的开发利用有了历史性的转机。该公司斥资1200万元，将320名篁岭村民由山上搬至山下，在交通便利的公路旁建设安置房68户，老年、单身公寓24套，总建筑面积15 047平方米，户均住宅建筑面积约200平方米。在景区开发模式上，这也是婺源首次采用民资对村民进行安置补偿，这一有力举措不仅受到当地村民欢迎，也为篁岭开发奠定了基础。婺源旅游经过十多年的快速发展，逐渐由门票经济向产业经济、由资源竞争向文化竞争、由观光旅游向休闲度假旅游转变。在这种形势下，篁岭民俗文化村打造为婺源最具民俗特色的文化影视村落，引入安曼国际度假酒店的品牌理念，把篁岭古村打造成特色精品度假酒店，把数万亩梯田变成现代高效农业观光园。篁岭民俗文化村通过市场经济杠杆，以婺源特有的古村落旅游产权收购、搬迁安置方式，保持了原有村落建筑和古村文化的原真性，并对古村落建筑及风貌体系进行规划、保护，对古村落进行内涵挖掘、文化灌注。在土地开发利用上，该县采用"公司+农户"形式，成立农村经济合作社，有效整合旅游资源，将农民土地进行流转，利用梯田打造四季花谷、奇异瓜果园，与农户共同开发观光农业。通过发展订单农业，形成经营产业链条，将农户融入产业项目中，实现零距离就业，足不出村挣钱。婺源篁岭景区总投资3.5亿元，自2014年启动营业，三年多时间，从一个濒临消亡的古村落演变成全国知名的旅游目的地，在全省乃至全国都具有示范作用。篁岭村人均收入从旅游开发前的3500元，提升至3万元，户年均收入从1.5万元，提升至10.66万元。

　　婺源篁岭的乡村建设保护与利用的具体做法是：2009年，婺源县乡村文化发展有限公司斥资1200万在山下新建安置新村，搬迁安置原住村民，使得村民的生产生活条件得到了彻底的改善，使篁岭村的旅游资源得到了彻底的解放、保护与利用。篁岭景区总投资3亿元，按照5A景区标准进行深度开发和打造，收购散落民间的徽派古建筑20多栋并在篁岭村进行异地保护,将120栋原址民居改造成精品度假酒店,打造了商业一条街——天街,通过休闲度假、旅游会展、民俗体验、文化演艺等综合旅游消费来取得项目收益。经过几年的建设与打造,如今的篁岭分为新、古两个村庄。在山下的篁岭新村,村民家家住新房,小孩就近读书,交通便利、供水供电等基础设施齐全,有条件的村民则做起了游客生意,百姓生活方便,安居乐业。

"篁岭模式"是一种崭新的乡村建设保护与开发利用并致的发展模式,通过市场经济杠杆,以一种前所未有的村落居住建筑物产权收购、搬迁安置的方式,建新村,并迁出原住居民进行安置;维修古建筑,在保持了原有村落建筑和古村文化的"原真性"的基础上,向高端食宿、会议会所、购物街、山乡休闲、民俗体验发展;对村落建筑及风貌体系进行规划、保护,彻底灌注了古村旅游文化内涵,实现古村落保护与发展双赢。"篁岭模式"采用公司+农户形式,成立农村经济合作社,有效整合旅游资源,将农民土地进行流转,与农户共同开发观光农业,形成经营产业链条,将农户真正融入产业项目中,达到零距离就业、足不出村就能挣钱的效果,实现公司与农户双赢。"篁岭模式"在经营上走门票与经营复合的路子,门票定位在中低价位。根据国家的产业发展要求,篁岭项目也应视其后旅游综合项目的发展,逐步降低景点门票门槛,通过休闲度假、旅游会展、民俗体验、文化演艺等综合旅游消费来取得项目收益,达到旅游转型升级的目标。"篁岭模式"围绕乡村文化元素的主线,遵循地域民俗文化的特色,在保护的基础上充分利用遗留闲置的生产、生活资料、旧屋舍等资源,挖掘展示当地民俗文化,将篁岭打造中国最具民俗特色的休闲、旅游、观光目的地。

此外,在带来经济利益的同时,"篁岭模式"通过培训学习和外来游客的大量涌入使农民的科学文化知识、综合素质得到提高。这将在增进乡村地区与城市的交流,缩小城乡间差距,加快乡村的城市化进程方面意义深远。"篁岭模式"的诞生孕育了巨大的生命力,这种崭新的乡村旅游发展模式一旦形成氛围,必将在婺源乃至全国起到举一反三的作用,引发旅游行业转型升级风暴,必将在构筑和谐社会,解决"三农"问题,建设社会主义新农村方面起到巨大作用。相信在不久的将来,这种旅游产业发展中的一次大胆尝试必将使篁岭成为一颗闪耀在绿色婺源的璀璨明珠。婺源篁岭古村通过社会资本介入,以婺源特有的古村产权收购、搬迁安置及古民居异地搬迁保护等方式,收集整理特色村落及荒废的民居院落,在保留和维护传统空间肌理与建筑风貌的前提下,彻底对古村进行内涵挖掘、文化灌注,将整个古村落改造成为旅游区和精品度假区,实现了乡村遗产空间的功能再造,盘活了乡村的遗弃资源,同时也赋予了传统村落精致内涵,促进了古村资源有效利用延续与传承。

江西婺源篁岭建设保护与更新发展实际上是开创了一种古村开发与保护兼顾、文化生态与经济发展并重的乡村旅游发展模式。采用搬迁安置与新农村建设完美结合,通过市场经济杠杆进行古村产权收购、建设品牌乡村景点,进而延伸产业带动一方致富的旅游发展新模式,也是婺源乡村旅游转型升级的探索与尝试。篁岭是走探索古村新生之路,采用"观光与度假并重、门票与经营复合"的商业模式,在严格保护古村落环境前提下,努力进行旅游转型升级。产品从单一观光型向高端休闲度假、文化演艺、旅游会展、民俗体验等品质型转变。

结 语

北京古北水镇与江西婺源篁岭的保护与更新发展及保护利用模式给我国古村镇文化与旅游事业发展开辟了一条可资借鉴的崭新途径。古村镇文化旅游从传统原地修缮,到拓展扩建,再到异地复制,从原来单纯的观光游览,到多元化体验,再到逐渐融入生活,给人们带来越来越多的历史文化内涵和现代生活体验,古村镇建筑形态、情态、生态有机结合的开发利用发展模式是实现诗意栖息普适性的生存方式,可让全世界更多的人领略中国居住文化。

参考文献

[1]祁英涛. 中国古代建筑的保护与修缮[M]. 北京:文物出版社, 1986.

[2]文化部文物保护科研所. 中国古建筑修缮技术[M]. 北京:中国建筑工业出版社, 1994.

[3]高潮. 中国历史文化名城镇保护与民居研究[M]. 北京:研究出版社, 2002.

[4]中国文物研究所. 文物·古建·遗产:首届全国文物古建研究所随长培训班讲义[M]. 北京:北京燕山出版社, 2004.

[5]高文杰、邢天河、王海乾. 新世纪小城镇发展与规划[M]. 北京:中国建筑工业出版社, 2004.

[6]过汉泉、陈家俊. 古建筑装拆[M]. 北京:中国建筑工业出版社, 2006.

[7]中国文化遗产研究院. 中国文物保护与修复技术[M]. 北京:科学出版社, 2009.

[8]常青. 建筑遗产的生存策略[M]. 上海:同济大学出版社, 2013.

[9]常青. 历史建筑保护工程学[M]. 上海:同济大学出版社, 2014.

[10]布伦特·C.布罗林. 建筑与文脉——新老建筑的配合[M]. 翁致祥、叶伟、石水良、张洛先、等, 译, 北京:中国建筑工业出版社, 1988.

[11]尤嘎·尤基莱托. 建筑保护史[M]. 郭旃, 译, 上海:中华书局, 2011.

A Preliminary Analysis of Contemporary American Art's Heritage (III):
Central Park in New York City and the Vietnam Veterans Memorial in Washington, D.C.

美国当代艺术遗产浅析（三）：
纽约中央公园与华盛顿越战老兵纪念墙印象

金维忻（Jin Weixin）*

＊帕森斯设计学院设计史论与策展研究硕士。

提要： 纽约城市中央公园是以人为本的开创性大都市绝佳的休闲之所及生态绿肺，而越战老兵纪念墙的设计则提供了"能够在观者心中留下些什么"的特殊之所。尽管两个作品分别建成于19世纪与20世纪，体量与性质无法相比，但它们都为城市增添了艺术创作精神，都有对中国城市规划、建筑设计有益的文化创意启迪，无论如何它们都应成为近现代艺术设计的遗产。

关键词： 纽约城市中央公园，越战老兵纪念墙，近现代艺术设计

Abstract: Central Park is a people-centered, superb place of leisure in and a green lung for New York City as a groundbreaking metropolis, and the Vietnam Veterans Memorial represents an exemplar of architectural design that allows visitors to have something to reflect on when they leave. Though the two landmarks were created in different centuries—Central Park in the 19th century and the Vietnam Veterans Memorial in the 20th century and are not comparable in size and nature. They both display a spirit of artistic creation in achievements of a city as well as something enlightening to city planning and architectural design in China. In any case, they represent heritage of modern and contemporary art design.

Keywords: Central Park, Vietnam Veterans Memorial, modern and contemporary art design

《纽约客》杂志中的纽约街头

引言

早在1963年，世界自然保护联盟（IUCN）旗下的《濒危物种红色名录》就开始编制，有了红色名录，政府决策者及公众就能够有的放矢地分配自己的生物物种保护力度。迄今，IUCN开始推广《自然保护地绿色名录》，它旨在用绿色名录的评价与监督体系，在推进自然保护地（含城市公园、绿色景观地乃至城市纪念广场等）管理水平提质上，促进人类社会与文化的可持续发展，从一定意义上讲也是《世界遗产名录》内容上的胜利。令人感慨的是，1837年摄影技术的诞生为以后视觉信息时代的来临奠定了基石，同时也开启了超越文化的全球艺术新领域，可以相信就是在数码技术盛行的当下，从银版到胶片的化学影像世界也葆有自身活力，与摄影的本质对话。值得关注的是，自1839年8月19日，法国科学院物理学家阿拉戈代表法国向全球公布"摄影之父"达盖尔的银版摄影法时，应该是

无法预测它的嬗变与跨越的。作为摄影技术的历时性国家顺序，1839年为：法国、英国、德国、奥地利、瑞士、波兰、美国、埃及等，直到1842年才传到中国。所以说，科技与文化的全球化早期源自航海与战争，唯有轮子、文字、造纸、印刷、蒸汽机、铁路、摄影、电话、电灯、影视、互联网才是真正的发展推手。

2019年8月12日《瞭望周刊》在《马丁：一位美国艺术家的中国情愫》中介绍了前旧金山美术学院院长弗莱德·马丁（Fredericdk Martin）。这位美国艺术家是美国抽象表现主义的代表画家之一，师从著名抽象画家马克·罗斯科（Mark Rothko），是美国著名的绘画艺术家、艺术评论家和美术教育家。可敬的是，2017年6月，在中国美术学院为马丁等4位艺术家举办的大型个人作品展"无所容形——美国艺术家当代绘画作品展"中，他将36件作品（1950—2015年）及数件学术手稿原件赠予中国美术学院，成为中美艺术交流的佳话。如果用阅读追寻艺术趣闻，不仅影像是可以冲破时间，视觉艺术、空间文化都可开创文明。所以，换一个角度看美国文化艺术的出版与传播，不仅有声图书快速增长，图书开发也呈多元化。2019年8月19日《纽约客》杂志以美国黑人女作家托妮·莫里森的剪影为封面，配以"一如既往的安详"的题目，纪念莫里森从编辑走上成名作家之路，因为她堪称美国文学的里程碑式的人物。

一、纽约中央公园

从历史上看，1872年美国有了第一个国家公园——黄石公园，1916年美国创立了国家公园体系，总括其历程主要有三方面标准：（1）国家公园要有杰出的自然景观；（2）国家公园的目的不仅要保护自然资源，还要有休闲功能和向景观学习的功能；（3）国家公园不以营利为主，低门票制。对照此标准，中国尚无国家公园，仅有住建部设立的"国家级风景名胜区"。美国国家公园法规定了美国境内国家公园和国家纪念地的职能和管理权属，它并非欧洲贵族和富人的度假小屋，而是由美国公民和世界各地游客共享。2014年"创意行动网络"与美国国家公园保护协会合作，召集全球艺术家和设计师为各个国家公园、州立公园等"画像"，分享其在城市环境、地质特质、优势种群以及有代表性的文化和历史，旨在让全球文化、艺术、设计领域的有识之士参与到美国国家公园生态与文化的保护与发展中来。以此为基点初步看待纽约中央公园的今昔就有历史与人文性，有生态对城市的非凡贡献，无论从空中看纽约中央公园，还是一次走进它，都能感到美国城市公园在国家公园建设理念下的远谋。

中央公园59街入口雕塑

中央公园导视

从中央公园看城市

初夏的中央公园

中央公园秋景

中央公园冬景

中央公园信息中心与商店冬景

　　在纽约四年多了，对这座巨型公园越来越情有独钟。一百多年前，中央公园所在地域还是一片荒地和几个贫困的小村庄，正是因为这么大片绿地的呈现，拉动了城市土地价值。一边是高耸的建筑，一边是四季分明的中央公园；一边是自然城市，一边是沧桑的尘世历程；一边是风景芬华，另一边是富裕与繁华的城市化进程。纽约中央公园的特点是大（占地约341公顷）它跨越150个街区，在见证人与城市关系时，帮助纽约成为世界顶级的现代城市。从理性上认知中央公园的历史与特点有诸多渠道，2015年10月末，依次展开的"美国景观之路——奥姆斯特德设计理念展"及"美国景观之路与中国城镇化发展"学术研讨会的召开是有价值的探索。有评价道"没有奥姆斯特德，美国就不会是现在的样子。"开启数个先河的弗雷德里克·劳·奥姆斯特德（Frederick Law Olmsted，1822—1903），创立了美国第一个风景园林工作室，他和他的同伙共创作了近六千余个作品，有纽约中央公园、波士顿翡翠项链城市公园绿道、华盛顿美国国会大厦景观，以及斯坦福、伯克利、康奈尔大学等世界名校校园和居住区庄园等。曾被美国权威期刊《大西洋月刊》评为影响美国的100位人物之一。中国工程院院士孟兆祯曾从两方面归纳他的设计理念：（1）美国设计师为公众服务的意义主要体现在创造供人休息的空间，如纽约中央公园就提供了一千多张坐登供游人使用；（2）奥姆斯特德的设计理念可归纳为自然化，他的设计使自然美发挥到了极致。事实上，早在1832年美国艺术家乔治·卡特林（George Catlin）就率先提出建立大型自然保护区的理念，从而带动了以奥姆斯特德为首的一批有识之士对自然保护思想的研究与关注。奥姆斯特德相信一座伟大的公园应是宁静的，要让人们从喧嚣的城市生活中解放出来，同时要使城市公园属于各个社会阶层的人，从而他以民主、公平的设计理念，提炼升华着英国早期自然主义景观家"田园式"的描述。从而他的设计在尊重地方灵性上做到细节服从整体，且让游者在不知不觉中享受风景。为了建设纽约的城市绿肺，1857年举办中央公园设计竞赛，1858年4月28日是纽约中央公园奠基日，奥姆斯特德和沃克斯的"绿草坪"设计从33个方案中涌现，公园历时15年于1873年建成。从现今的使用评价看，"绿草坪"方案成功地做到：（1）从尊重景观遗产角度上，设计保留了现场已存在的大块岩石，既传录了场地记忆，也增加了每位观者进入公园的原始空间感；（2）从现状与未来入手，它预见了纽约人的生态观与休闲观的变化，凝聚了纽约人追求自然的思想感情，合乎城市发展的理念。该公园南接卡内基音乐厅，东毗邻古根海姆博物馆，西靠近美国自然历史博物馆和林肯艺术中心，被第59街、第110街、第五大道所围绕，并有丰富的自然山水格局。

　　历史上看，在纽约中央公园之前，富人享用私家花园，而穷人只能利用墓地的绿地做休憩之用，所以纽约中央公园是推动社会文明的工具，它开启了真正为民众服务的城市公共公园的先例。为此，设计者冲破欧洲几何线条设计束缚，用自然舒适的观念营造空间，种植了17 000多棵乔木和灌木。从平面布局上使用大面积的起伏草地、树荫、湖面，荒野植物景观等取代太过人工化的修剪植物景观，深受公众喜爱。鉴于公园位于曼哈顿闹市中心，处理好公园与纽约市交通的关系是需要前瞻性的，设计者按公园地形高差，用立交方式构成了四条不属于公园的东西向穿园公

中央公园信息中心与商店（秋景）

中央公园水系及中心雕塑

中央公园室外剧场

中央公园大道上的文学名人雕塑

中央公园下沉广场与老桥

美国雄鹰雕塑

路，隐蔽且方便。公园内部交通也体现了强大的可达性，有各司其职的车道、马道及游人步道，做到"人不下鞍，马不停蹄"。此外，感染人的是公园桥涵设计尽量创新不重复。还可看到，公园四周用浓密的植物围合，为公众提供了休养身心的世外桃源，大片草地不仅形成公园开放空间，也成为人们团聚享受日光浴的最佳场所。值得说明的是，纽约中央公园是美国城市公园史上的一座丰碑，它不仅带来了美国风景园林走向大规模自然式的方向，还在提升城市周边地产项目价值时，直接推动了美国城市化进程。继纽约中央公园后，奥姆斯特德又受邀设计了纽约布鲁克林区的展望公园，形成新的亮点。

二、华盛顿越战老兵纪念墙

据《世界建筑》前主编曾昭奋介绍，1978年12月23日，离开中国大陆43年后回国的贝聿铭大师在清华大学讲演，介绍的主要作品是同年刚落成的华盛顿国立美术馆东馆。1999年的世界之交，美国建筑师协会（AIA）在费城举行年度大会，投票选出20世纪美国最受欢迎的十大建筑，其中美籍华人的作品有两个，一是名列第九名的贝聿铭大师的国立美术馆东馆，二是名列第七名的由青年女建筑师林璎设计的越战老兵纪念墙。由此可见越战老兵纪念墙项目产生的影响力。虽然我在纽约学习且工作，但每每造访华盛顿都会去此地感受它的和平与纪念氛围。我总能看到游者与瞻仰者，专程赶来的美国人中既有黑人也有白人，在纪念墙前有鲜花、死难者的遗物（如帽子及用品等）。望着光亮如镜的纪念墙，前来瞻仰的人们的身影与墙上逝者的名字叠印在一起颇为震撼。纪念墙回归文字的本身，有5766个失踪和阵亡士兵的名字，这令人难以接受的庞大数字包含着什么样的力量。

V字形纪念墙全貌

我相信每一位伫立在纪念墙前的瞻仰者都会想，设计师是用什么样的心境完成了该作品。据林璎当年的陈述，她是在将自己的创作或称竞赛比作生理和心理的疗伤："我设想自己拿起一把刀，把大地切开个口子，伤口赫然在目。最初的暴力和伤痛会随时间而消逝，大地再度被如茵的绿草覆盖，而伤疤却一直都在。"林璎是中国著名建筑师及诗人林徽因的侄女，她的父母是1949年前离开中国赴美的。1979年，21岁的林璎是耶鲁大学的建筑系四年级学生，她的以"简洁、力量和正直"

感悟纪念墙的下行路径

为主题的越战老兵纪念墙方案从近1500份应征方案中胜出，其可贵之处是避免常人要反映战争胜负的思维，深刻的用一面深陷地面的"V"字形花岗岩墙来表达对战争的省思，和对死者的哀悼。她的设计有太多的不一样，设计中没有热血的美国雄鹰，没有悲怆的十字架，没有张扬的罗马玫瑰，更没有英雄形象或战争纪念品。但她的设计令人能自然地感悟到战争给美国、越南乃至全世界带来的悲剧，无论对战争持何种观念的人，都会在这面平静的纪念墙前，表达自身对亡者的哀思。从相关文献上我读到，林璎的纪念墙设计更像是古罗马坟墓的弧形围墙，是一处圣地。它不同于拱门、方尖碑、金字塔、指针等高耸的拔地而起的纪念碑，其纪念墙陷入地下，仿佛是倒插在宪章公园（Constitution Gardens)地面上的巨大三角。由越战老兵纪念墙的设计，我越来越体会到如下感言

瞻仰者的投影

之深意。其一：纪念墙是一面挡土墙，它不仅固定并支撑着后面的土壤，还酷似传统战争中那些战壕或碉堡等地面工事，城市的喧嚣被纪念墙阻挡后，这里真的变成静谧内敛的纪念场地；其二，纪念墙铰链一样的结构，好似一本打开的书，讲述战争的残酷与人性的伟大，如林璎拒绝将阵亡者的姓名按字母顺序排列，而按照1959—1975年士兵阵亡时间排列，让每位来此悼念的老兵和家人都能在这本"历史书"上迅速找到自己的战友和亲人；其三，纪念墙虽为一个群体乃至事件而设计，但林璎考虑到了这庞大群体的每个人，简洁、沉静也包含着互动。这是一条下沉的参观路线，生者直面亡者，光洁的墙面反射出生者的影像，当他叠加到亡者的名字上，便展开了生死间的对话……瞻仰者走到纪念墙交点后，便又踏上重返光明之径。也由于设计没有利用显著的象征符号，来自社会及退伍老兵也有将它视为"耻辱的伤口""巨大的墓碑"甚至希望它改成白色，在墙上插美国国旗等。最终，政府做出决断，纪念墙坚持用花岗岩仅在墙体一侧放置雕塑和国旗。

在纪念中感悟和平

如果说，纽约城市中央公园是以人为本，开创性的大都市绝佳的休闲之所及生态绿肺，那么，越战老兵纪念墙的设计则提供了"能够在观者心中留下些什么"的特殊之所。尽管两个作品分别建成于19世纪与20世纪，体量与性质无法相比，但它们为城市增添了艺术创作精神，都有对中国城市规划、建筑设计有益的文化创意启迪，无论如何它们都应成为近现代艺术设计的遗产。

Notes on Surveys in Daqing, Qiqihar, Heihe and Other Places In Heilongjiang (I)

黑龙江大庆、齐齐哈尔、黑河等地考察记略（上）

CAH编辑部（CAH Editorial Office）

提要： 黑龙江省众多文化遗产项目中，20世纪建筑遗产具有独特的历史文化价值，但因种种原因而未能更大范围被公众认知。近日，《中国建筑文化遗产》编辑部组织专家团队，对大庆、齐齐哈尔、哈尔滨、黑河等地部分建筑文化遗产作择要寻访，更深切地领略到晚清民初的国体变更、抗战十四年的民族热血，共和国时代的建设激情……这些都在建筑遗产上留下值得后人深思的时代印记。

关键词： 文化遗产，20世纪建筑遗产，大庆，齐齐哈尔，哈尔滨，黑河

Abstract: Of the many cultural heritage properties in Heilongjiang, 20th-century architectural heritage sites have a particular historical and cultural value but have not been widely known for various reasons. An expert team, organized by the Chinese Architectural Heritage Editorial Board, made a survey recently of some architectural and cultural heritage sites in Daqing, Qiqihar, Harbin, Heihe and other places in Heilongjiang. They returned with observations that are quite insightful: the changes in the form of government during the late Qing Dynasty and the early years of the Republican era, the righteous indignation in fourteen years' war of resistance, the passion for construction since 1949...all left in those architectural heritage properties marks of times that are worth reflection.

Keywords: Cultural heritage, 20th-century architectural heritage，Daqing，Qiqihar，Harbin，Heihe

引言

东北乃"共和国长子"，人人皆知，新中国第一个"五年计划"前苏联援建的156个项目中东北三省的项目不少。但不知为什么，回想这些年出访东北三省的机会确实不多，只记得十几年来为《建筑创作》杂志社的"建筑师茶座"活动，先后到吉林省建筑设计院、辽宁省大连市规划局及大连市设计院交流过；2009年，国家文物局组织编撰《抗战纪念建筑》（2010年出版），田野考察组专程到过哈尔滨、大庆及长春，也曾走访过工业遗产重地长春电影制片厂和长春第一汽车制造厂等；2006年全国建筑设计科技情报网会议在沈阳召开，曾借机造访了沈阳的工业遗产诸地。2017年12月2日，第二批中国20世纪建筑遗产项目揭晓后，东北三省也有更多的文保单位及历史建筑进入20世纪建筑遗产保护框架中，为出版《中国20世纪建筑遗产项目名录（第二卷）》，在中国文物学会及黑龙江省文化旅游厅等单位的大力支持下，中国文物学会20世纪建筑遗产委员会和秘书处，即《中国建筑文化遗产》编辑部组织专家团队，分成"哈尔滨项目组"及"大庆、齐齐哈尔、黑河项目组"，自2019年8月19日—8月23日对该地区展开了较深入的调研，本田野新考察记是本次报告的重要内容。在此特别感谢"四市"及多县、镇文保部门的大力支持，因为正值"利奇马"台风后效应引发多日大雨、暴雨，考察组专家与各属地文保部门专家"奋战"在天有不测的极端条件下，马不停蹄，坚持考察，这恰恰表现出建筑文博人的一种情怀。

振兴东北老工业基地是国家的重大战略，无论从东北地区看，还是它对全国的价值看，实现东北老

工业基地振兴已到了关键时期。如何继往开来，如何让沉睡的东北老工业基地焕发青春且让遗产地充满活力，需要全方位的遗产传承利用之大思路。早在2003年国务院就发布《关于实施东北地区等老工业基地振兴战略的若干意见》为东北老工业基地振兴拉开了序幕。2018年9月，习近平总书记在东北考察时，又为东北振兴开出"改革、创新、协调、绿色、开放、共享"六个"药方"。可见要在肩负使命前提下，放宽视野、放大格局，才有希望赢得延展空间及老工业基地功能的跃升。经济发展如此，文化遗产传承与利用同样如此，文化的自信靠挖掘也靠自识，更靠有勇气的不停止的传播。仅为东北看东北不行，仅为书写"龙江华章"也显狭义，重在要跳出"龙江"看"龙江"，这才能用新视野标注好全新的"龙江文化遗产地图"。

巧得很，2019年8月23日22：00到京，这一天的《光明日报》刊出"壮丽七十年"的黑龙江省巡礼篇，从中感悟到黑土地的大气豪迈与笃志奋楫谋振兴之思。如《黑龙江日报》评论员将3800万龙江人民的历程与生机归纳为东北抗联、大庆、铁人、北大荒的"四大精神"。但当我们亲临齐齐哈尔江桥镇考察，聆听以马占山将军为首的官兵，为阻击日军进犯打响第一枪或称中国军队抗战第一战役的故事，我们认识到中国抗战始于1931年；黑龙江孙吴县领略的十余处抗战遗址（因暴雨毁路无法抵达胜山要塞），更让我们感到孙吴县的抗战思路已经颇具国际化，兼顾抗战与"二战"两大主题。有鉴于此，我认为"二战精神"或称"抗战精神"，要成为"东北抗联精神"的核心或要升华，只提"东北抗联精神"很局限，欠充分。

从茫茫荒原到沃野千里，一路向东的黑龙江，将北方大川松花江与乌苏里江尽揽怀中，它孕育出神奇的黑土地，然而最大气豪爽的当属大庆及"铁人精神"。对大庆市的诸多赞美中有：因油而生的新型城市、生态宜居的现代化新城、物华天宝的活力之城等。置身大庆市，我看到大庆起点的松基三井，创下世界石油钻井史纪录（5天零4小时）的铁人第一井等等，石油人之所以有"流血流汗不撤退，拼命也要找到大油田"的精神，同样离不开大庆油田独创的岗位责任制等制度。驻足在铁人王进喜纪念馆（尽管考察组项目多，时间紧），一些联想猝不及防地涌现出来，它让我一定仔细确认纪念馆实物与展板文字上的细节：由那段不屈的童年，到艰苦的创业再到无悔的奉献，望着展览中仿真再建的干打垒住房，我想问：为什么当年铁人的居所不见了？仅仅五十年，它不该消失，那潮湿的土炕、蓬草的屋顶、掉漆的木箱与桌椅板凳，无不堪称遗产。也许，没有经历过那个时代的人，没有和这样一群人并肩作战的人，没有滚烫信仰的人，无法想象在"口号"激励下产生战胜恶劣条件激情的，究竟是什么样的年代。

自2019年8月19日下午1点抵达大庆到20日下午1点前离开大庆，考察组两支队伍分赴哈尔滨和齐齐哈尔，但大庆市那遍布全城的钻机及铁人的雕像已长在我脑海中。在这每一寸土地都深深打上铁人烙印的大庆，我感受到大庆油田不仅宛如一颗落在松嫩平原的温和清新的明珠，更感悟到刚毅可敬的大庆精神。面对大庆油田的一个个遗产地，还有长出"骨骼"并铺就道路的地方，我庆贺它于2017年12月荣获"第二批中国20世纪建筑遗产项目"。真诚期望我们的田野新考察能将这里的状况描述好，也记录下绚烂的野花、滚动的云、丰收的稻田及每一架油井。因为这里渗透的"龙江"精神，既有共和国需要的物质血脉，也有现实主义需要的精神血脉和气质。

此次考察成员计有：金磊（北京市人民政府专家顾问、中国文物学会20世纪建筑遗产委员会副会长兼秘书长、中国文物学会传统建筑园林委员会副会长、《中国建筑文化遗产》和《建筑评论》主编）、殷力欣（中国文物学会20世纪建筑遗产委员会专家委员、《中国建筑文化遗产》副主编）、李沉（中国文物学会20世纪建筑遗产委员会副秘书长、《中国建筑文化遗产》副主编）、李玮（《中国建筑文化遗产》编委）、苗淼（中国文物学会20世纪建筑遗产委员会秘书处办公室主任、《中国建筑文化遗产》和《建筑评论》主编助理）、朱有恒（《中国建筑文化遗产》编辑部副主任）。

（金磊）

一、大庆地区文化遗产考察

（一）大庆地区考察纪行

2019年8月19日，考察组一行（金磊、殷力欣、李沉、李玮、苗淼）早9时自北京搭乘班机飞赴大庆萨尔图机场。航程约两个半小时，临近大庆地区，自空中俯视，东北松嫩平原之辽阔已有所感知：关内人口稠密的市镇相毗邻，在这里大部分让位于绿色的田野，宽阔的蜿蜒奔流的大河、村镇、风力电塔、储油罐等于广袤无垠间零星点缀，无言诠释着这里虽地广人稀，但却无疑是一处工矿重镇。约下午1时落地，接站者为大庆当地文史专家颜祥林先生、市文旅局颜丽科长。工作餐中简单交流情况后，熟稔大庆油田建设史的颜祥林先生调整了考察组预先的行程安排（因路途遥远，将下午的三项考察减为二项，临时增加"大庆油田第一采油厂第二油矿北二注水站"一项），即刻赴大庆市大同区高台子镇永跃村之松基三井遗址考察，此地在大庆市区之南约130千米处。之后，折返向正北约150千米，考察位于大庆红岗区的"铁人一口井"井址及建设中的铁人学院体验式培训基地。本日下午驱车行程约300千米，耗时超过6小时，因天色已暗，原计划顺路踏访通让铁路凌云站、嫩江特大桥的计划只能作罢。虽有遗憾，但行车沿途所见漫布田间地头乃至市衢街巷的无以计数的游梁式抽油机（俗称"磕头机"），则又为大庆油田持续60年（1959—2019年）之稳产高产而倍感欣慰。

次日（20日）上午，约早7时半启程，在有限的4小时内（原计划本日下午即转赴齐齐哈尔地区，无从延宕），由颜祥林先生、颜丽科长引领，按计划踏访中东铁路西线中段之喇嘛甸站遗址、大庆油田西水源

图1-1 大庆市区鸟瞰

遗址及"干打垒"遗存和铁人王进喜纪念馆。本日总的感受，除来自"干打垒"遗存及纪念馆展陈历史图像的震撼外，中东铁路遗址则给人以另一种感受，即东北地区先后被沙俄、日本等掠夺，但掠夺者却始终没能发现近在咫尺的宝藏——特大油田，偶然中有着某种历史必然：大自然的酬劳终将属于勤劳勇敢的中华民族。

（二）大庆地区考察纪要

大庆市素有"天然百湖之城，绿色油化之都"之称，位于黑龙江省西南部之松嫩平原上，是我国最大的石油石化基地。就历史沿革而言，晚清时期境外列强沙俄在东北修建中东铁路，于1898年在此建立了萨尔图站，是为建市之肇始。约1904年起，此地放荒招垦，村屯渐多，后在伪满时期，萨尔图被改为兴仁镇。1955年，松辽石油勘探局开始在安达县大同镇一带进行石油资源钻探。1959年9月25日，松辽石油勘探局在东北松辽盆地陆相沉积中找到了工业性油流，次日（9月26日）在大同镇北面高台子附近的松基三井喷出了工业油流，时近共和国十年大庆，遂将大同镇改名"大庆"，以此为新中国生日献礼。大庆油田从此扬名天下。从1960年起，历时三年的石油大会战成果辉煌，至1963年12月3日，周恩来总理在全国人大二届四次会议上向世人庄严宣布："中国人民使用'洋油'的时代，即将一去不复返了！"

今天的大庆油田由萨尔图、杏树岗、喇嘛甸、朝阳沟等52个油气田组成，含油面积6000多平方千米，自发现的六十年以来仍然是我国最大的油田，也是世界上为数不多的特大型砂岩油田之一。大庆石油会战不仅为我国的石油工业打下坚实的基础，同时也涌现出王进喜等一批具有时代精神的劳动模范，包含"铁人精神""八三传统"等具体内容的大庆精神，至今仍支撑中国人为中华民族伟大复兴而奋斗。

从文化遗产角度看，大庆市建市时间不长，但工业遗产丰富，而20世纪建筑遗产则有待进一步调研。本考察组此次踏查，仅择要列举如下几项。

1. 大庆油田发现井——松基三井

松基三井位于大庆市大同区高台子镇永跃村旁，于1958年9月勘探，现由大庆油田有限责任公司第五采油厂第五油矿高四队管理。松基三井是继松基一井、松基二井之后的第三口井，但对于大庆油田来说，其意义大于前两口井，因为它是大庆长垣构造带上的第一口探井，也是大庆油田的发现井。其标志着高台子油田的发现，为松辽盆地找油勘探找到了首个落脚点，为开启松辽石油大会战立功。

此井进尺1461.76米，累计生产原油1.01万吨，现已停产，作为中国现代重要的工业遗产，此遗址得以永久保留，于2004年4月，被列入中国石油天然气集团公司企业精神教育基地。遗址现存部分出油管道设备（可惜原井架、职工住房等未能保存至今），并在此遗址附近增建展示松基三井钻探历史的大型浮雕（2009年9月26日落成）和松基三井陈列室。浮雕由5面墙体组成，象征大庆油田走过50周年历程；浮雕整体造型为"旗帜"，寓意大庆油田始终是共和国工业战线一面高扬的旗帜；陈列室中展陈部分珍贵历史照片，如初期勘探、会战伊始、会战职工之帐篷居住区等。

图1-2 大庆油田现状1

图1-3 大庆油田现状2

图1-4 考察组与大庆文史专家交流情况

图1-5 考察组在大庆油田北二注水站与大庆员工合影

图1-6 考察组与当地文化局领导及文史专家在干打垒遗址前合影

图1-7 考察组在铁人纪念馆前合影

2001年，松基三井被国务院文物局列为第五批全国重点文物保护单位，成为共和国最年轻的国家级文物（工业遗产类）。

2. "铁人第一口井"及铁人学院体验式培训基地

"铁人第一口井"即萨-55井，是"铁人"王进喜率领1262钻井队（后改称1205钻井队）到大庆后打的第一口油井，位于今大庆市红岗区解放二街八号，作为重要的工业遗产得以永久保留遗址。现存萨-55井井址（2013年列为全国重点文物保护单位）、卸车台、钻井架、水井、值班室、地窝子式宿舍等文物。

1960年4月，"铁人"王进喜和队友们在吊装设备缺乏、水源不足的困难条件下，人拉肩扛安装钻机，端水打井保障开钻，仅用5天零4个小时就打完这口井，创造了世界石油钻井史上的奇迹。

今大庆油田铁人学院确定了一批油田教育基地和标杆站队作为现场教学基地，此遗址是其中之一，可能也是最重要的一处。

图2-1 大庆油田松基三井1

图2-2 大庆油田松基三井2

图2-3 大庆油田松基三井3：纪念性浮雕1

图2-4 大庆油田松基三井4：纪念性浮雕2

3 大庆油田北二注水站

北二注水站隶属于大庆油田有限责任公司第一采油厂第二油矿北八采油队，于1962年4月1日建成投产，是大庆油田岗位责任制发源地，占地面积4390平方米，现存管理泵房、排涝站、锅炉房、采油一厂传统教育展览室各一座。该站有三台高压注水机组，设计能力为14 400立方米每日，实际日注水量约8000立方米，目前已累计外输高压水1.7亿多立方米，截至本考察组踏访之日（2019年8月20日），已累计安全生产20 918天。

1962年5月8日夜，中一注因失火而化为灰烬。会战工委组织"一把火烧出的问题"大讨论，由一个偶发事故，引发出一系列管理层面的深入讨论，总结出巡回检查制，逐渐形成了完善的"岗位责任制"。1962年6月21日，周恩来总理到北二注水站视察，对岗位责任制给予高度评价。1962年8月，会战工委在北二注水站召开现场会。自此，岗位责任制在全油田推广，逐步发展成为石油系统基层管理的重要基础工作，成为大庆会战优良传统而享誉全国。

值得注意的是，作为一处工业遗产，北二注水站现存完整的厂房及各种沿用时间颇久的相关设备（高压注水机组、锅炉、水泵等），其厂房为砖混结构，人字坡瓦顶，平面布置为曲尺形，立面造型简洁，富于20世纪60年代之工业建筑特色，也无疑是一处重要的20世纪建筑遗产。

图2-5 松基三井陈列室展陈之大庆油田早期勘探历史照片

图2-6 松基三井陈列室展陈之大庆油田会战初期的居住条件历史照片

图3-1 "铁人一口井"原井架1

图3-2 "铁人一口井"原井架2　图3-3 "铁人"王进喜塑像

图3-4 "铁人一口井"（萨-55）井址1

图3-5 "铁人一口井"（萨-55）井址2

图3-6 "铁人一口井"之卸车台

图3-7 "铁人一口井"附近之值班室

图3-8 "铁人一口井"附近之地窝子

图3-9 铁人学院体验式培训基地全景

图4-1 大庆油田北二注水站1

图4-2 大庆油田北二注水站2

4. 西水源——干打垒

西水源位于大庆市让胡路区喇嘛甸镇，现存大庆第一口水井井址、原厂区办公室、文化长廊、职工技能培训场、通行值班室、水源投产纪念石、铭言碑等。尤其难得的是，此地保留了一栋建于1963年的干打垒，是大庆传统教育的生动教材，是现在油田为数不多的几处历史遗迹之一，来访者络绎不绝。

图4-3 大庆油田北二注水站3

西水源是大庆油田会战后建成的第一座水源基地，而保存至今的一栋"干打垒"式住房，是石油人心中的"宝"——当年的石油大会战的艰苦岁月留下一个物质上的遗迹。

1960年3月到5月，短短3个月的时间里，4万多人的石油会战队伍一下子集中到了荒无人烟的大草原上，居住条件十分艰苦。大会战的主战场——萨尔图草原，位于北纬46度，气温最低时达零下40摄氏度，冬季的生产和生活都受到严重威胁。面对这种情况，会战领导机关果断决定，不管寒流如何凶猛，会战队伍要坚守阵地，并充分发动群众，开展"人人打干打垒"的群众活动。经过120天的奋战，赶在"大冻"之前，终于建成了30万平方米的干打垒住房，解决了群众的过冬安全问题，缓解了职工的住房困难，保证了石油大会战的顺利进行。荒原上从此出现了成片的村落，会战村、铁人村、标杆村、文化村、打虎庄……有诗为证："延安人人挖窑洞，今朝处处干打垒。革命精神辈辈传，艰苦奋斗最光荣。"

图4-4 大庆油田北二注水站4

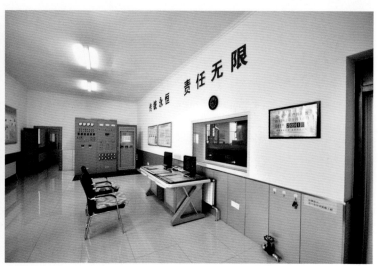

图4-5 大庆油田北二注水站5

随着时光推移，大油田逐步盖起楼房，原来的干打垒随之完成了它的使命，逐渐退出了历史的舞台，但大庆艰苦创业"六个传家宝"之一的干打垒精神，却是应当永远铭记的。纯以建筑角度看，干打垒式住房系适应此地气候环境的一种不失其质朴之美的建筑形式，如能尽量多保留一些，也如北京四合院民居一般，会为这里增添一些地域建筑文化风貌。

5. 铁人王进喜纪念馆

铁人王进喜纪念馆是为了纪念中国工人阶级的先锋战士——王进喜而于1971年建成的。铁人王进喜纪念馆原址位于黑龙江省大庆市解放二街8号，是1989年在"铁人王进喜同志英雄事迹陈列室"旧址上新建的。全馆总占地面积5.4万平方米，其中绿地面积3万平方米，主馆建筑面积1240平方米。2003年2月，由大庆地区石油石化企业、中共大庆市委、市政府共同协商，中共黑龙江省委、省政府支持，中国石油天然气集团公司批准，决定迁建铁人王进喜纪念馆。新馆由沈阳建筑大学建筑设计研究院副院长严云波主持，于2004年开始设计，2006年竣工。2006年8月10日，中共中央政治局常委、国务院总理温家宝到大庆油田考察工作时亲笔题写馆名。新馆历时近三年的建设于2006年9月26日大庆油田发现47周年纪念日开馆。馆区占地面积11.6公顷，主体建筑面积2.15万平

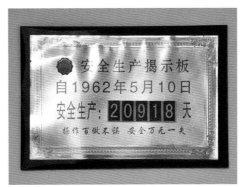

图4-6 大庆油田北二注水站6

图4-7 大庆油田北二注水站7

图5-1 大庆油田第一口水井

图5-2 干打垒外景

图5-3 干打垒外景2

图5-4 干打垒内景1

图5-5 干打垒内景2

图5-6 干打垒内景3

图5-7 干打垒历史照片

图5-8 干打垒历史照片及遗留物

图6-1 铁人王进喜纪念馆外景

图6-2 铁人王进喜纪念馆浮雕

图6-3 铁人王进喜纪念馆内展板1

图6-4 铁人王进喜纪念馆内展板2

方米，展厅总面积4790平方米，展线总长度917延长米。主体建筑外形为"工人"二字组合，鸟瞰呈"工"字形，侧看为"人"字形，象征这是一座工人纪念馆。主体建筑高度47米，正门台阶共47级，寓意铁人47年不平凡的人生历程。建筑顶部为钻头造型，象征大庆油田人奋发向上，积极进取。铁人王进喜纪念馆馆区内，雕塑《崛起》《奋进》《五把铁锹闹革命》等错落有致地矗立着。

6. 中东铁路喇嘛甸子站

喇嘛甸子站位于黑龙江省大庆市让胡路区喇嘛甸镇，建于1900年。约1902年前后，中东铁路西线中段曾设安达、萨尔图、喇嘛甸等11个车站。现存喇嘛甸站中东铁路建筑之1、2号建筑（似为原站房、值班房），系在2009年第三次全国文物普查中让胡路区文管所普查发现，2014年被公布为省级文物保护单位。

从现有遗存判断，喇嘛甸子站似为当时的三等车站。1号建筑房屋建筑面积约90平方米，东西长15米，南北宽6米，最高点距地面4.2米，最低点距地面2米。建筑主体均为石头垒砌，室内设有火墙、板墙、火炕，木质天花。就建筑风格而言，1号建筑内外观均为俄式，而内部虽有壁炉等西式痕迹，但又布置了东北本地的土炕和灶台，故体量不大。因其系外来建筑适应本土气候环境与生活习俗之作，故尤其值得建筑史学界重视。

2号房屋建筑面积约60平方米，东西长12米，南北宽5米，建筑主体为石头垒砌，木质门窗。因本考察组踏访之时，建筑尚浸泡在夏日积水之中，内部情况无从一探。

距1、2号建筑约300米，残存一中东铁路水塔，此次亦错失踏勘之机。

小结：大庆留有大量的工业遗产，而严格意义上的建筑遗产不多，这固然是一个很大的遗憾，但这也客观上说明了当年的艰苦——一个举世瞩目的工业会战，建设者丝毫没有考虑为自己建造一个舒适的居室。唯因如此，本考察组愈发认为，有必要呼吁有关部门在今后更为系统地调查自1959年以来的大庆地区建筑遗存，以此作为梳理大庆油田建设史的重要见证物。

此外，据史料记载，当年参加石油大会战者有7万人之众，此数目尚不包括配套铁路运输建设——通让线（通辽至让胡路）铁路建设的人数。如将后者计算在内，则会战人数当在10万上下。由此也可见通让铁路沿途建筑遗迹，是今后应当加强调研的。

图7-1 中东铁路喇嘛甸站1号建筑1

二、哈尔滨市20世纪建筑遗产考察

（一）纪行（2019年8月20—22日）

2019年8月20日下午，"龙江建筑遗产考察组"成员李沉自大庆赴哈尔滨，与21日自北京前来的朱有恒汇合。经连续三天的工作，共同完成马迭尔宾馆、哈尔滨防洪纪念塔、哈尔滨犹太人活动建筑群、中东铁路附属建筑群、哈尔滨颐园街一号欧式建筑（以上为第二批中国20世纪建筑遗产项目）、哈尔滨工业大学建筑群、哈尔滨文庙（以上为第三批中国20世纪建筑遗产项目）等项目的照片拍摄及资料收集工作。

黑龙江省文旅厅有关领导非常重视此次东北之行，文物处盖立新处长积极安排有关工作的推进，文物处张彬专门向相关地市有关部门发函、联系，要求有关地市及部门积极配合工作，从而使得相关工作能够顺利开展。省文旅厅、哈尔滨文物局工作人员王家继先生、宋先生等人全程辅助了此次拍摄工作，积极与市文保站、有关区文保所及有关单位取得联系、安排专家介绍、协调部门配合。市文保站毕丛良先生、道里区文保所同志、几个项目单位的领导及专家也都积极配合，介绍有关情况，提供相关资料，使我们拍摄及资料收集工作顺利有序。

此行虽匆忙，但这个有"远东莫斯科"之称的近现代名城，还是给我们留

图7-2 中东铁路喇嘛甸站1号建筑2

图7-3 中东铁路喇嘛甸站1号建筑3

图7-4 中东铁路喇嘛甸站1号建筑4

图7-5 中东铁路喇嘛甸站1号建筑5

图7-6 中东铁路喇嘛甸站1号建筑
内部1

图7-7 中东铁路喇嘛甸站1号建筑
内部2

图7-8 中东铁路喇嘛甸站2号建筑

下了深刻的印象。

（二）考察纪要

提起哈尔滨，人们自然会联想到著名的中央大街。这条北起松花江江畔防洪纪念塔广场，南接新阳广场的始建于1900年的长街（约长1.4千米），因汇集文艺复兴、巴洛克等多种风格建筑，展示出哈尔滨的独特建筑文化和哈尔滨人时时带有俄式生活痕迹的地域风情，被视为哈尔滨的缩影。不过，就全市建筑规划格局而言，仅仅认识一条中央大街显然是远远不够的。

哈尔滨作为现代城市的规划起初由俄国人完成，内城区的路网多带有巴洛克式装饰主义的痕迹。道路的规划结合了江水的流向以及铁路的布局，是故没有中国传统城市中所常见的南北东西纵横交错的路网体系。西大直街—东大直街这一主干道自西南而向东北一字划开，成为旧城建设的轴心，一众精彩的历史遗存建筑多在这条道路两侧排开。据全程为我们引导的市文保站毕丛良先生介绍，西大直街与东大直街交汇处为整个哈尔滨的至高点，旧时建有完全木结构的圣尼古拉教堂。该教堂为东亚地区东正教枢纽教堂，遗憾于50余年前拆除。

1. 哈尔滨犹太人总会堂

哈尔滨犹太人总会堂位于中央大街西侧的通江街，始建于1907年并于1909年落成，工程设计师为H.A.卡兹-吉列。建筑曾于1931年遭受过严重的火灾，后由哈尔滨犹太宗教公会进行了修复，入口两侧的旋转阶梯即由此次修复中加建。2004年及2013年，哈尔滨政府又先后对建筑进行了修复、改造，使其具备了室内乐欣赏功能，满足了现代人对于历史建筑的功能需求。建筑为二层砖混结构，门窗设计由尖拱、圆拱组成，建筑顶部设有塔楼穹顶，尖顶处设置了六角圣星标识。建筑内部面积不大，其音乐厅最多时可容纳百余人，室内装饰风格独特、造型精美、韵味十足，结合暖色调的光线设计和中轴对称的柱廊，更凸显了庄严、典雅的空间感受。据悉在建筑建成长达半个多世纪的时间里，这里始终是哈尔滨犹太人宗教、文化、经济和社会的管理中心，在世界犹太文化研究中占特殊地位。昔日的哈尔滨犹太人总会堂为犹太民族与中国文化相交集的见证者，今日的老会堂音乐厅更将成为中外艺术交流的传播之所。优秀建筑的作用，建筑自身功能的延续及发展，建筑文化的传承与弘扬……赞美之词，不胜枚举。

2. 防洪纪念塔

防洪纪念塔位于中央大街北侧尽头、松花江江岸，为纪念哈尔滨市人民战胜1957年特大洪水所建。该建筑为前苏联设计师巴吉斯·兹耶列夫同哈尔滨工业大学李光耀教授联合设计，并于1958年落成，现已成为这座城市的象征之一。

纪念塔高22.5米，周边附有回廊，塔前设有喷泉。塔基用石块砌成，下部为群像浮雕，体现了哈尔滨人民坚不可摧的意志，寓意着坚如磐石的堤防，塑造了一个个战胜洪水的英雄形象。

3. 马迭尔宾馆

马迭尔宾馆位于中央大街中段的繁华街区，自1906年建成以来都是哈尔滨最具代表性的建筑和文化符号，见证了这座城市百年兴衰。宾馆的平面功能十分复杂，自入口进入即为前厅和会客厅，北侧与过厅和餐厅相连，再向北走则是一座不大的舞厅。建筑北端的冷饮厅沿用至今，已成为享誉全国的"马迭尔冰棍"的官方售卖窗口。会客厅东侧为主楼梯及剧场，南侧为南餐厅及各种配套辅助用房。沿阶梯拾

图8-1 哈尔滨犹太人总会堂音乐厅立面1

图8-2 哈尔滨犹太人总会堂音乐厅立面2

级而上，走道两侧多有宾馆所保留下来的珍贵陈列，钟表、电话、铭牌等不一而足，均是宾馆中使用过的物件。斑驳的黄铜倒映着岁月的沧桑，时光的流逝划下了真实的痕迹。建筑的立面颇具特色，浓重的色彩、拱形的窗棂、端庄的女墙和出挑、严整的布局均给人留下深刻的印象。建筑转角处设计了阳台悬挑，由拱石托住，侧45度角的雕饰成为建筑最富魅力的一面，结合顶部的穹庐更添富丽堂皇。

马迭尔宾馆于1987年恢复了历史原名，为俄语音译，意指现代的、时髦的，与法语单词modern同义。而在百年历程中，这座宾馆曾六异其名，每个名字的背后，都蕴含着深刻的历史，如中共中央东北局招待处、哈尔滨市革委会第二招待所等。现如今，宾馆保存有历史名人房间18间，记录着曾在这里下榻过的名人们所经历的点点滴滴。

4.中东铁路松花江大桥

松花江大桥是松花江上最早的铁路桥，也是哈尔滨市第一座跨江桥梁。它位于现斯大林公园东侧，与中央大街亦相去不远。桥梁于1901年全面完工，为前苏联人设计、建造，采用石墩钢筋结构，全长达1027.15米，成为中东铁路早期重要的组成部分。

5.哈尔滨工业大学建筑群

哈尔滨工业大学主楼位于西大直街南侧，建筑面北而立，分为电机楼、机械楼及主楼三个部分。其中电机楼及机械楼分别建成于1953及1954年，采用典型的

图8-3 哈尔滨犹太人总会堂音乐厅内景1

图8-4 哈尔滨犹太人总会堂音乐厅内景2

图8-5 哈尔滨犹太人总会堂音乐厅内景3

图8-6 哈尔滨犹太人总会堂音乐厅内景4

图8-7 哈尔滨犹太人总会堂音乐厅内景5

图9-1 哈尔滨防洪纪念塔及广场全景

图9-2 哈尔滨防洪纪念塔

折中主义建筑风格，建筑立面的三段式布局明显，檐下窗前，均可见精致的巴洛克式的装饰构件。主楼位于两楼中间，为1965年所建，设计者为哈尔滨工业大学邓林翰教授。主楼采用典型的苏联建筑风格，入口处在三个方向布置柱廊，上层分段式收分，顶上设置尖塔，建筑立面设计遵循精当的几何构成，给人以雄伟、稳重、卓越之感。主楼装饰风格与50年代所建的配楼保持一致，楼间用拱门相连，道路相通，三座建筑共同在背后围合成院落，浑然一体。

哈尔滨工业大学博物馆建于1906年，在我们到访时，建筑内部正在进行保护修缮，大门紧闭，因此未

图9-3 哈尔滨防洪纪念塔周边回廊

图10-1 马迭尔宾馆中央大街入口

图10-2 马迭尔宾馆冷饮部地面上镶嵌的铜铭牌

图10-3 马迭尔宾馆南立面外的阳台

图10-4 马迭尔宾馆100年前的老电话仍可以使用

图11-1 中东铁路松花江大桥

图11-2 中东铁路松花江大桥局部

图12-1 哈尔滨工业大学主楼东侧机械楼

图12-2 哈尔滨工业大学主楼及配楼交接处的拱门

图12-3 哈尔滨工业大学主楼立面

能入内参观。建筑采用新艺术运动建筑风格、砖混结构，建成之初为哈尔滨铁路技术学校，1920年为哈尔滨中俄工业学校。建筑位于现哈尔滨工业大学建筑学院所在院落一角，据称历史上曾有较大增建，但与学院其他建筑衔接紧密、关系良好。原哈尔滨工业大学宿舍楼建于1929年，位于哈尔滨工业大学校区内部，砖木结构仿古典主义建筑，设计者为俄国人斯维利多夫，现在为哈尔滨工业大学人文社会科学学院。

哈尔滨工业大学建筑馆亦位于西大直街南侧，与主校区相去不远，建于1953年，采用折中主义建筑风格、砖混结构，设计师为哈尔滨工业大学土木建筑系教授彼得·谢尔盖耶维奇·斯维利多夫。建筑由三座垂直于街面的体量间隔排开，中间再进行连接，整体形成E型布局，巩固了沿街立面的节奏感和威严，又大大增加了建筑的使用面积。建筑立面注重装饰，四面皆可找到浮雕砖饰，其中颇显浮夸的科林斯柱式和建筑山花成为极具特色的注脚。

因天降阵雨，时晴时暗，拍摄考察工作几度受阻又几度重启。艰难完成在哈尔滨工业大学的任务后我们便前往颐园街。

6. 颐园街一号、三号

颐园街一号现为革命领袖视察黑龙江纪念馆，是毛泽东主席于1950年视察黑龙江时住宿之所。建筑建于1919年，原为波兰籍犹太木材商人格瓦里斯基的私宅。建筑采用了众多古典主义建筑和巴洛克建筑元素，但不拘一格、造型多变，颇有浪漫主义色彩。建筑整体装饰豪华，采用了科林斯柱式，顶层设高大穹弧，南侧设有半圆形露台，立面无论铁艺、砖石、玻璃工艺都造型精美、工艺精湛。或许是原主人为木材商人之故，建筑内部设有两层通高的木雕装饰，自地板至台阶至围墙至连廊再至天花，装潢之精美，工艺之细致令人叹为观止。其中一侧的木雕构件设有圆形透光窗，与建筑外墙上的圆形透光窗遥相呼应，分别置于阶梯的左右两侧，但高低角度设置，似为考虑光线照射入室内的方向，足见设计之匠心独运。

颐园街一号侧畔即为颐园街三号，原为犹太商人斯基德尔斯基私宅，建于1914年。值得一提的是，这两座豪宅的主人生前曾为竞争一生的对手，在那个动荡的年代身处异

图12-4 哈尔滨工业大学主楼入口门厅（朱有恒摄）

图12-5 哈尔滨工业大学主楼背侧礼堂入口（朱有恒摄）　　图12-6 哈尔滨工业大学机械楼半地下室构造（朱有恒摄）

图12-7 哈尔滨工业大学博物馆　　图12-8 博物馆窗式及雕塑装饰　　图12-9 哈尔滨工业大学原宿舍　　图12-10 原宿舍入口细部

图12-11 原宿舍立面细部　　图12-12 哈尔滨工业大学建筑馆立面　　图12-13 建筑馆入口细　　图12-14 建筑馆主入口细部

乡、浮沉商海，最终又或多或少因互相攀比，扎根到了这彼此相邻的方寸之地，成为哈尔滨盛极一时的绝代建筑。多么令人玩味的故事。

在圣·尼古拉教堂遗址周边街区随意行走，毕从良先生兴之所至，将周边的犹太人活动旧址建筑为我一一介绍，其中多与当时兴建的中东铁路及与其相关的工业相关联，让人略窥百年前哈尔滨作为国际城市，享19国领馆在此驻扎之繁荣。

7.哈尔滨文庙

哈尔滨文庙略微跨出了俄国人规划的"内城"区域，位于旧城区东北侧，结合周边地形因而有了坐北朝南的端正姿态。建筑始建于1926年，建成于1929年，结合前日的考察，可以想见内城区"万国博览"，而孔庙在彼时偏安一隅的"凄凉"。或许也正因偏安，哈尔滨文庙得以

图12-15 哈尔滨工业大学建筑馆E型结构围合内庭

图12-16 哈尔滨工业大学建筑馆背后建筑形式

图13-1 颐园街一号

图13-2 颐园街一号立面构造细部

图13-3 颐园街一号通高木构件内饰仰视

图13-4 颐园街一号二层室内
木构装饰

图13-5 颐园街一号内部原状展陈

图13-6 颐园街一号内部展
陈的钟表

图13-7 颐园街一号采光设计

图13-8 颐园街三号外立面

图13-9 颐园街三号入口内庭及阶梯

图13-10 颐园街三号
灯饰

图13-11 颐园街三号二
层内景

图14-1 哈尔滨文庙棂星门

图14-2 哈尔滨文庙遮挡住南侧入口的万仞宫墙

图14-3 万仞宫墙上中间花饰

图14-4 哈尔滨文庙大成殿

成为整个东北区域规模最大、规格最高的孔庙建筑。建筑前后为院落三进，分别拥大成门、大成殿、崇圣寺而建，两侧各设配殿，起始处有泮池、泮桥及棂星门，门内设一座孔子塑像，形成严格的纵轴线。其中大成殿面阔十一间（殿身九间，副阶周匝，形成面阔十一间，重檐庑殿顶的外观），高于北京孔庙及山东曲阜孔庙，而与北京紫禁城太和殿或明陵祾恩殿的规制相等同，创礼教建筑常规之所无，亦似在此地尊孔而抑"万国"之感。文庙内古木参天、花草如簇、环境清雅，殿前于细雨中燃起一柱青烟，颇增古意。经毕从良先生介绍，中国的科举制度早于1905年废除，因而这座文庙从未能有状元前来祭祀。依民间习俗，无状元祭拜则文庙不开正门。故哈尔滨文庙南端以三座明式旋子彩花照壁遮挡，称为"万仞宫墙"，来客仅能从东西两侧偏门进入。

值得一提的是，与同一时期国内所兴建的北京协和医学院、广州中山纪念堂、武汉大学早期建筑群等仿古类建筑相似，哈尔滨文庙主殿大成殿里外金柱用钢筋混凝土制成，金柱柱顶石用水磨石制作，反映了当时工业技术发展与传统工艺的结合，也反映了20世纪初期西风东渐下传统文化流变的趋势。

回京后，与本社殷力欣先生谈及哈尔滨文庙的建筑规制，他说："明清两代的文庙在建筑等级上均要较最高规制略低，而此殿在1926年动议为等同最高规制的太和殿，这也是特殊历史背景下的产物：1919年五四运动'打倒孔家店'的口号曾响彻全国，而经过五六年的沉淀，思想界、学术界开始了新一轮的反思，纷纭众说之一，是将孔子思想本原与僵化了的宋明理学教条区分开来，重新被认可为中华文化之精髓、民族精神之象征。哈尔滨文庙正是在这一社会思潮下的建造的。"

虽然此次考察短暂到不足三日，考察项目也仅仅局限于20世纪后建成的七个建筑项目，但足以引发我们再次踏访的兴趣：这座原本乡野，因中东铁路而意外成为大都市的地方，竟然汇集了那么多的建筑现象——西方古典建筑、西方现代建筑、中国传统建筑、中华人民共和国初期建筑……而在种种建筑现象背后，又有着从晚清政体改良、民国初期建设、抗日烽火、共和国建设热潮等一系列历史故事……所有这一切，都令人期待下一次的寻幽探微。

文/金磊 苗淼 朱有恒 殷力欣　图/殷力欣 朱有恒 李沉

图14-5 哈尔滨文庙内景

图1 黔东南榕江县寨蒿镇票寨侗居
　依山而势，形成台地，以吊脚楼的结构形式解决了地形高差的不利，轻盈自如，与自然有机融合。

Tributes to Guizhou's Homes
— Pen Paintings

对贵州民居的敬意——钢笔画写生散记

谭晓冬*（Tan Xiaodong）

*贵州省建筑科研设计院有限公司董事长。

　　20世纪80年代末，一个偶然的机会，我去了一趟贵州省镇远县报京乡。也就是那一次，我开始注意到了贵州民居有其独特的魅力。从20世纪90年代起，贵州有一批从事建筑业的前辈开始了对贵州民居的研究和发掘工作，1989年毕业于贵州省建筑专科学校建筑学专业的我，作为晚辈也有幸参与部分工作，从中也渐渐培养出了那一份小小的兴趣。

　　贵州地处多山地带，水域也发育得相当好，不仅仅有江河穿流，还有更多的山泉流淌于大山之中，形成了一种山水有机共融的状态。而生在其中的少数民族因地制宜，在选择上就有多样性，或居于高山深处，似世外桃源；或依水而居，凸显灵秀；或与山相融，借势而上（报京乡就是典型的案例，随山而上分成了上中下三寨），形成了丰富多彩的建筑形式。

　　贵州民居因受地理、历史及习俗等方面影响，既有共性的一面也有差异性的一面。贵州民居的个性化体现在不同民族对于环境和文化特殊性的重视上，其个性反应在功能与类型的特征上，表现在特有的与山地

图3 黔东南雷山县郎德上寨的禾仓

　　在侗寨，禾仓是很普遍的，但在贵州苗寨里有成规模的禾仓并不多见，郎德上寨中有很多，并成为村寨里的主要建筑成员。

图2 黔东南侗寨民居

　　底层采用骑楼形式，这在侗居中是常用手法，既丰富了建筑的层次又可形成遮阳避雨的交通动线。

图4 黔东南黎平县茅贡乡民居

　　依水而居是侗寨的特点，与江南水乡比较，贵州水乡不仅有水还有山，山水相依更具特色，秀色迷人。

图5 安顺平坝区天龙镇

　　这些人家门前有涓涓溪流，入户由石桥相连，正所谓小桥流水人家，特色彰显。

图6 黔东南黎平县堂安侗寨
高山上的侗居，与其他大多依水而居的侗寨不同，建筑依势而就，拾级而上，充分体现出山地建筑的特色。

图7 黔东南榕江县大利侗寨的生态茅厕
利用建筑底层架空空间，巧妙地设置自然通风采光的茅厕。

图8 安顺幺铺镇阿歪寨布依族民居
典型的石木结合建筑，一般底部为石材，上部以木结构为主，石材做墙体，形成独特的布依族民居风格。

图9 黔东南榕江县大利村小宅
一宅一台戏，一家一故事。

图10 黔东南黎平县肇兴侗居
　　肇兴是贵州最著名的水溪之乡，溪岸两旁，依水成街。

环境相结合的建筑形态之中。

　　几年前有幸参与了前辈罗德启先生主持的贵州民居研究工作，后来又常游走于贵州的乡村田野之间，于是开始了荒落多年的绘画兴趣。个人喜欢钢笔表现，多以贵州黔东南民居为主线。黔东南民居以干阑建筑为主，富有类型多样、风姿多彩的地域文化特色。这类民居利用当地的自然条件，娴熟地使用乡土建筑材料，依山而建，逐水而居，以顽强和坚韧，创造了人与自然高度和谐的聚居形态，凸显"和而不同、与自然和谐共生"的文化特性和精神特质。配图体现的这些干阑建筑，不仅反映出贵州山地民族的区域特征，也是区别其他建筑文化的个性标志。另外贵州黔中地带的布依族民居也很有特色，其石木结合的建构充分体现出一种现代性的美感。

　　通过绘画来表达我对贵州民居的敬意，从中自己也体会古人的智以及对当下设计依然有启发性的价值。民居中常见的木构形式就是"全框架"结构形式，穿斗式结构给建筑以灵活的空间感。而吊脚楼的形式又使山地建筑与自然地貌形成了一种有机的结合，我称之为"从山里长出来的建筑。"

　　总之，贵州民居既保留有丰富多彩和极具个性民族和地域文化特点的同时，又有大山粗犷的内涵，蕴含着高山峻岭的锐气，体现着特殊震撼的山地特色。

Joining China and the West—The Memorial Meeting of 90th Anniversary of Mr. Lü Yanzhi (1894-1929) and *Lü Yanzhi's Collection* premiere Held in Beijing

"参合中西——吕彦直先生（1894—1929）逝世九十周年纪念座谈会暨《吕彦直集传》首发式"在京举行

杨兆凯*（Yang Zhaokai） 李鸽**（Li Ge）

---

* 北京大学文博学院博士研究生。
** 中国建筑工业出版社编辑，建筑学博士。

90周年前的3月18日，我国著名建筑师吕彦直先生（1894—1929）在上海溘然长逝，年仅35岁。之后的6月1日，吕彦直所设计并监理施工的南京中山陵举行孙中山先生灵榇奉安大典。90周年后的今天，适逢殷力欣著《吕彦直集传》出版面世（中国建筑工业出版社将其列为"学术著作出版基金项目"，于2019年4月印行），旨在纪念建筑先贤、探讨20世纪建筑遗产研究与保护的"参合中西——吕彦直先生（1894—1929）逝世九十周年纪念座谈会暨《吕彦直集传》首发式"，于2019年8月4日下午2：30，在北京西城区之红楼公共藏书楼中厅举行。

此次活动由中国文物学会20世纪建筑遗产委员会、中国建筑工业出版社和《中国建筑文化遗产》编委会联合举办，C沙龙—北京文化遗产保护中心协办，北京大学文博学院杨兆凯先生主持。中国文物学会20世纪建筑遗产委员会副会长金磊、中国建筑设计研究院总建筑师李兴刚、中国文化传媒集团副总经理江心、资深建筑师罗建敏、文物专家梁鉴、中国城市规划设计研究院科技委委员李浩、《中国文化遗产》杂志社副主编孙秀丽、《中国建筑文化遗产》编委耿威、营造文库编辑部负责人徐凤安，以及《吕彦直集传》的作者殷力欣、责任编辑李鸽、陈海娇等应邀出席此次活动。活动中，殷力欣先生对吕彦直先生的建筑成就及建筑思想作现场评

图1-1 吕彦直（1894—1929），中国建筑师，南京中山陵与广州中山纪念堂的设计者（黄建德提供）

图1-2 吕彦直留学美国期间的设计作业（约1917年）

图1-3 吕彦直绘制的金陵女子大学校舍图（约1919年）

图1-4 吕彦直设计的上海银行公会（约1922年）

图1-5 1926年3月12日中山陵工程奠基仪式现场

图1-6《良友》画报1926年载吕彦直中山陵设计竞赛说明及范文照、杨宗锡之二三奖图案与孚开洋行乃君之名誉奖图案

图1-7 吕彦直绘制的中山陵设计效果水彩稿定稿（约1927年8月）

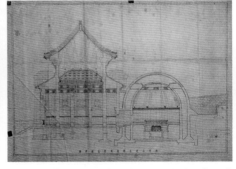

图1-8 吕彦直绘制的中山陵设计图定稿，中山陵祭堂剖面(1927年8月)

图1-9 吕彦直绘制设计的竞赛方案图之广州中山纪念堂及纪念碑整体效果图（1926年3—7月）

图1-10 吕彦直绘制设计的竞赛方案图之广州中山纪念堂侧立面图（1926年3—7月）

图1-11 1928年3月6日开工的广州中山纪念堂地基（摄于1928年7月4日）

图1-12 1928年3月6日开工的中山纪念碑基（摄于1928年8月20日）

图1-13 中山陵第一部工程进展（摄于1928年10月9日）

图1-14 中山陵第一部工程之墓室竣工（摄于1929年4月）

图1-15 1929年6月1日灵榇入中山陵祭堂的奉安大典如期举行

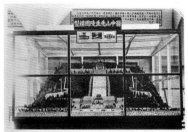

图1-16 孙中山先生陵园模型展陈旧影（疑似在1929年全国美展陈列，南京博物院收藏）

图1-17 落成于1929年9月的吕彦直、朱葆初设计之国民革命军遗族学校

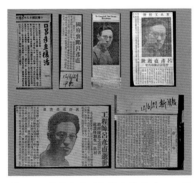

图1-18 吕彦直逝世之部分讣告（1929年3—9月）

图1-19 1931年10月10日广州举行中山纪念堂落成开幕典礼

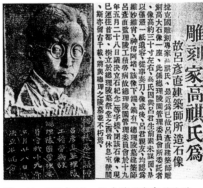

图1-20a 1930年5月，捷克雕刻家高祺氏雕刻的吕彦直石像

图1-20b 中山陵祭堂西北耳室，原吕彦直碑铭所在地，相传即其骨灰安葬地

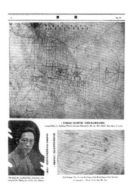

图1-21《良友》第40期，吕彦直最后遗作（1929年10月）

图1-22 吕彦直致夏光宇函（手迹，约1928年6月）

图1-23 建设首都市区计划大纲草案，原稿（1928年6月）

图1-24 中山陵全景现状

图1-25 广州中山纪念堂内景，可容纳五千人座席的室内空间

析，各位嘉宾则围绕中国近现代建筑思潮、吕彦直的成就与理念、中国固有式建筑流派的历史得失、未来建筑走势等问题，发表了精彩纷呈的演说。约200位读者与各位专家学者作现场交流互动。（图2-1至图2-6）

以下是部分为与会者的发言摘要。（发言者还有罗建敏、梁鉴等，囿于篇幅，本文从略）

金磊（中国文物学会20世纪建筑遗产委员会副会长、《中国建筑文化遗产》主编）（插图2-7）

今年是近现代建筑先驱吕彦直先生90周年诞辰，同时也是吕彦直先生的代表作南京中山陵正式启用的90周年，这是值得隆重纪念的日子——既要铭记中国革命先行者孙中山先生的历史功勋，也应进一步深入研究中山陵设计者吕彦直的建筑成就与建筑思想。在这样一个时刻，殷力欣先生历时十年撰写的《吕彦直集传》得以出版面世，真可谓适逢其时。我与殷先生是合作十余年的志同道合者。十年前，我们在时任国家文物局局长的单霁翔先生的支持下，完成了大型专集《中山纪念建筑》，之后又相继完成了《抗战纪念建筑》和《辛亥革命纪念建筑》。十年之后，殷先生的这本书可以说是当年工作的持续、深入，这也说明，对近现代建筑遗产的研究是没有止境的，希望今后有更多的学者也加入的这个研究领域中。

近年来，我们的保护与研究工作又有了新的进展——我们成立了中国文物学会20世纪建筑遗产委员会，领导者仍是单霁翔同志。有了这个委员会，今后对20世纪之后诞生的一系列重要建筑作品，从吕彦直设计的南京中山陵、广州中山纪念堂，到新中国成立后的各时期重大建筑工程项目，都将得到深入细致的研究，并力争公众与专家学者们投入到这项意义非凡的工作中来。谨此纪念建筑先驱吕彦直先生。

殷力欣（《吕彦直集传》作者、《中国建筑文化遗产》副主编）

图2-7 现场发言者金磊先生（李东兴摄）

图2-1 "吕彦直先生逝世九十周年纪念座谈会暨《吕彦直集传》首发式"海报

图2-2 吕彦直先生逝世九十周年纪念座谈会暨《吕彦直集传》首发式现场（李东兴摄）

图2-3 吕彦直先生逝世九十周年纪念座谈会暨《吕彦直集传》首发式上嘉宾对谈（周伟摄）

图2-4 吕彦直先生逝世九十周年纪念座谈会暨《吕彦直集传》首发式上现场演说（杨兆凯摄）

图2-5 资深建筑师罗建敏先生在现场（李东兴摄）

图2-6 现场主持杨兆凯先生（李东兴摄）

（图2-8）

我个人很抱歉，对这个书稿一拖再拖，延误了出版时间——这是原本应该在五年前面世的书稿。当然，对于像吕彦直先生这样一位生平记载不详、作品数量不多但意义重大的建筑先驱，我自知尽管自己依然竭尽全力，也仍然留有大量需要更深入、更细致的研究工作，有待后来者接续。在此，我想利用这个难得的交流机会，强调几点我最深切的感受与大家分享。

其一，吕彦直先生之所以两度在建造中山纪念建筑上取得成功，最重要的一点，是吕彦直对中山先生的理解高出同侪（同期参加设计竞赛的范文照等，日后证明也是出色的建筑师，只是在对中山先生思想的理解上，比之吕彦直先生略逊一筹），吕彦直的建筑理念与中山先生的治国理想形成契合。

其二，吕彦直先生在设计创作过程中的精益求精、孜孜不倦。仅以将传统建筑正脊、垂脊的装饰构件，由传统的鸱吻、仙人走兽，改用借鉴岭南民居的博古纹等，即数易其稿、反复斟酌。而他在建筑与周边环境的处理方面，更是借鉴了东西方古典与现代的做法，因地制宜，思路开阔而不失笃实严谨。

其三，吕彦直开创的"中国固有式建筑"流派，既被世人推崇，也不乏对这一流派往往斥资巨大的非议。我认为，以往大家对吕先生建筑思想的认识，忽略了很重要的一点："公众之建设，务宜宏伟而壮丽；私人之起居，宜尚简约。"

李兴刚（中国建筑设计研究院总建筑师）（图2-9）

我也谈几点感想：

第一点，关于吕彦直的历史地位。吕彦直是"中国固有式建筑"风格的探索者和开拓者，也似乎是中国现代建筑设计的第一人，或者说现代建筑意义上的第一代中国建筑师。当然，之前有许多国外现代建筑师在中国的实践，但我认为他是第一个做中国现代建筑的中国人。吕彦直完成了当时两个最重要的国家级项目：南京中山陵、广州中山纪念堂及纪念碑。这两个国家级现代建筑的创作是非常成功的，直到今天我们去看、去体验，依然能感受到他的设计水准、才华和震撼力，这两个建筑有着非常高的历史意义和价值，至今都还在发挥着影响。因此说，吕彦直作为建筑师的历史地位无疑是非常独特的。

第二点，吕彦直的个人天赋和时代机缘成就了他的作品、他的地位。他设计中山陵中标的时候只有31岁，而且第二年又中标广州中山纪念堂和纪念碑。这么年轻的建筑师做出了十分成熟的作品，完成了两组具有挑战性的重要建筑，可以说非常有个人天赋，但这种天赋又在这个时代获得了高度的认可，比如他的思想和中山陵的契合——那个时代要求把中山先生的思想通过中国建筑去影响大众。时代的机缘和个人天赋的结合，成就了吕彦直的作品——这样天赋与时代机缘、风尚的适时聚合，可谓不可多得。

第三点，涉及对我们建筑专业性的启发。"参合中西"就是中西建筑思想的一种混合。在我看来，其实吕彦直主要是接受的西方建筑教育，是一种西方现代建筑和设计的方式，只不过他采取了中国的样式。当然他对这种样式进行了处理和改变，并不是完全的中国传统样式的照搬。这种改变、处理和设计的方式，主要还是基于一种美学的推敲，比如比例、色彩、形式。这是建筑师的一种非常职业性的工作，并非特别强调风格的纯粹，比如刚才说到的宫殿式，其实吕彦直所作并不是纯粹传统的宫殿式。按孙中山的地位，其陵墓应该对应庑殿式屋顶，而他采用的是歇山形式的殿型，虽然并不如庑殿那么庄严，但歇山这种形式在美学上十分优美。我认为这就是一种专业性的美学上的推敲。我刚才看到这本《吕彦直集传》里记载他做南京都市计划，展示了他对建筑的看法："在国府区域内，尤须注意于建筑上之和谐纯一，及其纪念的性质、形式与精神，相辅而为用；形式为精神之表现，而精神亦由以形式而振生；有发扬蹈厉利之精神，必须有雄伟庄严之形式，有灿烂绮丽之形式，而后有尚武进取之精神。"他提的这一点，就是关于建筑形式的创作，直到今天对于我来说依然有触动。建筑从古代、现代到当代，我们有许多建筑理念的变化，对于建筑形式的看法和对待，在每个时代是不一样的。在我看来，建筑形式无疑是建筑学的核心内容之一，因为形式和它所要传达的建筑精神、传达人心的关系和影响是至关重要的，这也是建筑作为一个艺术门类的最重要的一个特征，也是建筑设计中最具有挑战性的核心问题之一。吕彦直"参合中西"的创作中最集中体现的其实是建筑形式。

另外，他的建筑中还包含了现代材料也就是混凝土的利用，以及体现在中山纪念堂的大跨度技术运用。这个房子的尺度非常大，容纳五千个座位，在一个十分紧凑的结构中创造出能容纳这么多人的空间，在当时是

图2-8 现场发言者殷力欣先生
（李东兴摄）

图2-9 现场发言者李兴钢
（李东兴摄）

非常了不起的。做到这种状态，其实他是用了非常巧妙的多个单体建筑组合成一个大空间的方式，通过周围四个建筑作为支柱，支撑上面大的空间桁架。这种新的大跨技术的使用同时又和建筑的形式和尺度的处理结合起来——因为他用了单体组合的形式，这个房子的尺度感就非常的好，而且又有主次的组合。

还有一点，他在对建筑的探索方面，注重了环境与建筑的配合，是把环境设计作为建筑设计的一部分，这在广州中山纪念堂设计中非常显著。我们看中山纪念堂后面是山，设计中可考虑到纪念塔与山、塔与纪念堂的关系——让中山纪念堂这个大建筑依山而立，又与塔作尺度适中的配合，可以说是建筑和环境完美匹配的一组作品。而在中山陵方面，其实整组建筑中的单体建筑都并不很大，但依然让我们体会到它的宏大空间感和伟人的纪念性，一点都不逊色于大体量建筑，这是因为它利用了环境，利用了山体，利用了周围的绿化，利用了高差的组织，一个陵门、一个碑亭、一个祭堂、一个墓室，这样四个小的单体建筑，完全要依托于大的环境才能营造出一种重大的纪念氛围。这对我们今天来讲，是非常重要的设计观。以前我们往往关注建筑的单体设计和形式，而不重视这种环境与建筑一致性配合的整体营造。有一个小插曲，刚才我在书里看到他给友人的一封信里说，很多人都公认中山陵是个警钟的形状，"寓意深远"，但他自己其实并不是这么设想的，他想的就是"相度形势，偶然相合"。"形势"这个词是完全属于中国的，专有名词叫作"风水形势"，意思就是从专业设计的角度去推敲环境和建筑之间的形势配合。

再有一点，对吕彦直建筑作品的理解——这两个作品完全可称得上是当时的最有当代性的建筑，是具有当时的国际水准的现代建筑。我们如果结合清华正在展出的"归成——毕业于美国宾夕法尼亚大学的第一代中国建筑师"中当时获美国国家金奖的作品对比，就可以感受到这一点。

最后一点，我想讲讲吕彦直先生的历史局限。其实在书里也提到，因为时代的原因，吕彦直有着自己的局限：他对历史的研究理解范围还局限在当时明清时期的建筑，主要是宫殿式建筑，也不知道后来的中国营造学社，以及关注明清之前唐宋更为重要的案例，这都可能会影响到他的设计。刚才也提到了吕彦直的创作中重视建筑和环境之间的配合，但在中国的传统中，对于环境与建筑的配合，也有着非常高妙的智慧和手法。如果我们把它和清东陵、清西陵相对比，中山陵的设计如何使用那些小的建筑在大环境中营造更为感人的场所和恢弘的空间，仍然可以有更多对传统的借鉴，达到更好的空间状态。如果说"参合中西"可以不只聚焦于建筑的单体形式，而在建筑与环境的交互关系方面，对中国传统进行更加全面深入的学习和借鉴的话，也许可以做得更加完美。当然这里可能有具体的原因，就是中山陵主要作为一个公众的纪念性的公园而不是帝陵这样一种私人的禁地，他设计的条件、设计初衷的不同，决定了体验方式和设计理念的不同。比如清东陵的设计理念是"视死如生"让死后的皇帝像活着一样，存在和"体验"在山水环境中的这样一种空间氛围，是内部的视角；而一个纪念性的现代的公共的陵园其实不是为死者设计的，而是为活着的大众而设计的，是外部的视角。因此，这里既有一种时代的局限，也有一种需求和条件的局限，但所有这些局限，并不会影响吕彦直的历史地位。

江心（中国文化传媒集团副总经理、创意总监）（图2-10）

我本是建筑的门外汉，但与此书的作者殷力欣先生是老朋友。早在我们是文化部同事的时候，就很佩服他的学识渊博，今天得知他肯耗费十年精力去完成这样一部篇幅并不很长的专著，倒是丝毫不感到意外。在当今，我们需要大量的文化普及与启蒙工作者，也需要像殷力欣这样安贫乐道、孜孜向学的读书人。本人从事文化传媒工作，这本凝聚作者十年辛苦的《吕彦直集传》，提醒我们在今后的工作中既要坚持普及工作，也要尽可能把一些学术研究层面的最新进展，及时推介给公众——这样才能兼顾广度和深度地弘扬中国文化。

周伟（中国铁道博物馆正阳门展馆副馆长）（图2-11）

感谢给我这个机会，本来我是抱着学习态度过来学习的，首先还是祝贺殷先生——这是一本十年磨一剑的好书，书籍的装帧、图册内容做得非常好，而且内容非常翔实。有几点感触。

一点感触源于我所做的中国铁路历史研究。中国历史上的那个时期有一个特别现象：无论沙俄修建的中东铁路，还是日本修建的南满铁路，还是其他哪国给我们国家修建铁路，谁建设铁路谁就会把本国建筑风格加入进去。像吕彦直先生这样把建筑形式与中国元素有机结合得这样好，让我震撼，在近现代建筑中我头一次看到这样好的结合。那时的吕彦直先生，以及同时期的詹天佑先生、茅以升先生，共同点都是在国外接受高等教育多年，对西方文化科技非常熟悉，在这个基础之上把中国文化元素结合在一起，这是他们对中国近代发展一个最大的贡献。吕彦直先生生命不长，像一颗闪耀的流星划过天空，在中国建筑发展历程中很难再会出现这样一位英才。还有，我感觉吕彦直先生的专业功底特别扎实，只有这样的功底才能设计出像中山陵、广州中山纪念堂这样的建筑，建筑艺术与他的文化素养结合得非常到位。这也让我想起了詹天佑，他们在某种程度上是契合的。

图2-10 现场发言者江心先生
（李东兴摄）

图2-11 现场发言者周伟先生
（李东兴摄）

另一个感触就是现在中国铁路车站的发展。随着中国建筑企业不断地发展，建筑形式也不断地翻新，但我觉得现在这些建筑，民族元素融入得特别少，只是加了一点点象征元素，我想中国文化建筑的发展还需要有一个很长的过程。

程旭（中国博物馆协会陈列艺术委员会副秘书长、北京博物馆学会设计专业委员会副主任）（图2-12）

我是来自首都博物馆的展览设计师，今天报告的主题是纪念民国建筑代表人物吕彦直大师，首都博物馆作为城市博物馆也举办过很多境外建筑大师的专题展览。关于民国西洋建筑，以北京近代建筑遗产为例，特别是老前门一带改为博物馆建筑群也很密集。值得一提的是，我与周伟馆长也有很多陈列上的业务交集，2012年有幸参与了北京铁路博物馆的基本陈列的专家顾问团队，并夺得年度"全国博物馆陈列十大精品奖"。周边还有与纪念堂相邻的由贝寿同设计的中央银行改成的中国钱币博物馆，东交民巷内的日本领事馆改成的中国法院博物馆，还有更早期建的北京警察博物馆，都属于今天遗产建筑被利用的示例，早年我就很关注研究中央历史档案馆馆藏的吕彦直大师的手绘图纸、工艺流程、营造方法和治学态度、包括图纸签字制度，都是中国营造学社留给我们宝贵的文化遗产。

图2-12 现场发言者程旭先生
（李东兴摄）

还有我个人的深切体会就是随着城市现代化建设，民国建筑数量变得越来越少。也有学者形象地说要与推土机赛跑。对这块珍贵遗产的梳理和整理十分必要，今天殷老师做出巨大努力，实际上是在我们文化之根上展开，把艺术与文化作了基础性思考，呈现出来的成果功德无量。这里我们应该向学人殷老师致敬，另外，我私下有一个愿望，发自肺腑之言，期许我们将现在已有的出版成果和作品变成一个建筑文献展览的空间形态，把它策展成为一个文化精品推向社会。之需要一两年的准备，精心打造一个名人品牌。我衷心地预祝这个吕彦直建筑文献展览策展会取得成功。谢谢大家！

耿威（《中国建筑文化遗产》编委）（图2-13）

首先，衷心祝贺殷先生这本书出版，希望这本书大卖。然后我就从个人的角度谈一点感想。

我认识殷先生好多年了。殷先生给我的第一印象就是非常的专业。刚才有提到，殷先生原来不是研究建筑历史的，但是和他探讨问题丝毫不会让你有这种感觉，不仅如此，不论是知识的基础，还是学问的见解，我经常觉得殷先生比大多数搞建筑历史专业的人还专业，这一点给我印象非常深刻。

图2-13 现场发言者耿威女士
（李东兴摄）

殷先生给我的另一个印象是学识非常的渊博，兴趣爱好非常广泛。我这个人爱好很多，所以和殷先生聊天特别投缘，感觉哪个领域殷先生都有研究。有一次我提到很喜欢法国诗人阿波利奈尔的那首《米拉波桥》，殷先生说他也很喜欢这首诗，但是觉得国内的几个译本都不太合意，还曾经自己翻译了一回。这件事也给我印象很深。虽然说这些事好像和我们今天这本书看起来关系不大，但我想说的是，一个涉猎广泛的人的趣味会更加醇厚，写的书味道就会和别人不同。比如这本《吕彦直集传》里面就收集了两个版本的《建设首都市区计画大纲草案》。这篇文章的作者原稿与经别人修改发表的刊行本之间，前后只有几个字的差别，殷先生也把它找出来。这首先说明殷先生的治学严谨，这就叫专业，一般人发现不了，其次这还说明殷先生的敏感性，一般人体会不到这几个字差别的意义或者说趣味，但是殷先生做了很有意味的解读。这就是刚才我说的，一个趣味醇厚的人，他做学问、写书给人不一样的感受，这本书就是体现。

图2-14 现场发言者孙秀丽女士
（李东兴摄）

最后我希望更多的人读这本书，不要仅仅把这本书当成专业资料。我们应该想一想，当初吕彦直才三十多岁，就能接下中山陵这样的大任务，完成这样的大作品，大家设身处地想一想有没有什么感受。当然，那个年代受过新式教育的建筑师都是年轻人，但是当初的有关机构将这个项目委托给吕彦直还是非常有眼光、有魄力的，他们没有迷信年龄更大、更有名气的建筑师，也没有迷信外国建筑师，而是把这个项目交给吕彦直，历史证明这是非常正确的决定。我们可以反思一下，为什么今天出现了这么多丑建筑，为什么我们不能多有几个吕彦直。有人说，这些丑建筑不代表建筑师的水平，代表的是审批这些建筑的领导的水平。这个说法有道理。但我们要更进一步思考，其实这不仅仅是相关领导干部建筑审美水平的问题，而是因为我们整个社会建筑审美能力低下。我们应该好好读读这本《吕彦直集传》。我看见在座有好多书友，你们都是社会的希望。我们要有好建筑不能只靠建筑师，要靠大家每个人。再次祝贺殷先生新书出版。

孙秀丽（《中国文化遗产》杂志副主编）（图2-14）

我是想接金磊先生的话，谈一下文博界和建筑设计及建筑史学界，在民国时期，一个平行时空里发生的巧合，或者说耦合关系。

吕彦直先生所在的时代，对中国的文化教育来说，是一个发生伟大变革的时代。今天我们很多人都知道梁家有一对"建筑、考古双子星"：哥哥梁思成是建筑界的泰斗，弟弟梁思永是现代考古学的先驱之一。而更早的"双子星"，发生在一对清华同学之间——吕彦直与考古学家李济。他们之间，既有令人惊讶的"神同步"，也各自在本行业留下了令人遗憾的背影。

吕彦直先生1894年生于天津，祖籍安徽滁县，李济先生1896年生于湖北钟祥。二人都是1911年考入留美预备学校（清华学校）的首批清华校友之一，后来先后赴美留学，李济学习心理学、社会学和人类学专业，吕彦直主攻建筑学专业。回国后两人在各自的领域都成为影响中国的行业开创者。

1926年，32岁的吕彦直获得中山陵建筑竞赛应征图案首奖，他所设计的中山纪念建筑的影响持续至今；同一年，30岁的李济在山西夏县发掘了仰韶文化的西阴村遗址，是中国学者最早独立进行的考古发掘。

1928年，吕彦直在南京完成"首都计划"的部分草案设计；同年，李济开始成为安阳殷墟发掘的主持者之一。在他们身后，分别是中国近代建筑设计迎来黄金十年，以及中国现代考古学波澜壮阔的发端。

遗憾的是，吕彦直未能有机会在其后壮阔的历史阶段承担角色；而李济先生主持的殷墟发掘迄今未停，他本人却也无缘参与后面的考古过程。

如果没有吕彦直先生突然离世的遗憾，他们之间类似的"神同步"也许还能继续。横向地看，这只是两个行业之间的巧合；纵向看，却是民国时期群星毕现的一个缩影。在吕彦直先生离去十年后，中国营造学社和中央研究院史语所、中央博物院在西南有了深深的交集。他们的交集乃至交融，所留下的累累硕果是我们今天的记忆遗产、创造力源泉。

十多年前，四卷本的《李济文集》得以问世。而吕先生短暂却璀璨的建筑设计生涯，大家却只能从各种零星发表的资料里了解。非常感谢殷力欣先生倾心付出整理，让我们这些外行不单从一些稿件里去管中窥豹，而得以直观地去学习、感受一代巨匠的创造力和价值。

李海霞（建筑学博士）（图2-15）

谈几点感想。

其一，首先感谢主办方举办这么有意义的活动，在书香四溢的环境里召开这么一个纪念活动，不仅是对先贤吕彦直先生（建筑界这颗稍纵即逝但却璀璨耀眼的启明星）的缅怀，更有一种对我们后学（学建筑人士）精神上的仰视和激励。

其二，对殷力欣先生十年如一日的坚持，深埋故纸堆的探索、研究挖掘工作表示钦佩！知道殷老师一直在做吕彦直相关档案史料的整理，而且面临很多客观及家庭方面的压力，能在这样惨淡的生活状况下坚持，并出版于世，我真的很钦佩这股治学的态度，并对《吕彦直集传》一书的出版表示衷心的祝贺！相信这本书将对研究中国近代建筑史和吕彦直的设计思想起到很大作用。

其三，前面很多专家、前辈提到吕彦直的贡献、在近代建筑史上的地位、评价，在此不再点评。前几日跟我的导师张先生表达了出席此活动一事，他也特别关心此书的发布，问询为何题目是"集传"，而不是"传"，我想借用咱们活动微信海报的说法——书的命名源于两方面内容，一是对吕彦直作品集（包括了信件、图像、图纸、文章）的收集和整理，当然这部分内容也包涵了作者苦心严谨的校订和筛查（面的工作）；二是作者对吕彦直生平及作品的评述（点的工作、案例的形式）这两部分内容我认为都非常之重要。

吕彦直是一个传奇人物，且其身世也有很多不明之处。建筑史界也有很多人进行了这方面的查找和研究工作，但形成线索及较为全面梳理的文章几乎没有。殷老师这部分工作，当然是史无前例且功德无量的。

其四，重新审视吕彦直的精神价值。吕彦直除设计建造所留下来的物质遗产，他还带给我们什么？吕彦直是一个具有强烈中西文化双重情结倾向的建筑师，又具有强烈的独特学术个性。吕先生的学术个性是以其一生对中西文化的孜孜不倦研究为背景而形成的。在其身上，中西方优秀文化相互融合，高度统一且均发挥着积极作用。

在浏览吕彦直的生平简历之时，我发现了很多细节。比如考察北京、南京宫殿式建筑，整理故宫大量建筑图——表明他对基础工作的重视、与业主的关系、师承、殚精竭虑的服务意识（艰难备至、不辞辛劳）、孜孜不倦的技术追求（精心施工、一丝不苟）、中国式的文人情怀、作为艺术家的角色。这些都为他后来的成功打下了坚实的基础。

最后我想说的是，当代建筑师与近代建筑师同处于建筑转型的国际际遇之下，同样需要对本土文化做出回应，更需要正确处理与业主等的社会关系。这是任何时候建筑师从事建筑实践所必须思考的前提性问题。如

图2-15 现场发言者李海霞女士（李东兴摄）

果当代建筑师能在吕彦直等前辈的建筑实践观中得到一些思考与启示，那么就可以站在巨人的肩上，看得更高，走得更远。

李浩（中国城市规划设计研究院邹德慈院士工作室主任研究员，教授级高级城市规划师）

我是学城市规划的，近些年在中国城市规划设计研究院从事城市规划历史研究，正在做的一个课题是"苏联规划专家在北京（1949—1959）"，涉及1949年9月来到北京的首批苏联市政专家团，梁思成先生和陈占祥先生跟他们的意见有些不太统一，后来于1950年2月提出"梁陈方案"，就是在这样的历史背景下。我在做规划史研究的过程当中，为了理解、学习梁思成先生的学术思想，梳理脉络引申到1929年前后，包括南京"首都计划"中关于首都中心区的规划，当时的设计方案很多，其中就有吕彦直先生的设计方案。今天看到殷先生的大作，觉得文献价值十分突出，可以在书中看到许多自己想看但通常又不容易看到的宝贵的资料。另一方面，通过理解吕彦直先生（当时中国建筑师的杰出代表）的学术思想、设计创作的特点，我们能够更加准确地理解90年前中国建筑和城市规划方面的学术动态。这两点是我学习的主要体会。

李鸽（中国建筑工业出版社编辑）（图2-16）

我是这本书的责编之一，另一位责编陈海娇做了很多具体的编辑工作。这本书的编辑过程也有很多故事，此书的立项恰逢我们出版社（中国建筑工业出版社）开始设立学术著作出版基金，社里看重吕彦直先生在我国近代建筑史中的重要价值和影响力，特批准我们这个选题成为首批获得资助的项目。

本书的作者殷力欣老师治学严谨，在交稿之后，他又经历了三次大的补充并替换了原稿，并且在清样阶段他还不断做大规模补充和调整，令书稿愈发丰富和充实。在此感谢殷老师对我们的信任。

在这我要从传媒的角度去讨论这本关于建筑师传记类图书的出版价值。大众传媒与学术研究的差异性在于，希望把学术研究传递给更多、更广泛的读者，这才是出版传媒的价值和意义。我们这本书立项出版的目的就是希望更多的读者了解吕彦直这位出色的建筑师，以及他所生活的时代和代表的行业群体。

我们在做这本书的时候发现，书中内容非常丰富，在书稿中我们解读出非常多的层次。首先，他是中国被大众所熟知的第一位建筑师，就像一颗启明星一样，出现在中国近代的大众视野中。因为他赢得了一项中国建筑师从来没做过的大工程——南京中山陵。当时作为一项国际竞赛，他能够拔得头筹，一定有他的过人之处。正如李（兴钢）总之前总结的那样，因缘际会，吕彦直先生既有这方面的优势，也有这方面的能力。他既抓住了机遇，又有自身的天分。他承担这些工作时虽然特别年轻——只有31岁，但是达到甚至是他之后的那些优秀的建筑人也很难达到的高度和水平。再晚他几年的梁（思成）先生、杨（廷宝）先生，错过了民国建设的最好时期，没有机会参与这样的项目。而与之相比，吕彦直先生无疑是非常幸运的。

图2-16 现场发言者李浩先生（李东兴摄）

但是，读完这本书之后我看到的是建筑师吕彦直，作为那一代人，人生的幸与不幸。他起点比别人高，出身比别人好，开明士绅的家庭，让他有机会去接触西方文明。作为庚子赔款的留学生，他有机会接触到最先进的西方现代建筑教育。当时的康奈尔大学，是美国现代建筑教育的一个重要基地。他自身天赋又非常好，自幼喜欢画画。虽然最开始进入电器专业学习，但是他又改变专业，自己选择了建筑学。这就说明他有选择的意愿和选择的自由。回到中国，他又随亨利·墨菲工作两年，积累了很多关于中西合璧建筑作品的实践经验，期间还进行一年的建筑旅行，积累建筑知识，开阔眼界……他有这些机会和条件，足以说明他是一个很幸运的人。那个时代的同龄人中，至少95%以上的人没有这个平台和机会。既能占有资源，又能充分利用这些资源，适时地调整和改变，这是他的幸运之处。但是，在这之后，也正是因为这种幸运，他享有的这些资源，同样也对他产生了过多的消耗。再到后期，1926年获得广州中山纪念堂这个方案的时候，他身体已经非常不好了，还要往返南京和广州两地。查了一下当时的运输条件，从南京到广州单程至少要一个星期，长期两地奔波对他的身体又是一个巨大的消耗。1928年初，他已经被发现确诊为癌症；但那年5月，他还被聘为国民政府大学院艺术教育委员会委员。这说明他是一个关注非常广泛，特别想做一番事业的人——特别有理想，又特别有社会责任感——明明知道已经身患重病，却还要主动承担这么多工作，这也是他的不幸所在——天不假年。

在这里我们其实更想讨论一个问题：建筑师的作品中能够承载多少家国与民族？建筑师的使命是个人实现，还是社会担当？吕彦直先生短暂的一生能引发我们更多的思考。

在这里我们希望更多的建筑师能够进入我们出版传媒人的视野，更多的研究者能够跟我们一起承担这项工作，把更多的建筑师和建筑文化推向大众，让大众了解我们这个行业和我们这个群体。希望我们的工作，能够为大家带来文化价值上的输出。

再次对今天的活动表示特别感谢，感谢杨兆凯先生辛勤组织这次活动，同样感谢殷老师对我们的信任。

图2-17 现场发言者李鸽女士（李东兴摄）

Accomplishment— The First Generation of Chinese Architects from the University of Pennsylvania Exhibition and Seminar Held in Tsinghua University

"归成——毕业于美国宾夕法尼亚大学的第一代中国建筑师"展览暨研讨会在清华大学举行

刘江峰*（Liu Jiangfeng）

* 北京市建筑设计研究院，建筑学博士。

2019年7月22日"归成——毕业于美国宾夕法尼亚大学的第一代中国建筑师"主题展览在清华大学艺术博物馆举行。该展览集中展示1918年至1935年，在宾夕法尼亚大学建筑系求学的20多位中国留学生的学习经历，并揭示其在建筑设计、建筑学理论等多方面的突出贡献和对中国建筑未来的深刻影响。

中国现代的城市建设与建筑事业发轫于20世纪初，而中国现代的建筑学专业与建筑教育的建立和发展，与位于美国东部城市费城的宾夕法尼亚大学之间存在着特殊而深远的联系。中国第一代的建筑家中一些杰出的代表，如梁思成、杨廷宝、范文照、童寯、陈植、林徽因等，都毕业于这所大学美术学院的建筑系或艺术系，他们在近代中国的建筑设计、建筑教育、历史研究以及建筑管理等诸多领域，成为具有奠基意义的建筑师与建筑教育家、建筑历史学家与理论家，构成了中国近代建筑活动（包括建筑教育）的重要内容。

本次展览，所展陈的这批大师们在宾大期间的作业、笔记、设计习作及参加各类设计比赛之参赛作品，均系珍贵的历史文献：既客观反映了当年学院派建筑教育大本营——美国宾夕法尼亚大学严谨的教学体系，也表现了这批东方学子深厚的文化底蕴和参合中西的艺术表现力。

图1-1 展览现场之场外海报

图1-2 展览现场之采访童明

图1-3 展览现场1

图1-4 展览现场2

图1-5 展览现场3

图1-6 展览现场4

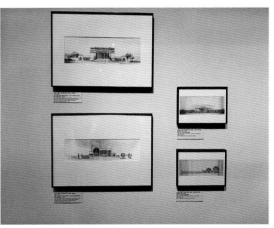

图1-7 展览现场5

图1-8 过元熙宾大期间作品1

图1-9 过元熙宾大期间作品2

图1-10 王华彬宾大期间作品

图1-11 杨廷宝宾大期间作品

图1-12 林徽因宾大期间
作品

图1-13 童寯宾大期间作品1

图1-14 童寯宾大期间作品2

图1-15 童寯宾大期间作品3

图1-16 梁思成宾大期间作品

　　展览开幕式后，在艺术博物馆4层报告厅所举行的研讨会，则有当代建筑学界诸多风云人物的精彩发言，同样带给大家以良多收益（图2-1、图2-2）。

　　以下为研讨会发言摘要（另有故宫博物院王军先生之专题讲座，囿于篇幅，忍痛从略）。

　　王辉（此次活动主持人，著名建筑师）（图2-3）

　　简单介绍一下展览的来龙去脉。2015年到2016年，童明（建筑学泰斗童寯之孙）在美国哥伦比亚大学

图2-1 研讨会现场1

图2-2 研讨会现场2

做访问学者期间，专门去宾夕法尼亚大学做调研参观，这个时候他萌生了要把中国第一代留学的建筑师资料引国内的念头，除了做展览以外，还希望组织相关学术研究和活动。这个想法也填补了中国建筑教育史上的一个很重要的空白。当然，这个想法也得到了社会各界的支持，所以从2017年10月份开始，首先是在江苏省美术馆举办了毕业于宾夕法尼亚大学的中国第一代建筑师的展览，呈现了1918年到1935年期间留学宾夕法尼亚大学差不多20多位留学生的学习经历和学术学业成就。在江苏的展览，题目叫"基石"，这也是中国近现代建筑教育体系得以成立的一块很重要的基石。2018年8月，同样名字的展览又移师到上海当代艺术博物馆，上海是中国第一代建筑师实践的主战场，所以这是一个非常有意义的城市场所，所以那次展览题目叫作"觉醒的现代性"。这么多留学生，绝大部分是从国内出去，也有从美国其他学校出去的。针对在宾夕法尼亚大学学习建筑而言，这里展示了20多位，但是有12位是来自于清华大学学校，所以如何让展览回到清华，回家，这是很多清华人的夙愿。

图2-3 此次活动主持人王辉
（著名建筑师）

展览到了清华以后，又有新的内容补充。另外，从学理上来讲，如果南京展览作为基石，上海展览作为中国第一代建筑师的实验场所，在清华的展览上，更加重视如何通过西学东渐的方式，展示这一代人。他们不但个人在学术上有很大成就，而且做了一个非常好的集体贡献，那就是把中国建筑学变成一个系统化的体系，同时也把中国建筑实践变成一个系统化体系。所以展览的名字叫"归成"，既有归来的意思，也有有所成就的意思，大家觉得这个名字起得非常有意义。

庄惟敏（清华大学建筑学院院长）（图2-4）

此次展览记录还原了中国第一代建筑师中代表人物的历史资料，将成为中国建筑史上一次重要的事件。它作为巡展，清华是第三站。

图2-4 清华大学建筑学院院长庄惟敏

一百年前，正当现代主义在西方兴起之时，一批年轻的中国人，怀揣着远大的理想，远涉重洋，赴美求学。1918年之后，跟随着第一批留学生，朱彬、范文照、赵深、杨廷宝、陈植、梁思成、林徽因、童寯、哈雄文等一批留学生，选择到宾夕法尼亚大学学习建筑。中国的现代城市发展和建筑事业发生于20世纪初，同时也带动了中国传统建筑研究学术体系的建立和发展。在这一时期，第一代建筑师们崭露头角，群星璀璨，为中国建筑事业的发展作出了卓越的贡献。他们当中最为杰出的代表，包括梁思成、林徽因、杨廷宝、童寯、范文照、赵深、陈植等等，在建筑设计、建筑研究、建筑教育以及建筑史学等诸多领域树立标杆，构建框架，堪称中国建筑学科影响至为深远的第一丰碑。

苏丹（清华大学艺术博物馆副馆长）（图2-5）

在艺术博物馆做的好处是，它不仅仅是一个专业圈子里的事情，这个展览反映出很多问题值得我们今天思考。

图2-5 清华大学艺术博物馆
副馆长苏丹

建筑是一个古老的事物，它是人类社会的载体，也是文明的母体和文明本身的显性事物。建造一般发端于环境和材料，其中环境是一种条件，谁都回避不了，材料是一种选择。正因为材料的选择，所以才形成后边不同的系统和不同的形态。比如说结构，不同的材料生成不同的结构，结构体现着智慧，它是智慧的一种手段。然后又出现了形式，形式是一种叙事的文本。建筑的装饰根本不是基于美学，实际上它是叙事的，是这样一个情况。因此，我认为形式就是叙事的文本，满载着符号，是这样一个关系。所以我们认为建筑既是实用的，它是物质的，又是文化的；既是技术的，又是艺术的。它包括很多必然性，也包括很多偶然性，这是它最有魅力的地方。本次展览很有意思，它是关于一群人的展览，也是一个学科的展览，还是一种职业的展览，还是一个国家和社会样貌发生流变的展览。

一群人、一个学科、一个职业、一个国家社会，他们之间有着非常缜密的逻辑关系，但是人是关键，我觉得这个展览是从人开始的，是精彩纷呈的一个篇章，这些珍贵的文献都是关于人的，关于他们的图像，关于他们的手稿，关于他们的作业和关于他们的成就。这些文献让我们看到了个人，还有对历史的作用。我们可以仔细研究每一个人的背景，会发现第一批留学的背景对他们做事的方式是非常重要的，他们的选择也是非常重要的。这是一个志士阶层的代表，而不是知识阶层，任何一个社会的发展，志士阶层的引领是非常重要的。因此，最终他们选择了宾夕法尼亚大学，可能那个时候国家起到了作用，也可能是因为宾夕法尼亚大学当时正处于顶峰辉煌的阶段。但是我认为这样的选择对中国来讲是一个福祉，它是幸运

图2-6 清华大学建筑学院副教授，中国营造学社纪念馆负责人刘畅

图2-7 文物鉴定专家，梁思成之孙梁鉴

图2-8 同济大学城市规划学院教授，此次展览的总策划者童明

的，因为我们知道，不久之后就掀起了轰轰烈烈的现代主义运动，现代主义运动是有"左"的倾向的，是革命性的，在历史的过程中，其实对于物质建造来讲，有的时候这种革命性大规模地展开也是文化的灭顶之灾。站在艺术博物馆这个角度，我们要关注这一点。

刘畅（清华大学建筑学院副教授，中国营造学社纪念馆负责人）（图2-6）

中国营造学社纪念馆这个机构是在中国1929年营造学社酝酿的80年后成立的一个纪念馆，是2009年成立的，当时第一任名誉馆长是罗哲文和王世襄。到2019年，学社在社会资助下建立了一个新馆。这个馆的核心目的是梳理营造学社的学术历程，恰恰在这个历程中，它之前和之后都有很大部分是和梁思成、刘敦桢密切相关的，所以非常荣幸能够参加童明老师的展览，并且贡献我们的力量。我们能够贡献的力量更多是关于第一代宾夕法尼亚大学毕业的学生对中国建筑理论和传统建筑研究的思考，所以我们能贡献的力量相对窄一些，但里面能够体会的精神却无比强大，我们能够清晰地感受到，今天不光是历史和建筑领域，我们讨论的问题很多都是在那个时代预设的，很多方法和范式是那个时代所确立的，他们所确立的基础教育，我们不得不感谢当时包豪斯体系在宾夕法尼亚大学的盛行，不得不感谢怀揣着文化基因的人到那个环境中所做的梳理。所以在这里我只想表达对那代人的尊敬和对下一代人的期许。

梁鉴（文物鉴定专家，梁思成之孙）（图2-7）

这个展览把学术源头介绍得很清楚，最早的这一批青年学子到了美国，把古典主义最后在宾夕法尼亚大学的教育传统学过来以后，对中国建筑学后来影响是很深的。梁思成研究中国建筑史，最后他破解《营造法式》，当年他在宾夕法尼亚大学看到这本书时像天书一样，为什么会破解？就是受到宾夕法尼亚大学教育以后，对西方教育熟悉了以后，他学会了那套勘测的方法，有了这个基础，他才能破解《营造法式》。这跟他们受到西方建筑史的科学训练是有关系的，从图里可以看出来，他把建筑分解，再合起来，然后找到它们中间的规律。后来他们在解读中国古代的建筑时，也是把斗栱分开再合起来，找到中间的法式到底是怎么回事。日本人伊东忠泰，1905年在奉天就把《营造法式》抄回去了，比梁思成可能差不多早20年读到，但是他最后也没有破解《营造法式》。

另外一个感受是，一个学科的发展，往小了说是需要有一个群体，这一批从清华到了宾夕法尼亚大学，又回来的青年学子，回来以后对建筑设计、建筑教育、建筑研究、建筑史的研究等，推动中国建筑教育，有这样一批知识分子的群体是非常重要的。

童明（同济大学城市规划学院教授，此次展览的总策划者）（图2-8）

主持人希望我讲一下这个展览的前世今生，我觉得这对我来说是不可能完成的任务，的确这个展览内容太多、涵盖面太大，我本人也不能把很多的内容说得面面俱到。这个展览虽然举办了三次，但是它仍然在发展之中，比如在筹备这次展览时，于葵姐（梁思成之外孙女）发给我一张照片。这张照片中，三个人的姿态不太一样，中间是林徽因，后面是陈意，前面一个是赵深的夫人。如果把这张照片与另一张照片放在一起看，就会发现：林徽因的帽子到了赵深的头上，孙熙明的帽子到了杨廷宝的头上，林徽因胸前的围巾又到了陈植的胸前。可以想见这群非常灿烂的年轻人，当时在宾夕法尼亚大学的情形。

第一个到宾夕法尼亚大学的人是朱彬，1918年9月17日，朱彬前往宾夕法尼亚大学学习建筑，当然他求学起因和背景不是特别清楚，最初他好像不是到宾夕法尼亚大学，但是阴差阳错来到了宾夕法尼亚大学，开创了一个留学的高潮。朱彬是一个非常杰出的人物，我们从他非常少量的史料中间可以判断，他在宾夕法尼亚大学留学期间是一个学习成绩非常杰出的学生，他是包格瑞（音）的高徒，包格瑞给他以父亲一样的关爱，朱彬也从他那边学到了很多技艺。所以在1922年当地的一篇小报上，登了一则朱彬在当时竞赛中获奖的消息，大意就是中国人战胜了美国人，在学习成绩上面取得了领先。朱彬回国之后，成就也是非常辉煌的。新中国成立后，朱彬前往香港，同样在香港做出了很多的成就，香港第一幢玻璃幕墙大楼就是由他设计并完成的，所以基泰的奇迹依然还在延续，只是我们对于后面的故事知之甚少。

另外一个有传奇性色彩的人，他叫梁衍。他曾经就读于耶鲁大学，是耶鲁的杰出校友，但他也曾经在宾夕法尼亚大学学习过一个学期。梁衍在1932年从耶鲁大学毕业以后，前往了塔里艾森，成为福莱克·莱特的第一个学生，所以这是非常了不起的。而他更重要的传奇是他回国以后的实践作品——南京的国际俱乐部——梁衍在基泰工程司做设计者时的杰作。他在抗战胜利的1946年，又回到了美国，并参与了联合国总部建设的项目。我不是特别清楚他是作为甲方还是乙方参与了这个项目，因为他当时是在联合国总部工作的。据刘光华的回忆，他到美国时曾经正值梁思成到联合国总部参加方案讨论，曾经和两位梁先生（梁思成、梁衍）共进晚餐，而且两位梁先生都是广东人，这里面什么渊源和关系还值得探究，因为有太多信息已经消失在历史的尘埃中了。梁衍不仅参加了联合国总部大楼的设计，而且也参加了纽约州政府大楼的项目设计，应当说也参与了林肯中心某一个剧场的设计，在这一群人里，虽然我们对他知之甚少，但他是一个非常国际性的人物。这说明我们这个展览的初衷和主旨，也就是说如何梳理这段历史，因为有太多的事情是迄今还不是特别了解的，而且随着时间的推移，它的重要性越来越突出，甚至到了我们应该抓紧时间进行抢救的状态了。

从另外一方面来讲，历史虽然有趣，但是更多的还在于学科专业上意义上的遵循，也就是说他们到底在美国学了什么，以至于他们在随后的人生历程中间创造了如此之多的辉煌。

本次展览很珍贵的地方就是几位先生同一节课的作业，也被拼合在一起，其中来自梁思成、杨廷宝和童寯在古代建筑史中间的精美绘图，也得到了第一次呈现。同时还有很多作业，也都是从很多的期刊、杂志、档案、材料中间汇总而来的一些展品。这些展品难以展开，因为每一个片段可能都是一个故事，如杨廷宝在市政艺术竞赛中间获得奖项的一幅作品，后来被宾夕法尼亚大学的老师编入他们的教科书中。

这是一群人的展示，同样也是一个时代的展示。也就是说在20世纪初，这么多才华横溢的年轻人前往美国，前往世界其他国家进行学习，他们身上担负着很大的历史责任，就像这批建筑师在回国之后所取得的成就一样。上次在上海展览中间我们非常着重地凸显了他们对于中国建筑这个专业的推动，比如说在1927年于上海成立了"中国建筑师学会"，来自宾夕法尼亚大学的毕业生在这个学会中间起到了非常重要的作用，这个学会随后又出版了刊物《中国建筑》，发刊词由赵深所写，它的历史价值和意义值得深挖，并且要进行梳理。

这批中国学生到美国去到底学了什么样的东西带回来呢？以至于为中国城市面貌的发展带来如此之多的变革，这也是需要回溯的，有丰富的矿藏可供挖掘。在上次展览中间，我追溯了陈植在一个展览上的获奖作品，当时得了一等奖。这是关于费城市政厅的加建，在这个部位进行一个转角性的处理，这批学生要进行一个竞赛。而这个转角很不起眼的地方做了一个箭头，这个就是富兰克林公园大道，这是费城最重要、最著名的艺术大道，而最终根源就是来自市政厅的这个角如何去面对。陈植提供了这么一个答案，一个非常恢弘的门廊，使得原来一个非常尖锐的角变成了一个阻力面，这也反映了建筑学对于时代变革的回应，对于城市现代化发展的回应。

这种回应在很多建筑师身上都能够看到，比如说范文照，他同样是一个非常有革新性的建筑师，1933年他在衡山路上设计的一座住宅楼，当时翻译成是"基亚公寓"，范文照已经在这个部位设计了非常集约的公寓楼。公寓楼有非常精明的功能考虑和非常系统化的设备安排布局，也有空间上的可分可合的利用关系，所以这是一种多方面思维的结晶，而在那个年代就可以做到这样一个成就，所以他的成就不仅仅是一个外观（我们看到一个中国建筑师也可以做现代风格设计的），更多是来自他的思考，这种思考不仅仅在于宾夕法尼亚大学的范围。所以如果把华盖建筑师事务所在1933年所设计的京城大戏院和童寯于1930年在欧洲游学的时候所看到的门德尔松与斯图加特做的百货大楼的立面关联起来看的话，可以发现一些影子，但是实际上这栋楼如果说从它的平面布局上来看，它同样也是一个非常地道的现代建筑设计，或者说是一个包豪斯方法的设计。

童寯曾经在纽约工作过一年，他追随着著名摩天楼的设计师事务所工作，参与了华尔街120号这栋楼的设计工作，在他的照片本里有这个记述。在上海进行的一些实践中间，我们可以看到这种现代高层建筑对于上海设计方案的影响，而且他们创作的不仅仅是这一点，有很多非常现代的，当然也不能完全是那种欧洲现代的，可能还带有一点传统主义的现代风格，但是也有非常激进的。比如外滩中国银行大楼的设计方案，当然他们失败了，最后是新中式风格的建筑。

我们回想包豪斯建筑体系以及建筑思想方法的发展，是跟18、19世纪巴黎的现代化城市发展过程相关

2-9 清华大学建筑学院教授、图书馆馆长贾珺

联的，而这种关联不仅仅造就了一个城市发展，反过来也塑造了现代建筑专业本身，它应当放置在更加宏观的人类发展史中来看待。如果是这样，我们可以看到这种发端在文艺复兴时期就已经开始了，一方面关注的是建筑本身的很多变化，因为新的功能、新的类型在不断延伸，缔造出很多不同以往的建筑形式。另外一方面，它也在努力地塑造整个城市的生活环境。所以回过头来看首都饭店，我们很多人被它简洁的水平线条吸引，但是反观到建筑平面上来看，你就会发现它为城市的基地环境提供了非常完美的答卷。这是我们在以往研究中间可能并不是特别关注的一些内容，同时它也反馈到建筑的内部。

如果说我们带着这样一种背景再来看第一代建筑师当时所取得的成就，也许就会在很多地方获得答案。比如陈植在1941年留守上海时所主持设计的合众图书馆，如果再恢复到他当时绘制的平面图时，你会发现太精美了。有众多的细节以及众多的解决方案，而这些内容我想可能直到今天，有很多建筑师或者设计院都不能做到，就是如此精确地来回应你的建筑所提出来的话题。因此，这就给我们提出一个总体性的话题，这可能也是我个人长期以来的一个疑惑。

总体而言，存在着两个节点，第一个节点就是传统与现代，另外一个就是东方和西方。

贾珺（清华大学建筑学院教授、图书馆馆长）（图2-9）

这些当年在宾夕法尼亚大学留学的前辈，他们是中国现代建筑教育乃至中国现代建筑学科的奠基人。从某种意义上来说，如果我们借用佛教的词汇，宾夕法尼亚大学的建筑系可以算是中国现代建筑教育的一个主廷，而这些前辈就跟当年的玄奘大师一样，他们西天取经，然后再把它带到中国来。

大家都知道，宾夕法尼亚大学建筑系是著名的包豪斯体系，非常讲究基本功的训练，讲究对学生全面素养的培养，这使得这些前辈受到了极其严格的训练。他们无论是回到大学当教授还是从事建筑史理论与研究，一出手，起点就特别高，这当然和他们当年在宾夕法尼亚大学受的专业教育是分不开的。

我们今天看到很多当年他们的作业和手稿时会发现，当年宾夕法尼亚大学建筑系是非常注重建筑历史培养的。有一个小细节我想澄清。所有关于梁思成的年谱和传记有一个这样的说法，说他特别热爱建筑史，大学一年级就提前选修了应该是二年级所学的建筑史的课，这个说法流传已久。这里面有很多是清华留美预备学校出去的，而当时清华留美预备学校的学制是八年，就是中学六年加上大学的前两年。我们发现大部分前辈们到了美国留学的时候是直接入三年级，包括梁思成在内，所以梁思成一注册就是三年级，他选修建筑史的课是从四年级选修的。那有一个巧合，就在那一年，《营造法式》这本古籍再刊，他父亲梁启超万里迢迢把这本天书寄给了梁思成，我们无法判断这两件事情有什么必然联系，但是它们发生在同一年。这些手稿我们今天看了依然感到特别精彩，由此转过来会给我们一些别的启发，我在想我们今天大学建筑系的教育以及建筑史的课程比以前要压缩了，今天年轻的同学们计算机用得非常熟，画图很炫，但是比起前辈来说，手头上的功夫，包括准确性，还有很大的差距。我听吴良镛说过，梁思成本人觉得自己画图严谨有余，但是比较拙，不够帅，他觉得有点遗憾。我们今天看了梁思成和杨廷宝的图会发现，他们的画都偏拙，都不是追求帅气的风格，这个很好理解，因为他们画的是图，而不是美术意义上的画，所以这里面要求很严谨、非常较真。扎实的专业训练对于他们以后，无论是对从事建筑设计还是教学，或是研究，都有非常深远的影响。

不管手段或者信息媒介比以前丰富了多少倍，建筑专业的训练，有些基本的东西也许还可以去继承或者是继续坚守。毕竟对经典反复地揣摩，对于基本功反复地磨炼，是很多门类，包括书法、写诗、音乐、绘画相似的学习过程，不是能够轻易去超越或者放弃的。前辈们在这方面给我们做了很好的榜样，我们也由此得到别样的体会。

徐怡涛（北京大学考古文博学院）（图2-10）

看到宾夕法尼亚大学先贤们这些作业以及教学方法，有一个场景让我特别受感触和启发。在考古界会说，考古就是"透物见人"，这是考古学研究的最高境界，也就是历史学研究的境界，历史学研究就是还原历史、还原古代社会。所以宾夕法尼亚大学虽然是一个建筑学院，但它有很强的巴黎美院的教学传统，所以他们学了很多西方古典的内容，我们这些中国的学生也在那儿学古典的东西。

基于历史学，我们给自己的研究提出了一个目标，就是我们要研究建筑。干什么呢？我们在考古系肯定不是说研究古代建筑是为了新的建筑的设计，是为了给新的建筑设计创造新的灵感。而我们的目标是见证文明，就是通过对中国近代以及古代文物的研究，见证中国的历史文化，见证他们的成就，见证中国历史文化的变迁，见证各个历史时期人的精神，这是我们要做的事情。宾夕法尼亚大学回来的这批学者，实际上带来了一批不同的主观，他们所创造的舞台，他们所活跃的舞台是一个新的转型的中国。他们在用建筑创造文明，他们用建筑创造了一段属于近现代中国的文明，这是我们从业时往往会忽略的，他们的成就给我们的启示，这些人都是建筑学界的泰斗，他们在宾夕法尼亚大学留学的时间基本上是集中在20世纪二三十年代。其实这个时期不仅仅是建筑学，还是中国一切近现代学科的创始的时期，中国所有的学科，比如物理、化学、历史，全部都在这个时期发轫，是由一批留学的人，从国外带回来的。中国的历史学、考古学的研究人员也大多是从欧美，有的是从日本留学回来，他们带来了研究方法、研究理念，但是他们是放到中国这个场景来运用，是解决中国的问题，去创造中国新的文化，所以他们会取得比他们在欧美的同学更高的成就。从宾夕法尼亚大学也毕业了很多欧美的学生，我相信他们的才华并不会输给这些中国学生，但是如果放到整个历史中间去观察的话，这些中国学生显然在中国所创造的价值会更大一些，这是因为历史给他们这样一个机遇。那个时候的中国是要救亡图存的中国，是一个面临亡国之危的中国，经济非常衰弱，工业体系基本没有建立，一切都是被外国所影响，我们政治话叫"半殖民地半封建"，就是这样一个时期，然后还有军阀混战还有割据，他们是在那样一个历史背景下所创造的业绩。比如梁思成研究古代建筑有一个特别重要的理念，就是他们想通过对中国古代建筑的研究为中国新的建筑提供力量，否则就是单纯地学习西方的东西，他们不甘心于此。比如吕彦直，也是留美的，他参加"首都计划"的编制，当时国民党准备建设南京，有一个"首都计划"。吕彦直在"首都计划"编写中间提出一个概念非常重要，他认为要用中国传统形式的建筑，干什么用呢？是要激发中国国民的精神，然后塑造一个新的中国，让中国有益于世界。所以吕彦直也好，梁思成也好，杨廷宝也好，他们这种思想是一致的，他们没有选择留在美国，也没有选择回国以后进政府当官。如果他们选择去政府当官是非常简单、非常容易的，他们本身的才学，他们的家世背景，都足以支撑他们走一条更轻松、更容易获得名利之路，而他们没有，他们留下来要为国家创造实际的价值，这也是我们在这个时代面临的考验。

如果用中国传统建筑的空间做一个比喻的话，其实梁、刘，包括这批留学的先生们，比如杨廷宝、范文照，他们相当于为近代中国，或者说为新中国推开了第一扇门，他们打开了我们的院门，引领了我们走进了一个新的不同的境界。

王辉（此次活动主持人，著名建筑师）

学术是需要传承的，也确实是一个团队才能谈学术。一个非常难得的展览在清华艺术博物馆举办，这个展览和清华有非常深的渊源。这些先生们，当他们离开清华的时候，只是水木清华，但今天已经是水清木华。不仅带来自身学术成就，而且也给我们国家带来一个学科。

此展览由清华大学建筑学院与清华大学艺术博物馆联合举办，美国宾夕法尼亚大学设计学院和中国营造学社纪念馆协办，并由清控人居控股集团有限公司独家资助。

2-10 北京大学考古文博学院副教授徐怡涛

New Era New Journey: 70 Years of Academic Forum for the Protection of China's Architectural Heritage

— Side Note of the CSCRC, C20C2019 Academic Annual Meeting and the Opening Ceremony of the Salt Industry Cultural Relics Professional Committee

新时代 新征程：中国建筑遗产保护70年学术论坛
——中国文物学会传统建筑园林委员会、20世纪建筑遗产委员会2019年年会暨盐业文物专业委员会揭牌仪式学术侧记

CAH编辑部（CAH Editorial Office）

  2019年6月14日，"新时代 新征程——中国建筑遗产保护70年学术论坛"——中国文物学会传统建筑园林委员会、20世纪建筑遗产委员会2019年年会暨盐业文物专业委员会揭牌仪式在四川自贡举行。本次学术活动在中国文物学会、四川省文化和旅游厅、四川省文物局、自贡市人民政府指导下举行，由中国文物学会传统建筑园林委员会、中国文物学会20世纪建筑遗产委员会、中国文物学会盐业文物专业委员会联合主办。自贡市文化广播电视和旅游局、自贡市盐业历史博物馆承办。中国文物学会会长、故宫博物院原院长单霁翔，自贡市委副书记兼市长何树平、副市长杨智艳，中国文物学会副会长兼秘书长黄元，四川省文化和旅游厅副厅长王琼，中国文物学会副会长杨晓波、安泳锝、郑国珍、王军、刘若

图1-1 中国建筑遗产保护70年学术论坛

图1-2 单霁翔会长（右）与何树平市长为盐业文物专业委员会揭牌

图1-3 会前部分专家合影

图1-4 会前部分专家交流

图1-5 会议现场1

图1-6 会议现场2

图1-7 会议发言者单霁翔

图1-8 会议发言者何树平

图1-9 会议发言者付清远

梅，中国文物学会传统建筑园林委员会会长付清远，副会长侯卫东、韩扬、李先逵，中国文物学会20世纪建筑遗产委员会副会长兼秘书长金磊，四川省文物局副局长濮新，自贡市文化广播电视和旅游局局长谢飞、副局长江波，自贡市盐业历史博物馆馆长程龙刚等来自全国建筑遗产界、盐业、文博机构的百余位专家领导到会。同时，由《中国建筑文化遗产》编辑部承编、天津大学出版社出版的"新时代 新征程：中国建筑遗产保护70年"

图1-10 会议发言者濮新

图1-11 会议发言者黄元

学术论文专刊也在本次会议中推出。活动分为三个阶段：开幕及盐业文物专业委员会揭牌仪式、单霁翔会长主旨报告、专题演讲及学术沙龙。

阶段一：开幕及盐业文物专业委员会揭牌仪式

付清远会长主持了开幕仪式及盐业文物专业委员会揭牌仪式。在主持词中，付清远会长说：本次会议的宗旨是在秉承习近平总书记"历史文化是城市的灵魂，要向爱惜自己生命一样，保护好城市历史文化遗产"等一系列文物保护指示的要求下举行的。根据一系列文物保护指示要求，做好建筑遗产的保护工作。新中国成立70年来，我国建筑遗产的保护历经了风风雨雨，也迎来了真正的春天。我们工作实践和取得的遗产保护成果，体现了我们大家对建筑遗产保护的文化自信、专业自信和责任自信，这是一次难得的文化遗产盛会，来自三个专业委员会的近百名同志到会，特别是（自贡）市委市政府的领导，四川省文旅厅、文物局的领导，以及中国文物学会的领导，在繁忙工作中来参加我们这次论坛，体现了他们对我们专业委员会的支持和重视。

在致辞环节，何树平向中国文物学会长期以来对自贡文物保护工作的关心支持表示感谢。他说：今天我们非常高兴地迎来了中国文物学会在这里隆重举办中国建筑遗产保护70年学术论坛，并为盐业文物专业委员会授牌。这是我国文物学界的一场盛会，也是我市近年来承办的一场高水平的学术盛会。这对我们进一步加强文物保护利用、促进文旅融合发展具有十分重大的意义。自贡位于成渝经济区的腹地，川南几何中心，1939年就因盐设市，面积4381平方千米，辖四区两县和一个国家级高新区，总人口328万，是世界地质公园所在地、国家历史文化名城、中国优

图1-12 与会专家合影

秀旅游城市、国家园林城市，享有千年盐都、恐龙之乡、中国灯城、美食之府的美誉。我想用三句话简单介绍一下自贡。

第一句，自贡是一座写满光荣和传奇的城市，这里是中国井盐业的发祥地之一，拥有近两千年的盐业史，因盐兴利，因利聚人，因人成义。美国人曾经描述这里是19世纪末、20世纪初中国最大的工业中心之一，这里创造了被称为中国石油之父的井盐开采技术，被英国人李约瑟称为中国第五大发明。这里在清乾隆四十四年出现的《同盛井约》被历以宁先生称为中国最早的股票。这里曾经是富庶嘉榆庶中的川省精华之地，也是抗日战争捐款最多的地方。新中国成立后，大规模的化工建设和三线建设，近30家大型国有企业、一大批科研机构和大学相继内迁，续写着这座城市的辉煌篇章。

第二句，自贡是一座有着激情和梦想的城市。当前，我们正乘着新时代改革开放的春风抢抓"一带一路"、长江经济带等机遇，加快建设全国老工业城市产业转型升级示范区和国家文化出口基地，加快建设先进制造业的集聚地、国际文化旅游目的地和现代物流集散地，经济社会发展呈现出良好态势。在这里，我向各位领导和专家报告，我们2018年全市地区生产总值增长8.7%，创了近5年的新高。招商引资到位资金突破一千亿元，增长16.8%，固定资产投资增长15.6%，这些速度都快于全国和全省的平均水平。在去年全国12个老工业城市转型升级示范区的考评中，自贡名列前茅。

第三句，自贡也是一座有着深厚历史文化底蕴的城市。有世界上最集中、最完整的恐龙化石遗址，有中国七家专业博物馆之一的盐业历史博物馆，有世界第一口人工开凿的超千米盐井燊海井，有享有天下第一美誉的自贡彩灯，有自流井老街等八大历史文化街区，还有遍布城市各个角落的工业遗址、会馆，有国家级、省级重点文物保护单位47处，国家级历史文化名镇5个，也是中国唯一拥有两个国家一级博物馆的地级城市。

保护文物功在当代、利在千秋。近年来，我们始终把遗迹、遗存的保护开发作为传承历史文脉、彰显城市特质的重要举措。制定井盐历史文化保护条例，建立文化保护专家库，组建文化研究学会，深化特色文化系统性研究。应该说我们文物保护的专业化、法治化水平在不断地提升。

我们依托独特的历史文化资源，大力推动文旅融合发展，跟深圳风德集团联合打造，占地60余公顷以恐龙为主题的文旅项目，明年暑期就可以正式开业，我们的目标定位也是世界一流标准。也与华侨城联合打造中华彩灯大世界，打造一个永不落幕的、全球独一无二的中华彩灯大世界。还实施了彩灯小镇等一批精品旅游项目。同时，我们依托恐龙推出了一部动画片——《时空龙骑士》，今年晚些时候就会在全国一百多家卫视推出，打造城市特级IP（知识产权）。同时，我们依托城区的70多座山体、100多个水体加快推进工业城市建设，规划打造城市灯雕、釜溪河夜游，白天"半城青山半城楼"，夜晚彩灯辉映碧水流的城市韵味正在加速呈现。

图1-13《中国文物学会通讯（2018年度）》封面

中国文物学会一直致力于保护文化遗产、捍卫文物安全，在文物保护、文物考古、文物修复、文物交流等方面做了大量卓有成效的研究，对于促进文物事业发展、传承弘扬中华优秀传统文化发挥了十分重要的作用。

今天，众多文物保护界的专家学者汇聚自贡，交流先进思想，碰撞智慧火花，将为我们带来很多文物保护的新理念、新思想、新方法，特别是盐业文物专业委员会的成立，必将对于我们更深层次地研究井盐文化，更高水平地保护历史文化遗产，更大效益地发挥文化资源价值起到重要的推动作用。我们真诚地希望单霁翔会长以及中国文物学会的各位专家、学者对我市文物保护利用工作给予更多的指导和帮助，对自贡经济社会发展给予更多的关心和支持。

濮新副局长在致辞中表示，四川是文物大省，其不可移动文物和可移动文物的数量在全国均排在前列，三星堆遗址、金沙遗址、乐山大佛、荣县大佛，这些文物资源可以说让绚丽多姿的巴蜀文化大放异彩。最近省委省政府又提出了"天府三九大，安逸走四川"文旅融合的口号。我们众多的文物资源也成为我们新时代文旅融合的一个重要的支撑，文物承载灿烂文明，维系民族精神，保护文物是我们的责任和使

图2-1 单霁翔会长主旨报告现场1

图2-2 单霁翔会长主旨报告现场2

图2-3 单霁翔会长主旨报告现场3

图2-4 单霁翔会长做主旨报告1

图2-5 单霁翔会长做主旨报告2

命。建筑、园林、盐史文物是存在于广阔大地上的物质文化遗产，蕴含着深厚的历史底蕴与城市记忆。今天我们共聚一堂，共谈保护，我们将敞开心怀听取中国文物学会各位领导、专家和与会学者的意见建议，这是对中国建筑遗产历史文化的深入探讨与热切的碰撞，是对源远流长的盐业文化的挖掘、保护、传承和弘扬，也是对四川未来文物保护的理论指导与良好建议。保护文物功在当代、利在千秋。在中华人民共和国成立70周年之际，恳请我们文博界的各位同仁，作为文化遗产的守护者，将具有悠久历史和深厚底蕴的文物保护好、传承好、利用好，走出一条符合四川实际的文物保护利用之路，为祖国献礼。

单霁翔会长在致辞中说：今天我们一起来到历史文化名城自贡，参加"新时代 新征程——中国建筑遗产保护70年学术论坛"开幕式暨盐业文化专业委员会成立仪式感到非常高兴，这是我们中国文物学会为庆祝中华人民共和国成立70周年，由三个专委会联合举办的一次学术活动，七位副会长和大家一起参加这个会议也是前所未有的。我谨代表中国文物学会向莅临会议的各位领导、各位专家学者、各位嘉宾表示诚挚的敬意，也向新成立的盐业专业委员会表示衷心的祝贺，并且为筹办这次会议付出辛勤劳动的自贡市的有关部门和单位表示诚挚的感谢！

自贡历史上因盐设市，是我国著名的盐业之乡，我国悠久的盐业历史为我们留下了丰富的、类型多样的、价值极高的盐业文物，既有盐景祠堂、标语、会馆、古道、码头等不可移动文物，也有制盐工具等可移动文物。还有大量的非物质文化遗产的优秀传承。这些盐业文物见证了我国优秀传统文化凝聚了劳动人民辛勤劳动的智慧，传承着职业、敬业、精益求精、勇于创新的工匠精神。盐业文物是我国文化遗产的重要组成部分，一批盐业文物古迹相继列入全国重点文物保护单位，一批博物馆也相继建成开放，这些都标志着盐业文化遗产越来越得到各级党委、政府的重视，也越来越得到了社会各界和广大民众的关注和支持。

以自贡盐业历史博物馆牵头组建中国文物学会盐业文物专业委员会，这是社会力量积极参与盐业文物保护的重要体现，也是盐业文物保护利用工作一个新的起点。我们希望盐业文物专业委员会广泛团结各地盐业文物保护单位和博物馆，携手合作，互学互鉴，创造条件，举办丰富多彩的学术活动，加强盐业文物保护、盐业文化内涵研究，交流盐业文物保护利用和管理工作的经验和成果，推动盐业文物保护机制、体制的创新，让古老的盐业文明在新时代的呼唤下更加熠熠生辉。咱们国家的盐业文物确实有很多列入全国重点文物保护单位，千年的古盐井、盐田，西藏的盐田，确实非常的震撼。千年的海盐制作的遗存，列入全国重点文物保护单位了，包括河北、浙江都有盐业遗存和盐业博物馆，我甚至想这些在深入挖掘以后将成为世界遗产名录的一部分。

中国文物学会传统建筑园林委员会是学会现有分支机构中成立最早、坚持开展活动时间最长、工作相对规范的专业委员会，这个专业委员会成立30多年来，团结了一批专家学者和古建筑保护、设计、修缮企业，坚持不懈地开展传统建筑园林的调查研究、发掘，探索传统建筑园林的文化内涵，保护、继承传统建筑园林的建筑艺术，搭建专业化、社会化的学术平台，促进了古建筑保护、维修的理论与实践进步，做出了积极的贡献。中国文物学会20世纪建筑遗产委员会是相对比较年轻的专业委员会，2014年成立以来，通过中国文物界、建筑界大师的积极参与评选，连续三次公布中国20世纪建筑遗产项目298处，向全社会呼吁加强20世纪建筑遗产保护，留下了中国近现代建筑发展的脉络，展示了中国共产党领导社会主义建设和改革开放取得辉煌壮丽的建筑画卷，为推动20世纪建筑遗产保护作出了积极的努力。

自贡市是我国历史文化名城，以千年盐都、恐龙之乡、南国灯城、美食之府闻名于世，我们高兴地看到自贡市委市政府秉持创新、协调、绿色、开放、共享的发展理念，统筹推进五位一体总体布局全面发展，创业环境优越，发展势头强劲，处处充满了生机和活力。同时，加强对文化遗产和自然遗产的保护利用，特别注重盐业文物保护利用。文化遗产保护成果彰显自贡这座城市的文化魅力，体现出市委市政府保持高度的文

图3-1 专题演讲和学术沙龙环节由金磊副会长主持

图3-2 专题演讲发言者付清远

图3-3 专题演讲发言者黄春华

图3-4 学术沙龙现场

图3-5 学术沙龙现场嘉宾郑国珍

图3-6 学术沙龙现场嘉宾安泳锝

图3-7 学术沙龙现场嘉宾刘亮晖

图3-8 学术沙龙现场嘉宾曾凡英

图3-9 学术沙龙现场嘉宾韩扬

图3-10 学术沙龙现场嘉宾张龙

图3-11 学术沙龙现场嘉宾殷力欣

化自信、增强保护利用文化和自然遗产的历史自觉。我们深受教育，很受鼓舞。

这次中国文物学会三个专业委员会齐聚自贡市，共同学习习近平总书记关于文化遗产保护系列重要指示精神，共同畅谈70年文物事业发展的成就，共同聚焦新时代文物保护工作的机遇和挑战，共同学习考察自贡市文化和自然遗产保护成果，是一件非常有意义的事情。中国文物学会愿意同自贡市一道共同保护好、利用好文化和自然遗产，传播盐业文明，传承中华民族精神，促进文物工作更好地服务于经济社会发展大局，为满足广大民众日益增长的美好生活需要作出更多的贡献。

之后，黄元副会长向大会宣读了《中国文物学会关于批准成立盐业文物专业委员会的批复文件》。在现场专家领导的见证下，单霁翔会长、何树平市长共同为中国文物学会盐业文物专业委员会揭牌。

第二阶段：单霁翔院长主旨报告

随后，在自贡市委大礼堂举行了自贡市"文化大讲堂"，单霁翔会长做了主题为"不忘初心，牢记使命——做中华传统文化的忠实守望者"的精彩报告。市委常委、副市长杨智艳主持报告会。单霁翔会长从国内外文化遗产保护的先进经验出发，以故宫为例全面介绍了故宫古建筑保护修缮、环境整治、服务提升、文化创意等方面取得的进展与成效，提出了把文化遗产事业融入经济社会发展、让文化遗产保护成果真正惠及广大民众等一系列新理念、新思想。他的演讲思想深刻，内容丰富，植根于优秀中华传统文化，用科学的文化遗产保护理论，用大量鲜活生动的案例，给听众带来了一场十分难忘的文化盛宴。

第三阶段：专题演讲及学术沙龙

下午举行的专题演讲和学术沙龙环节由金磊副会长主持。在主持词中，金磊副会长表示：

2019年是新中国成立70周年，6月初国新办发布活动标志，突出了"翻开历史新一页"的视觉效果，突出各项事业的崭新形象。"7"的造型像节日彩带，其舞动效果与醒目的金色立体国徽、五星及天安门所在的圆形构成了一动一静的互动关系，既有历史厚重感，也蕴含重大节日氛围。

由此想到三个委员会联合举办学术研讨会的主题"新时代 新征程：中国建筑遗产保护70年"。第一，让我们想到文化遗产的社会功用与责任，其责任不仅在所属地的管理方，也关系到建设者与造访者的素养。2002年时任福建省省长的习近平为《福州古厝》一书作序，2019年6月8日"中国文化与自然遗产日"《人民日报》再次刊载。17年后看此文，它对保护古建筑、传统街区、历史名城、自然遗产等意义重大。17年前习近平总书记的文章讲出了福建省国家历史文化名城——福州、泉州、漳州、长汀的情况。党的十八大以来总书记在北京考察时说："历史文化是城市的灵魂，要像爱惜自己的生命一样保护好城市历史文化遗产。"习总书记在陕西西安调研时，强调："要把凝结着中华民族传统文化的文物保护好、管理好，让历史说话，让文物说话。"第二，新中国成立70年，尤其是改革开放40年，建筑遗产的保护与利用这对矛盾体问题重重，从中可比较出态度和水平，精神与品格，影响到城市，有可借鉴的经验，更有必须言说的教训。我们要在保护传承文明基因，发现更多中国精彩时，也敏锐强化以历史文化为核心的城乡保护体系建设。与自然遗产不同，文化遗产一旦破坏将不可再生；"活"指活化利用而非呆板死守；"融"指"见屋还要见人"。当下在"保护古代遗存很重要"已成为共识的前提下，可否从历史与当代的整体保护思维出发，关注百年来发生在城乡身边的遗产，如工业遗产、20世纪遗产，讲好有物有人的"故事"。第三，2019年4月16日令世界敬仰的巴黎圣母院被焚，面对欧洲哥特建筑五大代表作之噩运，社科院外国文学研究所研究员、著名翻译家、建筑界老朋友叶廷芳表示："这如五雷轰顶，痛不欲生！"法国大文豪雨果在其代表作《巴黎圣母院》中用了70页讴歌这座建筑，这是对建筑最完美的人文艺术颂歌。对于这1982年列入《世界遗产名录》项目遭劫，实乃世界文明及全人类的悲剧。但从网上也看到某些人对此幸灾乐祸，觉得是为当年圆明园被焚报了一箭之仇。

图4-1 与会专家考察仙市古镇

图4-2 与会专家与燊海井考察合影

新中国已经走过70载，我以为只有文明水平低的民族，仇恨才如此之大。中国已是"世遗"第二的世界文化大国，法国的遗产也属世界的文明，我们从中汲取的教训是保护遗产还要从平安建设、防灾减灾入手。刚刚开过的亚洲文明大会，应留给国人的文明启示是：一个民族，只有看得到并承认别国的长处，才能真正建立起自己的自信！以保护创新之名，纪念新中国70年的论坛，既是"崇尚文化"，就要展现中国自信与自知，就要用我们的方式告诉业界与社会，今人没有忘记奋斗过的前辈，今人在用思想的脚步紧跟时代脉搏。科学技术如此，文化遗产保护更该如此。

在专题演讲中，来自三个学会的专家代表向会议做出精彩分享。

古建园林委员会的付清远会长以"新中国成立70年、改革40年文物建筑保护回顾"为主题，梳理了我国文物保护法规建立历程、文化遗产保护成果乃至现代科技与传统技艺的突破结合，同时介绍了目前我国文物保护原则的最新动态以及现阶段文物保护工作中存在的问题及应对策略。

图4-3 与会专家在燊海井考察

20世纪建筑遗产委员会的金磊副会长的演讲题目为《中国20世纪建筑遗产的认定与发展思考》，从中国20世纪建筑遗产保护概况、《中国20世纪建筑遗产认定标准》、中国20世纪建筑遗产项目示例、中国20世纪建筑遗产关注"建筑巨匠"研究等方面介绍了中国20世纪建筑遗产保护与利用的现状、成果及挑战，同时提出要让20世纪建筑遗产为由"功能城市"或"效率城市"向"文化城市"的活态转型发挥作用的建议。

扬州个园管理处副主任、研究员黄春华代表盐业文物专业委员会发表演讲，向与会专家介绍了个园文物保护与管理的相关内容，扬州个园是江南古典盐商园林中保存较好、独具特色的实物遗存与文化符号，具有较高历史价值、艺术美学价值和社会利用价值。近年来个园管理部门采用创新保护方式，通过复原模型、科学修缮、利用信息技术监控预警等方式，不仅留住个园特有的历史文化信息，还突出其承载、传播的文化旅游价值。

图4-4 专家在燊海井考察制盐工艺

在学术沙龙环节，三个委员会派出了安泳锝、郑国珍、韩扬、张龙、殷力欣、曾凡英、刘亮晖七位专家学者上台，围绕新中国成立70周年建筑遗产保护成果与面临挑战、建筑遗产保护从业者的文化自觉与文化自信、建筑文化的广泛传播、中华传统文明的创新与创意之径的探索等议题展开研讨。专家们认为，当下在"保护古代遗存很重要"已成为共识的前提下，可否从历史与当代的整体保护思维出发，关注百年来发生在城乡身边的遗产，如工业遗产、20世纪遗产，讲好有物有人的"故事"。金磊在小结中以"敬畏、社会责任、公共知识分子"为关键词，向为新中国70年做出贡献的建筑文保专家及在座的各位嘉宾表示了敬意。

图4-5 专家考察自贡市盐业历史博物馆1

2019年6月15日，部分与会专家学者考察了自贡市盐业历史博物馆、燊海井、仙市古镇等当地代表性盐业工业遗产及文博项目。

（文图/CAH编辑部）

图4-6 专家考察自贡市盐业历史博物馆2

Quality Design: Celebrating the 70th Anniversary of New China in the Name of Cultural Architecture *Tianjin Binhai Cultural Center's* First Symposium Held at Tianjin Binhai Cultural Center

"品质设计：以文化建筑的名义纪念新中国70年暨《天津滨海文化中心》首发座谈会"在天津滨海文化中心举行

CAH编辑部（CAH Editorial Office）

图1 金磊主持会议

2019年4月16日，"品质设计：以文化建筑的名义纪念新中国70年暨《天津·滨海文化中心》首发座谈会"在天津滨海文化中心举行。本次活动由天津市建筑设计院、天津市滨海新区文化中心投资管理有限公司、天津市建筑学会滨海新区分会、天津市城市规划设计院、天津华汇工程建筑设计有限公司联合主办，天津大学建筑设计规划研究总院、天津大学出版社、《中国建筑文化遗产》和《建筑评论》"两刊"编辑部、天津市建筑设计院《建筑论坛》编辑部联合承办。

在中国工程院院士、全国工程勘察设计大师马国馨，全国工程勘察设计大师、天津市建筑设计院名誉

图2-1 马国馨　图2-2 刘景樑　图2-3 徐志强　图2-4 马强　图2-5 周恺

图2-21 会议现场

图2-6 张宇　图2-7 汪恒　图2-8 罗隽　图2-9 郭卫兵　图2-10 孙兆杰

图2-11 金卫钧　图2-12 张祺　图2-13 朱铁麟　图2-14 蔡勇　图2-15 袁大昌

图2-16 赵春水　图2-17 赵晓峰　图2-18 周庆　图2-19 李沉　图2-20 金磊

图2-22 嘉宾合影

院长刘景樑，全国工程勘察设计大师、天津华汇工程建筑设计有限公司董事长、总建筑师周恺，全国工程勘察设计大师、北京市建筑设计研究院有限公司副董事长张宇，天津市滨海新区文化中心投资管理有限公司总经理徐志强，北方工程设计研究院有限公司总经理、总建筑师孙兆杰，河北省建筑设计研究院有限公司副院长、总建筑师郭卫兵，中国建筑设计研究院有限公司总建筑师汪恒，中国建筑技术集团有限公司总建筑师罗隽，中国建筑设计研究院有限公司总建筑师张祺，北京市建筑设计研究院有限公司总建筑师金卫钧，天津市滨海新区规划局详规处负责人马强，天津大学出版社总编辑宋雪峰等专家领导及200余位来自设计机构、政府部门、学术团体、文博机构、传播机构、工程建设等行业人士的见证下，由刘景樑大师主编，《中国建筑文化遗产》《建筑评论》"两刊"编辑部、天津大学出版社共同历时一年半完成策划、编撰与出版的《天津·滨海文化中心》一书隆重面世。据主办方称，该书系由刘景樑大师领衔组织设计的天津滨海文化中心经验成果的总结，归纳整理了国内外20余家著名设计机构在该项目中的设计研究成果，是一本有专业水准及深度且充满文化记忆与城市精神的图书。会议由中国建筑学会建筑评论学术委员会副理事长、《中国建筑文化遗产》《建筑评论》"两刊"总编辑金磊主持。

在致辞中，马强代表师武军副区长发言，他说滨海文化中心位于滨海新区核心区，是集科技、展示、教育等多功能于一体的综合性文化商业区，也是滨海新区从增强文化软实力、促进文化大发展、大繁荣出发，建设的一项标志性文化工程，是具有较高艺术品质的滨海文化坐标。徐志强总经理表示，作为天津滨海文化中心的运营管理方，我们努力去理解建筑师团队的设计责任，体察建筑师团队的创新性，同时从项目的有效运营去更多地考虑与建筑师的和谐统一。经过一年多的良好运行，天津滨海文化中心的建设目标已经实现，这些已成为管理运营层面的宝贵经验。

刘景樑大师向与会嘉宾宣讲了天津滨海新区文化建筑概况、天津滨海新区文化中心的项目特点及工程大事要记。他在发言中说，不论是滨海文化中心设计创作历程，还是本书的编辑出版过程，都体现出高标准的要求和高水平、高质量的成果，体现出一个强大团队和谐创新的力量。2019年恰逢新中国成立70周年，我们希望，无论是滨海文化中心这个工程项目，还是《天津·滨海文化中心》这本书，能够为弘扬我国建筑文化，为不断腾飞的天津滨海新区的建设和发展续写新的篇章！

金磊副会长就《天津·滨海文化中心》一书从策划、编撰、出版介绍了各自观点。以马国馨院士为代表的多位建筑、文博、政府管理部门的专家学者，还特别从天津滨海文化中心的设计特点及成果展开了富于跨界的研讨。专家们表示，当代有创意的城市文化空间专指人们能感知的、承载城市本土文化且包容世界文化的各种物质空间的总和，它一般从宏观尺度上要有文化集聚区域即依托科技创新的文化创新空间、依托公共资源的文化地标空间、依托文化历史资源的文化博览空间、依托自然景观环境的文化生态空间等。天津滨海文化中心的内涵构成正体现了当代文化空间构成的"基础范式"，其对社会活力的激发更是促进滨海新区城市文化发展的重要部分。天津滨海文化中心的设计实践创造出城市空间，城市空间既体现文化表征，又塑造城市特色文化，三者的辩证统一对搭建天津滨海新区文化空间平台作用明显，它是彰显滨海新区文化形象的重要窗口，更是塑造城市文化形象且向公众普惠教育的重要工具。

《天津·滨海文化中心》一书令人感悟之处很多，它不仅带给读者一座优秀的建筑设计作品，感受其在创意之思的理性设计下使建筑回归自然，并用项目成果演绎出当代建筑师的责任与使命。对此，马国馨院士在学术总结中说，以刘景樑大师领衔的多家设计团队完成的天津滨海文化中心，充分体现了中国建筑师的文化自信与文化认知，置身于该建筑中不仅让天津滨海市民感受到文化带来的幸福，更向国内外展示了中国建筑师的创作风采，回答了创新型中国文化建筑的设计水平及创作精神。

图3-1 嘉宾交流

图3-2 刘景樑大师做主旨演讲

图3-3 与会部分嘉宾合影

图3-4 刘景樑大师为嘉宾讲解项目

图3-5 嘉宾在滨海图书馆合影

图3-6 嘉宾考察

图3-7 考察环节嘉宾合影

图3-8 图书馆接受赠书

In Memory of I.M.PEI (II): The Application of Traditional Chinese Art in Contemporary Architecture

贝聿铭纪念（二）："追忆贝聿铭先生与昆明翠湖宾馆的渊源"主题文化沙龙活动

《云南建筑》编辑部（Editriol Office of Yunnan Architeature）

　　2019年6月14日下午，昆明中维翠湖宾馆举办了一场以"追忆贝聿铭先生与昆明翠湖宾馆的渊源"为主题的鎏金文化沙龙。活动邀请了时任云南省设计院院长刘家骏先生、时任中国银行云南省分行行长李永稂先生、时任翠湖宾馆董事长兼总经理高世忠先生、时任昆明翠湖宾馆有限公司副总经理代宏熙先生、现任昆明中维翠湖宾馆董事兼总经理吴澎先生等五位经历翠湖宾馆1989年B座新建的设计方代表及酒店历任总经理作为主讲嘉宾，与酒店业内人士及各界媒体共聚昆明中维翠湖宾馆维邸行政会所(当年B座新建后酒店大堂原址)，追忆和讲述贝聿铭大师与翠湖宾馆的渊源。

　　1989年5底，贝聿铭先生来云南石林为正在香港建设的中国银行大楼的大厅假山装修挑选石头。1989年翠湖宾馆扩建工程的主要投资方新加坡公和洋行（P＆T）代表陶欣伯先生建议他下榻翠湖宾馆，当时设计由云南省设计院与新加坡设计所（PLDM）联合进行。正是这次难得的机会，贝聿铭先生对翠湖宾馆的扩建提供了很多珍贵的咨询意见。

　　1989年5月25日，时任翠湖宾馆的总经理的高世忠陪贝先生去了路南石林，当时贝先生已经72岁，但在挑选石的过程中所呈现的严谨认真、精益求精、事必躬亲的态度令当时随行的同志都非常敬佩。

图1 贝聿铭到石林

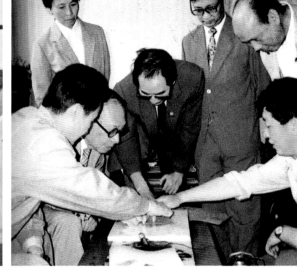

图2 贝聿铭与原云南省设计院同志一起讨论方案1

图3 贝聿铭与原云南省设计院同志一起讨论方案2

图4 沙龙现场

图5 沙龙现场2

1989年5月26日，贝聿铭先生专门听取了云南省设计院院长刘家骏、总建筑师饶维纯和总工程师涂津以及翠湖宾馆总经理高世忠和新楼设计与在建工程人员的汇报。在讨论翠湖宾馆扩建设计时贝先生提出：最重要的是要有总平面设计，要有长远的规划。要重点考虑正拟新建的主楼和现存裙楼的关系，裙楼立足于拆还是改？两者的结合部如何处理？贝先生给出的处理方案是："扩大平台，此处这一有特色的开敞而有装饰性的楼梯应保留。新建部分加二层，把客房集中在一起，将来老楼拆去之后作公共空间，便于管理。正拟标准客房要有足够的储藏空间，现在的壁柜太小。办公室不宜放在一、二层的大堂附近，这个地方是黄金地带，作办公室太可惜了。立面用料及颜色看建筑师的喜爱，我认为不宜作深色调。新建主楼外墙不用干挂花岗岩而用体现我省工匠水平的水刷石，菱形窗子做成凹线，形成阴影。"他还建议保持前面面向翠湖为入口区，留足空间，做好绿化带。这些珍贵的建议都在翠湖宾馆日后的改建中得到体现。

最后贝先生还说："我初来几天，不了解情况，说多建筑师就难办了。"可见贝先生的谦逊和随和。

贝聿铭先生的逝世在建筑界宛如一颗巨星陨落，他与云南的短暂交集在大家心里留下了不可磨灭的美好记忆，也在翠湖宾馆的发展历史上留下了弥足珍贵的人文历史和大师情怀。

Light up the National Reading Event in the Name of Cultural Heritage President Shan Jixiang was Invited to Attend the National Book Fair of the Ministry of Central Propaganda and Gave Two Reading Speeches

以文化遗产的名义点亮全民阅读盛会
——单霁翔院长受邀出席中宣部全国书博会并做两场阅读演讲

CAH编辑部（CAH Editorial Office）

图1 单霁翔会长发言

2019年7月27日，第29届全国图书交易博览会在西安曲江国际会展中心开幕。该活动是在中宣部批准下举办的，本届承办单位是陕西省人民政府。故宫博物院原院长、中国文物学会会长单霁翔，受邀出席了由国家新闻出版署主办、中国新闻出版传媒集团承办的国家级阅读品牌"红沙发"名家访谈活动，并在"全民阅读大讲堂"中做了题为"文博事业的守望与创新发展"的主旨演讲。《中国建筑文化遗产》总编辑金磊及其团队作为两场活动的策划组织方之一受邀全程参与活动，同时金磊总编在"红沙发"环节中代表中国文物学会20世纪建筑遗产委员会秘书处做提问发言。

作为学者型专家领导，单霁翔院长自2006年起编撰出版了数十部文化遗产保护专著，如《城市化发展与文化遗产保护》（2006年6月版）、《从"功能城市"走向"文化城市"》（2007年6月版）、《从"文物保护"走向"文化遗产保护"》（2008年11月版）、《走进文化景观遗产的世界》（2010年1月版）、《从"馆舍天地"走向"大千世界"》（2011年1月版）、《文化遗产·思行文丛》（十卷本）（2012年11月版）、《用提案呵护文化遗产》（2013年2月版）、《大运河遗产保护》（2013年10月版）、"新

图2 单霁翔会长与天津大学出版社图书策划团队合影

图3 金磊总编辑发言

视野·文化遗产保护论丛"700多万字著作（共三辑，每辑10册，第一辑2015年6月、第二辑2017年1月、第三辑2017年10月）。他在"新视野·文化遗产保护论丛"自序文章中曾写道："把工作当学问做，把问题当课题解的工作方法，需要持之以恒，读书、思考、写作、归纳，早已成为每天的必修课……正是靠这一次次的思绪梳理与深化认识，才有了上千万字的记录，其中有'一吐为快'的真实感受、有'深思熟虑'的肺腑之言、也有'临阵磨枪'的即席表达。"所有这些恰恰是他著作语境中保有的自我修养的可贵精神，也是他的著述能做到观念新、品质高、学风与文风扎实的写照。

"红沙发"系列访谈活动创办于2012年6月银川全国书博会，其创意源自法兰克福国际书展"蓝沙发"高端访谈，创办至今已成为全民阅读国家战略工程的风向标

图4 单霁翔院长（中）与吴克敬副主席（右）在"红沙发"访谈中

之一。在本次"红沙发"首场访谈中，单霁翔院长与陕西省作协副主席吴克敬先生，就"城市文化与文明传承"等话题展开了对谈。在对谈中，单霁翔院长回忆了自2002年担任国家文物局局长的10年，及2012-2019年担任故宫博物院院长的7年间，与陕西省文保事业的渊源。他说："陕西西安是历史深厚文化积淀的区域，在我的眼里它是极为特殊的文化地区——这片土地上的深厚的积淀，凝练出庄重的气质。庄重的文化气质和海纳百川的文化气象，则造就了西安乃至陕西不同凡响的文化底蕴。"在得知西安市正在打造"博物馆之城"时，单霁翔院长提出了他心中"好博物馆"的定义："好的博物馆不是盖一个高大的馆舍，更应深挖藏品的内涵，凝练它的力量，不断举办人们喜欢的好展览，不断举办人们喜欢的好活动，这样才能让人们感受到博物馆对于自己生活的意义，人们休闲的时候才愿意走进博物馆——我们希望每一座博物馆都不断研究大众不断增长的文化需求，凝练出强大的文化力量。"针对单院长的文博创意与管理之思，吴克敬副主席也发表了自己的见解。

在谈到读书与写作的关系时，单院长分享了自己的体会："读书的人各有各法，我的方法是将读书和写作联系在一起。我曾写过一篇文章叫《读书与写作》，我觉得写作能够叫人把书读透，谈出自己的感想。"单霁翔院长表示，自己有"四个专业"，"我是学建筑学的，后来从事的工作是规划和管理，然后先后担任北京市文物局长，国家文物局局长，最后又从事了博物馆的工作，这就决定了我看问题会从四个角度看，考虑问题比较复杂。那么写出来，就让我更好地去归纳——这也是我爱写作的一个原因。"在对话结尾，单霁翔院长向公众发出了专注阅读的寄语："每晚最幸福的时光还是打开台灯，沏上一杯茶，读读书，写一些感受，这样的时光经过坚持以后，会成为思想的锻炼，可以理清自己最希望解决的问题——我和大家共勉，希望大家多读书，读好书，让自己的生活、工作更好。"作为单霁翔院长数十部专著的"策划人"之一，金磊总编就单霁翔院长自2005年专著问世至今长达十几年的著述乃至形成的丰富文博思想发表感言，单霁翔院长用他数十年如一日的坚守，全力以赴把自己的满腔热情投入在跟建筑、文博、城市相关的文化理念的创造上，在中央倡导读书学习的氛围下，单院长"把工作当学问做，将问题当课题解"的管理与治学精神，无疑为全国各级干部与城市管理者树立了榜样，其中他的从"功能城市"走向"文化城市"及"广义博物馆"的若干论断至今在影响着中国诸多文化城市的建设，影响着不断创新的文博、文创事业。单霁翔院长一直在思考如何把文化遗产让公众百姓接受，因此他用自己的"思与行"，用自己的著作在努力践行着文化遗产理念的公众传播。

而后在"全民阅读大讲堂"中，单霁翔院长与现场五六百位听众分享了故宫博物院如何让国家的文化遗产走向公众，如何让故宫的文创中外瞩目，如何让故宫文化为中国文化自信服务等主题。

（文/苗淼 图/周高亮）

Aesthetic Ethical Personality and The Cultural Care of Wisdom Benevolence Landscape Personality
——A Brief Comment on Liu Tongtong's Confucian Genes of Chinese Classical Gardens

审美的伦理人格与仁智山水品格的文化观照
——简评刘彤彤的著作《中国古典园林的儒学基因》

崔勇[*]（Cui Yong）

* 中国艺术研究院建筑艺术研究所。

秦汉时期中国思想史上发生的巨大历史性变化是由先秦的百家争鸣、学术自由到"罢黜百家独尊儒术"而实行了大一统的文化专制。这个变化表现在学术上就是由子学变为经学，在思想方式上就是由崇扬理性变为宗经稽古，在美学思想上就是确立了儒家伦理思想的统治地位。由于"罢黜百家独尊儒术"终于成为汉代的国策，儒家的伦理美学便随着经学的昌盛而日益系统化、经典化。至此终于也定儒家伦理美学思想为一尊，它作为统治的政权的意识，支配着此后中国漫长的农业文明社会美学思想的兴盛发展。汉代美学正是中国美学大转变的关键时期，也是儒家伦理美学的理论形态趋向凝固的时期。因此而形成"发乎情，止乎礼义"的伦理美学观、"厚人论美教化""仁者乐山，智者乐水""模山范水"的功用审美观、"非壮丽不足以重威"的审美要求、"赋比兴"的美学方法、"明道、征圣、宗经"的审美标准。端庄凝重的皇家园林、诗情画意的江南园林、紧密热烈的岭南园林等莫不如是。

以孔子为代表的中国儒学思想其核心价值观是"释礼归仁""礼乐并致"，"礼者天地之序乐者天地之和"，最担忧的是"礼崩乐坏"，故有"兴于诗、立于礼、成于乐""经夫妇、成孝敬、厚人伦、美教化、移风俗""尽美矣又尽善也""以仁释礼""克己复礼"之儒学境界。以此来思考与探索中国古典园林与儒学的蕴藉或曰基因的文化与审美观照是有价值意义的论题。《中国古典园林的儒学基因》即是按照儒家审美的伦理人格与仁智山水品格的思路予以文化观照。

"美不自因人而彰"（柳宗元语）。孔子曰"入而不仁如乐何？""兴于诗，止于礼，成于乐""志于道，据于德，依于仁，游于艺"。何为"游于艺"？朱熹说"游者，玩物适情之谓，涵泳从容，忽不自知其入于圣贤之域也"，于是乎便"文质彬彬，然后君子"是也。"道"是根本，"德"是基础，"仁"是归依，"艺"是游弋，"诗"是天地之心，"礼"是天地之序，"乐"是归属，这是一个完美的孔颜人格塑造的审美原则与完整的过程及其方式方法，始于感性又止于理性而终于审美的乐感——从心所欲而不逾矩。之所以说"乐"是归属，是因为说到底，中国的文化还是富有诗性智慧的美育代宗教的乐感文化——在人生快乐中求得美感与超越。这是中国文化与审美观照智慧的灵现，这种智慧表现在思维模式和智力结构上重视整体性直观把握、领悟、体验，于是在融有限与无限、理性与情感于一体的，画境文心的园林中得以彰显。

儒学的自然观美的领域主"比德"说，即从伦理品格的角度去观照自然景象，将自然景象看作人的某种伦理品格的表现象征。孔子所言"智者乐水，仁者乐山。智者动，仁者静。智者乐，仁者寿。"旨在说明智者和仁者总是欣赏与自己的精神品格相类似的自然景象，并还说明一定的自然景象之所以为人所喜爱是因为它们具有某种与人的伦理品格相类似的异质同构，与人的本质力量对象化的产物——自然景象的人化或曰人化的自然景象。"登山则情满于山，观海则意溢于海。"当仁者和智者与自然的山水景象形成一定的审美关系时，能够在精神领域分别产生某种情感的交流，于是便产生了"山重水复疑无路，柳暗花明又一村"。儒学的"比德"的自然美观实质上是人格的自然化或自然景象的伦理化。这种从自然景象与人的伦理品格之间存在的某种相类似的形式结构（异质同构）中，从审美主客体两者之间富于人情味的联系

图1《中国古典园林的儒学基因》书影

立民之居，必于中国之休地（引自《钦定书经图说》）

可以食肉矣。百亩之田，勿夺其时，数口之家可以无饥矣。谨庠序（乡学）之教，申之以孝悌之义，颁白者不负戴于道路矣。七十者衣帛食肉，黎民不饥不寒，然而不王者，未之有也。

"不违农时""养生"等维护生态平衡的做法，是实行王道的基础。同样类似的观点也见于《礼记·王制》：

司空执度，度地居民，山川沮泽，时四时，量地远近，兴事任力。

《礼记·儒行》则描述了儒家心目中的居住环境仅为"一亩之宫"和"环堵之室"：

儒有一亩之宫，环堵之室；荜门圭窬，蓬户瓮牖……

郑氏曰：言贫穷屈道，仕为小官也。宫，为墙垣也。环堵，面一堵也。五版为堵，五堵为雉。

孔氏曰：一亩之宫者，径一步，长百步为亩，若折而方之，则东西南北各十步

图2《中国古典园林的儒学基因》内容摘录

中去把握人与自然美的关系，无疑一定程度上接触到了自然的本质，即人的本质力量对象化。儒家的文化与审美观照与道家所主张的天地与我齐一"道生一，一生二，二生三，三生万物"的天地精神，以及个体内在的自由奔放的生命活力不同，而是以"止于礼"为极限。

园林是人类出于对大自然的向往而创造的一种人为环境与自然环境相融合的文化生态环境，是人的本力量对象化之后人化自然的文化审美对象，是立体化的诗情画意的境地，是人的历史文化发展到一定程度的文明象征，从原始狩猎，到秦汉时期的灵囿宫苑，到魏晋南北朝时期的山水园，到唐宋时期的离宫别苑，到明清时期皇家园林和江南人文荟萃的私家园林等莫不如是。"人法地，地法天，天法道，道法自然"，建筑园林乃"阴阳之枢纽，人伦之轨模。"

中国古典园林仿佛以砂、石、水、土、植物、动物等为丹青在三度空间中倾注诗情画意，创造出人身临其境的空间画幅。园林空间构成实践理性，故而在此可行、可望、可游、可居地诗意栖息。这是园林诗画存在的现实条件和基础。中国古典园林以有限空间抒写无限的空间，从而使得有限的园林范围与无穷的自然风景形成对立统一的互动关系，因此较虽然辽阔但无法容身的崇山林莽更为幽美可亲。中国古典园林艺术实则是具有实用审美的时空艺术。

上述的这一切有关儒学思想与中国古典园林的文化渊源关系，刘彤彤似乎均一一涉及，略感不足的是刘彤彤的《中国古典园林的儒学基因》似乎仍然局限于积习难改的传统学术研究"述而不作"的困境，只是将散见于古今的经史子集中有关中国古典园林与儒学思想的相关论点与要点作了一番梳理而未能化解为人的本质力量对象化的文化与审美观照洞察之境界，距离探赜求微富有意味形式的中国古典园林儒学蕴藉的精微之境尚欠功力。诚如她在绪论中所言"大概也只能权作——'述而不作'的阶段性成果，其中的疏漏之处在所难免。"当然这是针对学术追求真善美最高境界要求而言，能如此纵横捭阖地结合儒学与道学、玄学、宋明理学、王阳明心学以及新儒学诸学的异同关系述说中国古典园林的儒学基因实属难得。

Introduction of 15 Books and Periodicals

书刊推荐15则

宫 超（Gong Chao） 张中平（Zhang Zhongping） 胡 静*（Hu Jing）

1.《建筑师吕彦直集传》
作者：殷力欣编著
出版社：中国建筑工业出版社
出版时间：2019年6月
定价：48.00元
吕彦直（1894—1929年）先生，是中国近现代最重要的建筑师之一。作者殷力欣耗时十余年，试图通过对有关吕彦直先生稀有文本的整理、校订，并对其建筑设计作品进行研究，以更为准确地把握其思想发展脉络。本书分为上、中、下三编。上编为吕彦直评传，介绍建筑师吕彦直传略、作品及吕彦直建筑成就浅析；中编为吕彦直先生文存，通过孙中山先生陵墓建筑图案说明书、吕彦直君之谈话、吕彦直致夏光宇函、《建设首都市区计划大纲草案》等珍贵文献，研究其建筑思想的发展；下编为吕彦直建筑设计资料例选，附大量原始建筑图纸，详细介绍其作品。

2.《建筑遗产保护、修复与康复性再生导论》
作者：陆地 著
出版社：武汉大学出版社
出版时间：2019年5月
定价：118.00元
本书立足国情、放眼世界。其论述的基础对象是具有本体历史价值的单体建筑，但实际上广泛涉及其他人类建构的不可移动遗产，包括历史城镇、街区、村落等一切物质的单体或组合的历史信息载体；从保护历史悠久的欧洲，到各具历史传统和文化脉络的亚洲、美洲、澳洲、非洲，乃至世界各个地区；从17世纪到现代；从概念、理论、原则到途径、方式、做法；从文化遗产的类别到典型案例；从静态到动态；从维奥莱-勒-迪克到布兰迪、梁思成，诸多方面和层次，系统全面地搜集、归纳、总结了文化遗产保护在全球和我国的源流和演进。

3.《延续建筑：一种建筑设计创作观的探索与实践》
作者：冯正功 著
出版社：中国建筑工业出版社
出版时间：2019年3月
定价：199.00元
本书阐述了江苏省设计大师、中衡设计集团董事长、集团首席总建筑师冯正功先生多年来带领其团队主持的创作中心：关于建筑设计一种创作观的探索与实践。
全书共分为三个部分：第一部分"延续建筑之解读"，分别从空间、时间与人文三重维度诠释何为"延续建筑"；第二部分"延续建筑之思考"，提出了以该创作观进行实际创作的十种实践方法路径；第三部分"延续建筑之实践"，是以延续建筑创作观所指导完成的十二项实践案例，涵盖博物馆、学校、体育中心、酒店等不同项目类型。

4.《南大建筑百年》
作者：周学鹰、马晓著
出版社：南京大学出版社
出版时间：2018年12月
定价：168.00元
本书作者团队通过梳理历史、拍摄图片、3D建模等方式，图文并茂地向广大读者介绍南京大学校园内百年建筑流变，包括金陵大学、中央大学校园内各个历史建筑，从历史到现实，以建筑为载体再现南大百余年校史沿革，对于铭记校史、保存校园文化记忆具有重要作用。

* 中国建筑图书馆。

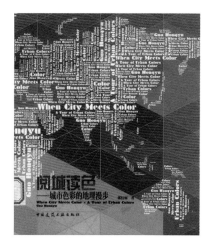

5.《川味·建筑：西南地区地域建筑文化研究与
创作实践》
作者：郑勇 主编
出版社：天津大学出版社
出版时间：2018年11月
定价：106.00元
本书全面展现成都近70年来城市面貌的变迁，也
从侧面展示了我国西南地区建筑设计行业的蓬勃
发展。我国四川地区地貌丰富、民族众多，千百
年来发展出绚烂多样的传统建筑形式，深刻反映
了四川人民对于物质环境的理解和价值判断。中
国建筑西南设计研究院有限公司成立近70年，立
足于四川本土文化，在传统地域建筑领域进行了
持久的探索和研究。本书整理和记录了作者对传
统建筑的院落空间、聚落布局和符号形式的调研
工作，并展示如何将传统的"川味"神韵融入到
现代建筑设计之中。

6.《源源本本看建筑》
作者：（希）帕夫洛斯·莱法斯 著；杨菁、仲丹
丹 译
出版社：中国建筑工业出版社
出版时间：2018年11月
定价：38.00元
本书谈的是建筑，与它们相关的事件，当时人们
的追求和成就，以及如何理解这些作品。本书
以世界上著名的古建筑案例来诠释建筑的各种概
念。有人试图在繁复的建筑丛林中对人们为什么
和如何建筑寻求理解，本书也正是通过这些人来
查看历史。本书立足过去，着眼未来，试图进一
步完善读者的知识，并更多地检视自己的周围事
物。

7.《阅城读色：城市色彩的地理漫步》
作者：郭红雨 著
出版社：中国建筑工业出版社
出版时间：2018年11月
定价：168.00元
本书以色彩地理为视角，通过国外20个国家的62
个城市和国内55个城市的城市色彩特征解析，展
示从亚洲至欧洲，直到美洲的地方色彩特质，图
文并茂地解析风貌迥异的地域性城市色彩形象；
本书还着重从地域性城市色彩形象的成因角度，
剖析典型地方水土孕育的城市色彩特质，提取城
市色彩的基因与谱系，通过分析地域性城市色彩
的自然地理和人文环境背景，梳理地域性城市色
彩环境的特质和脉络，揭示城市色彩的共性特征
和个性差异，研究各地区之间城市色彩的特点与
差异。

8.《岭南传统建筑技艺》
作者：郭晓敏 等 编著
出版社：中国建筑工业出版社
出版时间：2018年5月
定价：289.00元
本书从岭南的传统技艺技法角度挖掘岭南建筑的
建造技术和艺术特色，努力地弘扬传承岭南建
筑文化艺术。该书是对岭南传统建筑技艺的研究
归纳和总结，系统性地梳理岭南传统建筑建造技
术的特点，涉及的古建筑案例达40余处，可读性
很强，读者可以跟随作者进行一次岭南古建筑之
旅。本书的难得之处是得到了10余位岭南传统建
筑名匠及他们团队的支持，所以本书对传统技艺
技法的讲解非常详细，能够让广大读者清楚了解
岭南建筑技艺传统做法的每个步骤。

9.《南京近现代建筑修缮技术指南》
作者：叶斌、周琦、陈乃栋 主编
出版社：中国建筑工业出版社
出版时间：2018年4月
定价：226.00元
本书主要内容包括：南京近现代城市与建筑概
述、保护原则与方法、结构体系、内部构造体
系、外部构造体系及特殊结构体系的保护修缮，
建筑性能改善，保护修缮管理规程以及保护修缮
实践案例。结构体系、内部构造体系、外部构造
体系及特殊结构体系的保护修缮是本书的技术核
心部分。

10.《北京地理色彩研究：老城历史文化
街区色彩卷》
作者：陈静勇 等 著
出版社：中国建筑工业出版社
出版时间：2018年2月
定价：595.00元
本书遵循北京城市总体规划和相关保护法规等，对老
城主要历史文化街区进行系统性样本采集、色彩测
量、统计和分析；提出地理色彩风貌映像识别目标；
讨论街区地理色彩识别与控制原则、方法和措施；遴
选街区基调色、其他代表色，以及分类（区片）建筑
主体色、辅助色的基准值系列，编制形成街区色彩谱
系。

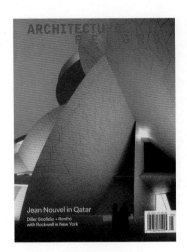

11.《Architectural Record》2019年第5期
创刊年：1891年
出版者：McGraw-Hill Companies
本期杂志介绍了由著名建筑师让·努维尔设计的卡塔尔国家博物馆。卡塔尔是一个历史悠久的波斯湾国家。上世纪中叶，随着石油和天然气的发现，其首都多哈的经济开始了飞速增长，这个小国一跃成为了世界上人均最富有的国家。卡塔尔国家博物馆犹如神秘的"沙漠玫瑰"盛放在这座高楼林立的大都市。努维尔超凡脱俗的设计灵感来自一种名为"沙漠玫瑰"的海湾地区特有矿物质结构，它具有复杂的交错圆盘几何形状。博物馆巨大的圆形体量，直径从46英尺到285英尺不等，如同一场欢快的舞会，舞者们彼此穿叉，呈现出千变万化的造型。非同寻常的体量形成通道和遮阳篷，为参观的人们提供荫凉。从外部围护结构演变成内墙和天花板的圆盘相互切割，创造了11个内部形状各异的画廊。画廊成环状排列，引导着游客按时间顺序了解半岛的历史。卡塔尔国家博物馆的诞生宣告了一个小国的远大抱负。

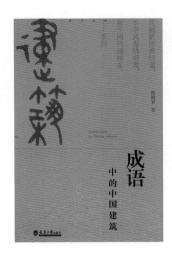

12.《成语中的中国建筑》
作者：陈鹤岁 著
出版社：天津大学出版社
出版时间：2015年2月
定价：35.00元
本书解读了与中国建筑相关的52则定型词组成语，大体上涵盖了古代建筑中的主要门类和个体建筑形象，诸如城市、街巷、宫殿、坛庙、民居、园林、桥梁、酒楼、戏场、佛寺、宫观、陵墓、楼阁、亭台、灵塔、厅堂、影壁、华表、屋顶、斗栱、墙壁、门窗、路径、砖瓦、家具、装饰等。

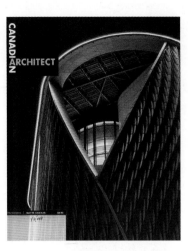

13《Canadian Architect》2019年第5期
创刊年：1956年
出版者：Southam Business Pub.
本期杂志介绍了 Revery Architecture建筑事务所设计的香港戏曲中心。自今年1月开业以来，香港戏曲中心已成为万众瞩目的文化交流场所。建筑立面由13000个船用铝合金翅片组成，使得建筑外观更加与众不同。整座建筑通过参数化数字模型生成。在施工现场建立了一个立面部分的全尺寸模型。这些过程简化了立面的制作和安装，确保没有材料的浪费。铝合金翅片全部采用玻璃珠喷砂处理，建筑外观也因此会根据天气变化呈现出不同的光影效果。多云时，它是一个身着灰色外衣的严肃主角；黄昏时，它又是一个活泼的舞者，周身散发着缕缕金光。在这座大致呈方形的建筑的四角，拱形的开口就像分开的舞台幕布，仿佛在邀请路人参观做客。戏曲中心体现了建筑师和城市在不断改造文化形式，促进现代建筑与传统艺术产生共鸣，以及满足大众艺术欣赏需求方面的愿景。如同舞台上的表演一样，香港戏曲中心是一个由不同地方和不同时代的文化真实融合并美梦成真的迷人杰作。

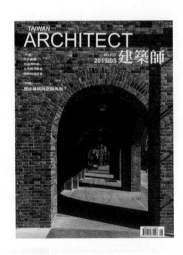

14.《建筑师》2019年第5期
创刊年：1975年
出版者：台北建筑师工会联合会
本期《建筑师》刊载了"历史建筑与空间再现"特辑，编者认为：随着建筑技术发展、社会变迁、生活形态与人文美学等变化，建筑与城市空间也跟着演变，但是城市发展本质即具备与地方文化联结的特性，而历史建筑同样记录了过去的足迹与生活，连结过往与当今，使文化与历史得以传承延续，所以都市再发展必须将开发与保存一并纳入计划中。然而建筑与空间毕竟只是躯壳，只有保留没有赋予时代意义，则只是一个空洞的形体，它必须能融入我们的生活，得到大家的认同，以拥有充分的生命力并得以永续发展，因此如何让历史建筑与空间再生，实为保存之重要课题。

15.《台湾建筑》2019年第6期
创刊年：1995年
出版者：台北建筑报道杂志
景观发展源于早期之私人庭园，直到美国的现代景观之父：Frederick Law.Olmsted借由纽约中央公园、华盛顿公园和旧金山金门公园之实践将景观由贵族的奢侈品转而成为一般普罗大众可以享用的自然生活空间。改善了美国城市的生活品质，也确立现代景观的定位与价值。景观与建筑一样在创造高品质的人类居住生活环境，使人、建筑物、社区、城市以及整个地球生态链都能和谐共处，所以它不只是"景"与"观"——环境美质优化而已，而是从城市和国土整体的角度出发，包括公园、绿地、开放空间系统、城乡景观、道路、基础设施、区域、校园、地产开发和自然游憩区、国家公园、国土资源的规划设计、生态网络、经营管理等，可说涵盖人与自然环境关系各方面中的实践学科。与建筑类似，它必须整合的范畴也很多，包括建筑之外的土木、植物、都市设计、社会行为、人类文化、艺术甚至自然、地理、生态、水利等。并且相互交叉渗透与自然、人文、经济、社会层面连结，更具人性的、多元综理的环境空间技术。